高职高专“十二五”规划教材

高等数学

张建文　吴贤敏　金晓燕　主编

化学工业出版社
·北京·

本书主要介绍了Mathematica软件、函数极限、微积分、函数导数的应用、定积分的应用、多元函数的微积分、常微分方程、级数等方面内容。重点放在运用数学思想和数学方法解决实际问题上，大大加强了运用导数求最值，运用微元法求面积、旋转体体积、力和功等的训练。

本书适合于高职高专各个专业的师生学习使用，同时也可供应用型本科师生参考使用。

图书在版编目（CIP）数据

高等数学/张建文，吴贤敏，金晓燕主编.
北京：化学工业出版社，2011.8（2019.9重印）
高职高专“十二五”规划教材
ISBN 978-7-122-11965-0

Ⅰ.高… Ⅱ.①张… ②吴… ③金… Ⅲ.高等数学-高等职业教育-教材 Ⅳ.013

中国版本图书馆CIP数据核字（2011）第151191号

责任编辑：李彦玲　　文字编辑：昝景岩
责任校对：徐贞诊　　装帧设计：周　遥

出版发行：化学工业出版社（北京市东城区青年湖南街13号　邮政编码100011）
印　　装：北京虎彩文化传播有限公司
787mm×1092mm　1/16　印张12½　字数302千字　2019年9月北京第1版第6次印刷

购书咨询：010-64518888　　售后服务：010-64518899
网　　址：http://www.cip.com.cn
凡购买本书，如有缺损质量问题，本社销售中心负责调换。

定　　价：36.00元

前 言

在我国，高等职业技术学院是近十几年才开始兴办的一种新型学院，她的办学目标与其他传统高等院校有较大的差异，她是以培养生产、管理、服务一线的职业岗位能力为核心的高等职业教育。在总学时不可能增加甚至减少的前提下，实践性教学学时比重大幅度增加，理论性教学学时就必须有所缩减。作为工科类高职院校开设的“高等数学”，其学习重点发生了重大转变，其学时也已经大幅度地缩减，这使得仅仅依靠简单的章节删减和教师个人对现行教材的灵活处理难以达到高效教学的目的。有必要根据高等职业技术学院的培养目标和特点，对现有“高等数学”课程的内容进行增删、重组和整合。为此，我们编著的总体思想是，以提升学生运用数学思想和数学方法解决实际问题能力为核心，以数学思想优先于数学方法，数学方法优先于数学知识作为教学内容的选取原则，以有限的教学时数最大化教学内容为追求目标。

在加强应用数学分析解决实际问题能力的培训方面，大大加强了运用导数求最值，运用微元法求面积、旋转体体积、力和功等的培训。在大幅度缩减与提高应用数学解决实际问题能力关系不密切的培训方面，大幅度缩减微分、不定积分计算技巧的培训，弱化或删除定理的证明培训，即求证数学思想和方法正确性的培训等。所以，我们花费了大量的时间和精力来分清楚哪些是数学的本质内容，哪些是为了严密描述数学的本质内容而设计的数学语言。具体做了以下方面的处理。

(1)**Mathematica**。在高职院校，数学主要是为专业课程服务，其核心是将专业问题转变为数学问题，如何求得具体答案，Mathematica 软件提供了强大的功能，这对降低学习数学的难度起到了难以估量的作用。

(2)**极限**。极限本身不是我们要直接解决的问题，我们想解决的是如何计算“速度”和“面积”等问题，极限思想在这里起到了关键性的作用。本教材大大加强了对极限思想的理解训练。但是，在极限的运算训练中，主要保留了利用连续函数的性质和洛必达法则计算函数极限，删除了利用两个重要极限等技巧性方法，这样，既可以解决几乎所有常见函数的求极限问题，又可以大大节约教学学时。

(3)**导数**。导数及其运算简单易学，基本上没有作太大变动。熟练的微分运算技巧有助于计算不定积分。但是，本教材以查表或利用 Mathematica 软件求原函数(不定积分)为主，所以只简单介绍了微分计算，大幅度降低了微分计算的训练。

(4)**不定积分**。不定积分的计算是现行《高等数学》的主要内容和难点内容，其功能是求原函数。不定积分的计算之所以是现行《高等数学》的主要内容，是因为计算它要有很强的技巧。不定积分的计算之所以难，一方面，即使最常见的初等函数的不定积分也未必是初等函数，根本就“积不出”；另一方面，积分运算没有通用的乘法、除法及复合运算法则。这导致不定积分的计算不像导数那么得心应手，不同的函数要用不同的方法，要有很强的技巧。这不仅是不定积分的魅力所在，而且也是其致命缺陷。作为以运用《高等数学》解决实际问题为主要目的的学生，应受到更多的训练是，如何将实际问题转化为数学问题，然后利用现成的数学工具或数学结论得出结果，而不是花太多的时间解决数学本身的问题。因此，本教材只保留了介绍不定积分的简单计算，更多更复杂的不定积分计算通过查表或借助 Mathematica 软件解决。

通过定义积分运算来引入不定积分，将不定积分作为积分运算的结果。不定积分的本质是一个(函数)集合，如果孤立地以(函数)集合来定义不定积分，就不能直接反映不定积分记号中的积分运算符号和微分运算符号之间的本质联系，大大增加了学生理解凑微分法的难度。在以往的不定积分定义中，定义时以(函数)集合身份出现，在运算时又以函数身份出现，使学生感到茫然。我们将不定积分定义为积分运算的结果，以微分方程的解集形式引入就显得更加自然流畅，易于理解。

(5)**定积分**。定积分的应用十分广泛，为了激发学生学习数学的积极性，为了更能反映积分的原始思想，为了更恰当地体现定积分的重要性，为了让学生更及时地了解连续函数的作用，本教材将定积分的内容提前，将函数的连续概念及其性质安排在定积分之后。非数学专业的学生学习数学的目的是运用数学解决实际问题，即如何将实际问题转化为数学问题或建立数学模型求解。本教材大大加强了这方面的训练。

(6)**多元微积分**。多元微积分是一元微积分的推广，其思想精髓和一元微积分一样，只是在具体处理和计算技巧上有较大差异。考虑到高职教育的定位，这里只介绍了一些基本内容，并尽可能借用一元微积分的方法来处理，大大降低了学习的难度。

(7)**微分方程**。现行教材通常选择针对自由项 $f(x)$的形式逐一求特解和通解，然后根据通解求实际问题中满足特定初始条件的特解。这是我们数学专业人员最擅长最常用的从一般到特殊的思维模式，这对于以解决数学问题为培养目的是非常合适的。但是，我们培养的是非数学专业的学生，不是以解决数学问题本身为目的，而是以解决实际问题为培养目的的，本教材摒弃了这种方法。

我们选用了拉氏变换求解的方法，并用极短的篇幅引入了拉氏变换，这样更接近实际，更加高效率。在实际问题中，人们要解决的问题常常是求满足某些特定初始条件的特解。这样，不但能更直接地解决实际问题，又能大大降低记忆各种形式的 $f(x)$的特解形式，还可以避免求通解而必须学习微分方程的解的结构等较抽象、难度高的内容，降低了学习难度。更重要的是大大提高了解决实际问题的能力，缩短了学习时间，还避免了无效的重复计算，提高了学习和工作效率。

(8)**级数**。级数的和函数可以在形式上与级数中的函数项毫无相同之处，更具体地说，有些函数可以等于在形式上毫不相干的幂级数或傅里叶级数。哪些函数可以用幂函数或三角函数来逼近、如何逼近等许多问题不是我们所必须解决的，那是数学专业人士的工作。所以，我们只简单介绍了级数的基本知识，着重于如何将常见函数展开成泰勒级数或傅里叶级数，尤其是利用几个基本函数的幂级数对常见函数进行泰勒展开，而不是判断级数的敛散性。

(9)**资料**。本教材试图通过提供一些重要数学思想产生的背景资料来进一步帮助学生理解和掌握这些重要的数学思想等。通过提供资料的形式来向传统高等数学教材过渡。

(10)**学习指引**。由于本教材的编著思想与现行教材有较大的差异，我们在不少章节都插入了学习指引，在更具体的问题上来进一步阐述我们的教材设计思想，仅供使用者参考。

(11)**数学用表**。本教材的重点放在运用数学思想和数学方法解决实际问题上，我们建议以考核学生运用数学思想和数学方法解决实际问题的能力为主。所以，除了在书后附有重新设计的较常用积分表和拉普拉斯变换表外，还附有一页最常见的公式表，以方便考试时撕下使用。

本教材的编著思想是编著者经过十多年的职业教育实践所形成的，并经过缜密的思考和试验后，于2000年完成初稿。经过四轮的使用实践，我们对其进行了四次修改。在本次修改中，我们增加了Mathematica软件的使用，希望探求降低学生的学习难度提高学生兴趣的新途径。

本书由张建文、吴贤敏、金晓燕担任主编，刘伟峰、黄伟祥、严峰、石海平、洪洁怡、袁晓莉和邓朝发也参加了编写，在此表示感谢。

张建文

2011年7月

目　录

微积分思想概述

微积分产生于非常朴实具体的实际问题，是现代数学的伟大成就．微积分不仅对数学本身的发展具有十分巨大的影响，而且也是现代科技必备的"敲门砖"，自然科学、社会科学和人文科学等几乎所有的科学领域都得使用微积分作为强有力的工具．

微积分思想的萌芽可追溯到2500多年前的古希腊人，我国古代对此也有精妙的思想和解决方法．在当时，计算直线所围成图形的面积，计算圆的周长、圆的面积和计算曲线所围成图形的面积等著名问题一直吸引着人们．在2000多年的不屈不挠的努力过程中，人们对许多具体问题建立了一些富有创见的解法．经过反复实践、认识，再实践、再认识的积累，人们对运动、变化、连续等客观世界模式逐渐有了更清晰的认识．

17世纪下半叶，随着生产的发展和科学技术的进步，如何求解运动物体的速度、运动物体的位移、曲线的切线和长度、曲线所围平面图形的面积和曲面所围空间立体的体积、物体之间的引力等问题，成为当时迫切需要解决的主要科学技术问题．由于自身科技工作的需要，牛顿(Newton，1642—1727)致力于计算瞬时速度和万有引力，莱布尼茨(Leibniz，1646—1716)致力于计算曲线的切线等．在前人的思想方法和计算方法的基础上，他们各自独立地建立了用于解决这一类问题的普遍方法"微积分"．微积分极大地影响了数学以及整个科学技术的发展．微积分的建立是人类最伟大的创造之一．

微积分包括微分学和积分学两部分，这里的"微"是指细小，是"局部"意义下研究问题，这里的"积"是指累加，是"整体"意义下研究问题．

对于非数学专业的学生，尤其是对高等职业技术学院的学生，最重要的不是学习微积分的计算技巧，而是微积分的思想方法．微积分的计算，尤其是一些较复杂的微积分计算，完全可以借助一些公式表或计算软件等方式来解决．将微积分的思想方法直接应用于解决专业问题，将实际问题转换为数学问题或建立数学模型，这才是我们学习微积分的直接目的．微积分的思想方法也有益于大家去认识客观世界．

一、微分(求导数)的主要思路

在中学，我们学习的数学工具主要是解决静态的、规则的、不变的、恒定的、均匀的等问题，计算矩形面积、求匀速直线运动物体的速度、求恒力所做的功、直流电所做的功等．微积分的思想方法使我们能解决许多动态的问题，例如求有连续边界的几何图形面积、求运动物体的即时速度、求变力所做的功等．鉴于微积分的思想方法的强大功能和对我们的重要性，我们先举例粗略介绍微积分的思想方法．

设一个质点作变速直线运动，质点的运动方程为$s=s(t)$，试求在时刻t_0的瞬时速度．

由于求一个质点作匀速直线运动的瞬时速度公式为$v=\frac{s}{t}$．对于作变速直线运动的质点，公式$v=\frac{s}{t}$只是平均速度．为了求作变速直线运动的质点在时刻t_0的瞬时速度$v(t_0)$，任意选取时刻$t(t\neq t_0)$，质点从t_0时刻到t时刻的平均速度很容易求得，为$\bar{v}(t)=\frac{s(t)-s(t_0)}{t-t_0}$．如果我们以时刻$t_0$到时刻$t$的平均速度$\bar{v}(t)$来替代质点在时刻$t_0$的瞬时速度

$v(t_0)$,则存在误差 $\Delta v(t)=\bar{v}(t)-v(t_0)$. 通常，如果任意选取的时刻 t 越接近时刻 t_0，则误差 $\Delta v(t)$越小. 当时刻 t 越接近时刻 t_0时，如果误差 $\Delta v(t)$越接近于 0，并且当时刻 t 无限接近时刻 t_0，如果误差 $\Delta v(t)$无限接近于 0，则平均速度 $\bar{v}(t)$无限接近瞬时速度 $v(t_0)$. 换言之，

$$v(t_0)=\lim_{t\to t_0}\bar{v}(t)=\lim_{t\to t_0}\frac{s(t)-s(t_0)}{t-t_0}.$$

大家或许注意到：首先，我们是运用大家所熟悉的平均速度 $\bar{v}(t)$来估计瞬时速度$v(t_0)$；其次，这种估计产生的误差随着时刻 t 无限接近时刻 t_0而无限接近于 0；其三，如何计算 $v(t_0)=\lim\limits_{t\to t_0}\bar{v}(t)=\lim\limits_{t\to t_0}\frac{s(t)-s(t_0)}{t-t_0}$.

二、积分的主要思路

我们已经会计算三角形、矩形和梯形的面积，还会计算圆和扇形的面积等. 如何计算图 0.1 所示曲边梯形的面积似乎无从下手. 人们为此花费了数百年的时间，才最终完全解决这类问题. 我们先简要介绍一下求曲边梯形的面积的主要思想. 为了方便起见，我们假定曲边梯形的曲边函数为 $y=f(x)\geqslant 0$，点 $x_0,x_1,x_2,\cdots,x_n$将区间$[a, b]$等分为 n 等份，并且 $x_0=a<x_1<x_2<\cdots<x_n=b$. 以小区间$[x_i, x_{i+1}]$为底边，以 $f(x_i)$为高作小矩形($i=0, 1, \cdots, n-1$). 记 $\Delta x_i=x_{i+1}-x_i$为底边$[x_i, x_{i+1}]$的长度，则每个小矩形的面积为 $\Delta A_i=f(x_i)\Delta x_i$，($i=0,1,\cdots,n-1$). 我们用 $\Delta A_0+\Delta A_1+\cdots+\Delta A_{n-1}$ 代替曲边梯形的面积 A，从图 0.2 可以很直观地看到，A 与 $\Delta A_0+\Delta A_1+\cdots+\Delta A_{n-1}$之间存在误差，我们记作 $\Delta A(n)$.

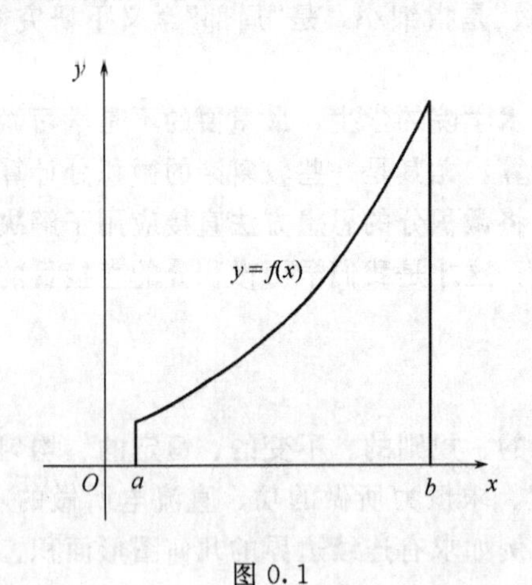

图 0.1

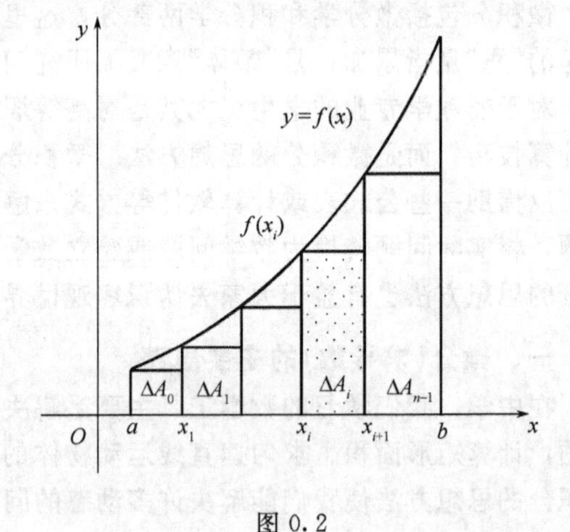

图 0.2

我们对图 0.2 中的每一个小区间进行对分，即将区间$[a, b]$等分为 $2n$ 等份，参见图 0.3. 我们可以得到 $2n$ 个小矩形的面积，仍然用 $\Delta A_0,\Delta A_1,\cdots,\Delta A_{2n-1}$ 表示. 如果用其面积和 $\Delta A_0+\Delta A_1+\cdots+\Delta A_{2n-1}$ 代替曲边梯形的面积 A，从图 0.3 很直观地可以看到，$\Delta A_0+\Delta A_1+\cdots+\Delta A_{2n-1}$与 A 之间仍然存在误差，记作 $\Delta A(2n)$. 但是，误差 $\Delta A(2n)$通常比误差 $\Delta A(n)$小. 如果我们不断地对分下去，小矩形的面积和与曲边梯形的面积 A 之间的误差越来越小. 如果我们无限地对分下去，小矩形的面积和与曲边梯形的面积 A 之间的误差将无限接近于零. 换言之，求曲边梯形的面积 A 的问题转化为求小矩形的面积和的变化趋势问题，即求

$$\lim_{n\to\infty}\sum_{i=0}^{n-1}\Delta A_i.$$

大家是否注意到：我们首先是对每一个小区间$[x_i,x_{i+1}]$，用左端点的值$f(x_i)$替代原本变化的$f(x)$，从而获得小矩形来估算小曲边梯形的面积；其次，这种估算产生的误差随着对分的无限进行而无限接近于0；其三，如何计算$\lim\limits_{n\to\infty}\sum\limits_{i=0}^{n-1}\Delta A_i$.

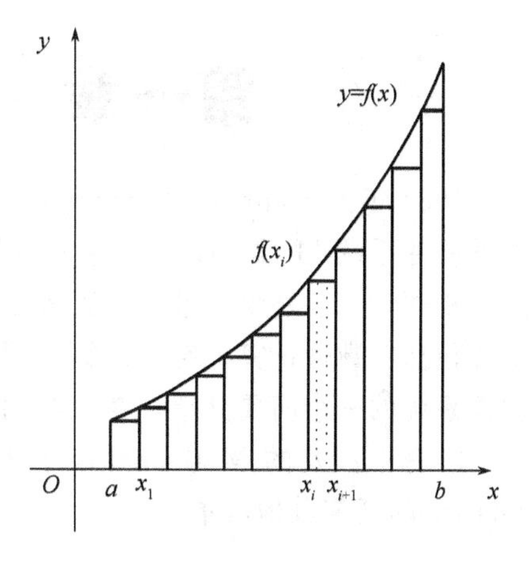

图 0.3

三、微积分的主要思路

微分和积分虽然用于解决不同类型的问题，但是它们的主要思路是基本相同的.

(1)以“直”代“曲”. 在微分思路中，我们用$[t_0,t]$上的平均速度$\bar{v}(t)$来替代$[t_0,t]$上不断变化的速度；在积分思路中，我们用小区间$[x_i,x_{i+1}]$的左端点函数值$f(x_i)$来替代原本变化的$f(x)$. 这就是所谓的以“直”代“曲”思路.

(2)误差趋势为0. 以“直”代“曲”思路似乎没有解决任何本质问题. 在绝大多数情形下，平均速度不可能是即时速度；小区间$[x_i,x_{i+1}]$上的“梯形”仍然是曲边梯形，只不过是变小了一点而已. 以“直”代“曲”似乎并没有解决什么实质问题，唯一变化的是，它们的误差变小了，可这正是我们的希望所在. 如果我们不断地这样做下去，问题的误差将越来越小，我们所得的结果越来越接近真实的结果. 现在的问题是，我们的生命是有限的，而这种接近是无限的，我们必须寻找一种正确的方法来推测或计算这个误差的确是0. 这个方法就是极限理论，人们为此努力了数百年.

解决上面两个问题是数学专家们的事情，我们更关心的是下面的问题.

(3)如何计算微积分，请数学专家给我们最简单最有效的计算方法.

四、极限理论

前面我们介绍了微分和积分的基本思想. 在微分的基本思想中，要求“无限”接近或趋近，以使“以直代曲”的估计值“无限”接近或趋近真实值；在积分的基本思想中，要求“无限”细分，以使“以直代曲”的估计值“无限”接近或趋近真实值. 这要求我们先要解决“无限”的概念及其运算问题，即先要解决极限的概念及其运算问题，这也是能否解决“以直代曲”的关键.

人类对有限、无限以及它们相互之间关系的探索由来已久. 在创立微积分的时候，牛顿和莱布尼茨借助直观的“无穷小”来描述他们的卓越思想，由于它比较直观，很容易被理解和应用，因此人们得到了许多重要的结果，从而导致了微分的迅猛发展，但其逻辑上的脆弱也招致了暴风雨般的批评和攻击. 关于“无穷小”的争论和探索持续了近200年之久. 19世纪中叶，柯西(Cauchy，1787—1857)和维尔斯特拉斯(Weierstrass，1815—1897)等人建立了极限理论和实数理论，才使微积分有了坚实的理论基础，不过这也使得微分的直观性魅力受到了一定的影响. 直到20世纪60～70年代，逻辑学家鲁滨逊(Robinson)才完成了牛顿和莱布尼茨的无穷小理论基础.

直观是一种非理性因素，但是，它是人类创造的最原始的动力之一. 本教材采用在直观的基础上陈述微积分的基本内容和方法，这些基本内容和方法都是经过严格数学证明的正确结论.

第一章　Mathematica 软件

1987 年由 Stephen Wolfram 先生创建的 Wolfram Research 公司开发了一个功能强大的数学软件系统 Mathematica. 它是世界上著名的、具有充分集成环境的技术型计算软件，适用于物理学、生物学、数学、工程学、经济学等自然科学和社会科学各领域的技术计算. 它主要包括：数值计算、符号计算、图形功能和程序设计. 本章力图在不大的篇幅中给读者提供该系统的一个简要介绍，在后续的章节中将会结合相关内容继续介绍.

本书中涉及的 Mathematica 都是按 Mathematica 4 版本编写的，但是也适用于 Mathematica 的任何其他版本.

第一节　Mathematica 概述

Mathematica 在数值计算、符号运算和图形表示等方面都是强有力的工具，并且其命令句法惊人地一致，这个特性使得 Mathematica 很容易使用.

一、Mathematica 的启动和运行

在 Windows 环境下安装好 Mathematica 4，启动 Windows 后，在“开始”菜单的“程序”中单击 Mathematica 4 ，就启动了 Mathematica 4，在屏幕上显示如图 1.1 所示的 Notebook 窗口，系统自动取名 Untitled-1，用户保存时可重新命名.

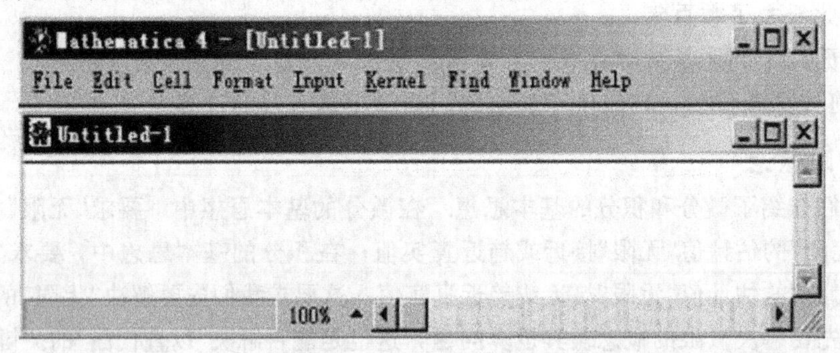

图 1.1

如图 1.2 所示，输入 1+1，然后按下 Shift+Enter 键，这时系统开始计算并输出计算结果，并给输入和输出附上次序标识 In[1]和 Out[1]；再输入第二个表达式，要求系统将一个二项式展开，按 Shift+Enter 输出计算结果后，系统分别将其标识为 In[2]和 Out[2].

在 Mathematica 的 Notebook 界面下，可以用这种交互方式完成各种运算，包括函数作图、求极限、解方程等，也可以用它编写像 C 语言那样的结构化程序.

在 Mathematica 系统中定义了许多功能强大的函数，可以直接调用这些函数. 这些函数分为两类，一类是常用数学函数，另一类是功能函数，例如作函数图形的函数 Plot[f[x],{x,xmin,xmax}]，解方程函数 Solve[eqn,x]等.

注意：

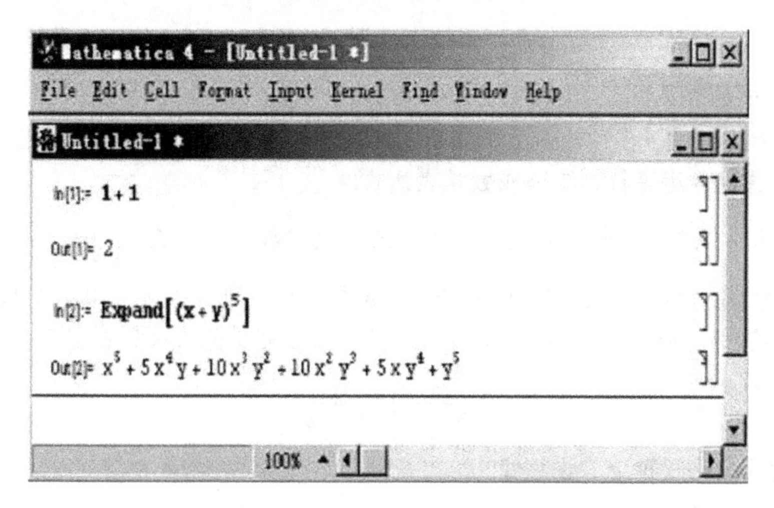

图 1.2

(1)Mathematica 区分字母的大小写；

(2)所有指令的首字母必须大写；

(3)括号的匹配.

例如：要画正弦函数在区间[－10,10]上的图形，输入 plot[Sin[x],{x,－10,10}]，则系统提示“可能有拼写错误，新符号‘plot’很像已经存在的符号‘Plot’”，实际上，系统作图命令“Plot”第一个字母必须大写，一般地，系统内建函数首写字母都要大写.

再输入 Plot[Sin[x],{x,－10,10}，系统又提示缺少右方括号，并且将不配对的括号用蓝色显示，如图 1.3 所示.

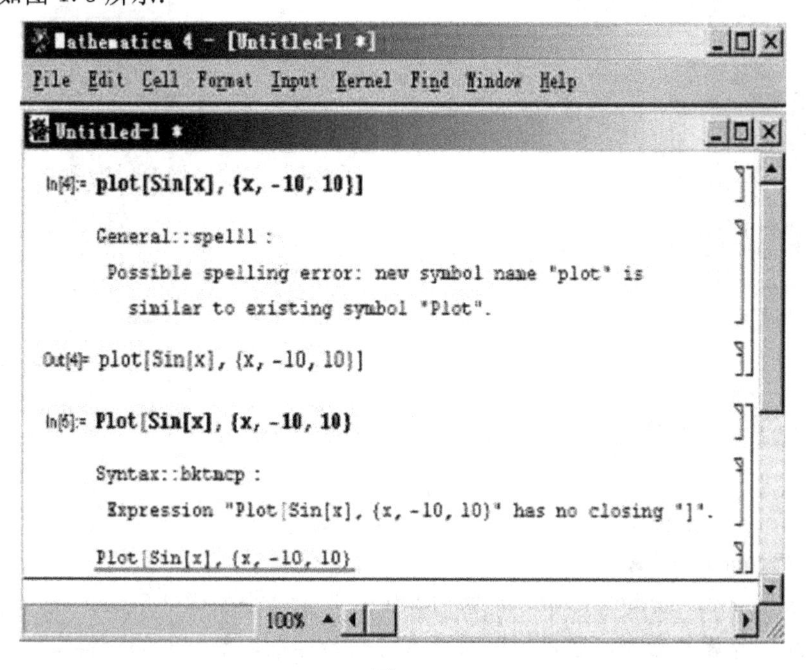

图 1.3

完成各种计算后，单击 File→Exit 退出，如果文件未存盘，系统提示用户存盘，文件名以“. nb”作为后缀，称为 Notebook 文件. 以后想使用本次保存的结果时可以通过 File→

Open 菜单读入，也可以直接双击它，系统自动调用 Mathematica 将它打开.

二、表达式的输入

Mathematica 提供了多种输入数学表达式的方法. 除了用键盘输入外，还可以使用工具栏或者快捷方式键入运算符、矩阵或数学表达式.

Mathematica 提供了两种格式的数学表达式. 例如数学表达式$\frac{x}{3+2x}+\frac{y}{x-w}$. 一种形如 x/(3＋2x)＋y/(x－w)的表达式格式称为**一维格式**，另一种可从 File 菜单中激活 Palettes→BasicInput 工具栏，如图 1.4 所示，使用工具栏可输入更复杂的数学表达式：

$$\frac{x}{3+2x}+\frac{y}{x-w}$$

这种表达式的格式称为**二维格式**.

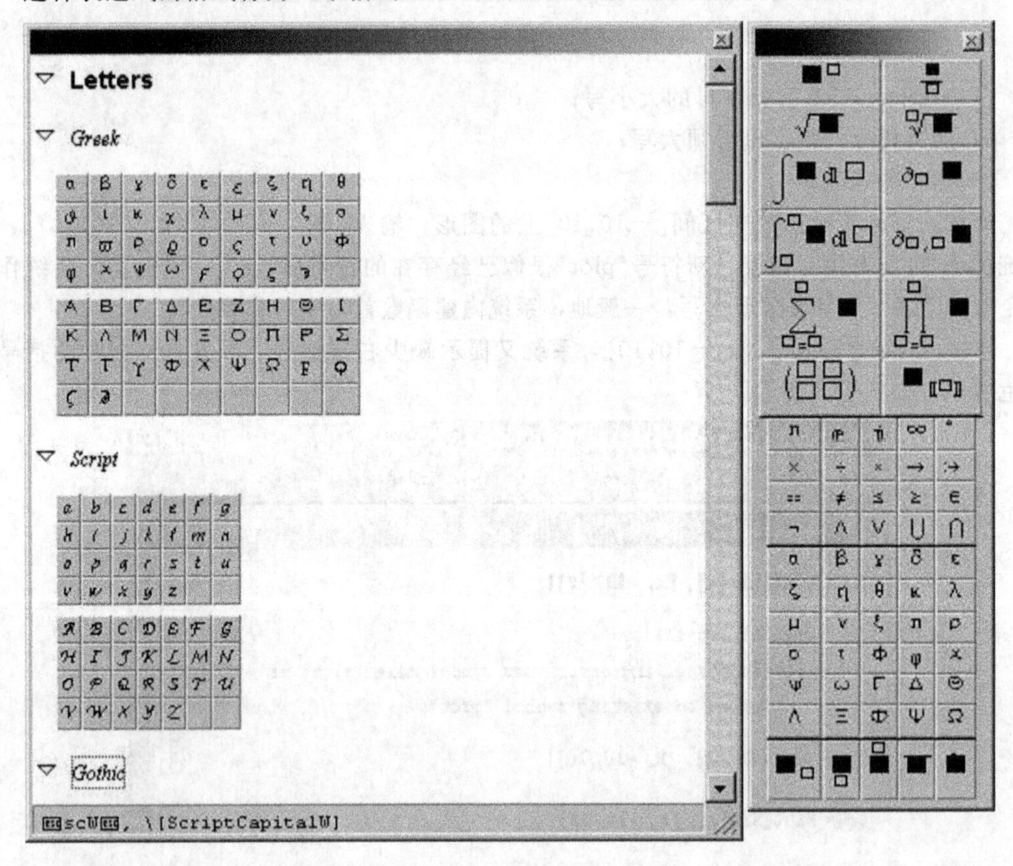

图 1.4

三、Mathematica 的联机帮助系统

在使用 Mathematica 的过程中，常常需要了解一个命令的详细用法，或者想知道系统中是否有完成某一计算的命令，联机帮助系统永远是最详细、最方便的资料库.

1. 获取函数和命令的帮助

在 Notebook 界面下，用“?”或“??”可向系统查询运算符、函数和命令的定义和用法，获取简单而直接的帮助信息. 例如，向系统查询作图函数 Plot 命令的用法，“? Plot”将给出调用 Plot 的格式以及 Plot 命令的功能(如果用两个问号"??"，则信息会更详细一些). "?Plot* "给出所有以 Plot 这 4 个字母开头的命令.

2. Help 菜单

可以通过按 F1 键或单击帮助菜单项 Help Browser，调出帮助菜单，如图 1.5 所示. 其中的各按钮用途如表 1.1 所示.

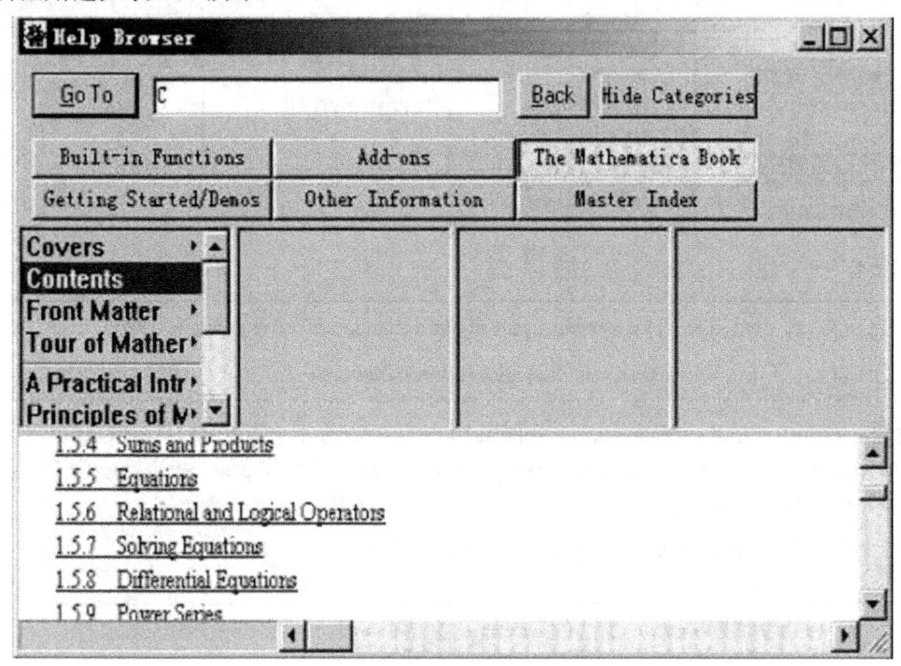

图 1.5

表 1.1

按 钮	用 途
Built-in Function	内建函数，按数值计算、代数计算、图形和编程分类存放
Add-ons	程序包(Standard Packages)MathLink Library 等内容
The Mathematica Book	一本完整的 Mathematica 使用手册
Getting Started/Demos	初学者入门指南和多种演示
Other Information	菜单命令的快捷键，二维输入格式等
Master Index	按字母命令给出命令、函数和选项的索引表

查找 Mathematica 中具有某个功能的函数，可通过帮助菜单中的 Mahematica 使用手册，通过其目录索引快速定位到自己要找的帮助信息.

例如：需要查找 Mathematica 中有关解方程的命令，单击 The Mathematica Book 按钮，再单击 Contents，在目录中找到有关解方程的节次，单击相应的超链接，有关内容的详细说明就马上调出来了. 如果知道具体的函数名，但不知其详细使用说明，可以在命令按钮 Goto 右边的文本框中键入函数名，按回车键后就显示有关函数的定义、例题和相关联的章节. 例如，要查找函数 Plot 的用法，只要在文本框中键入 Plot，按回车键后显示如图 1.6 所示的窗口，再按回车键，则显示 Plot 函数的详细用法和例题.

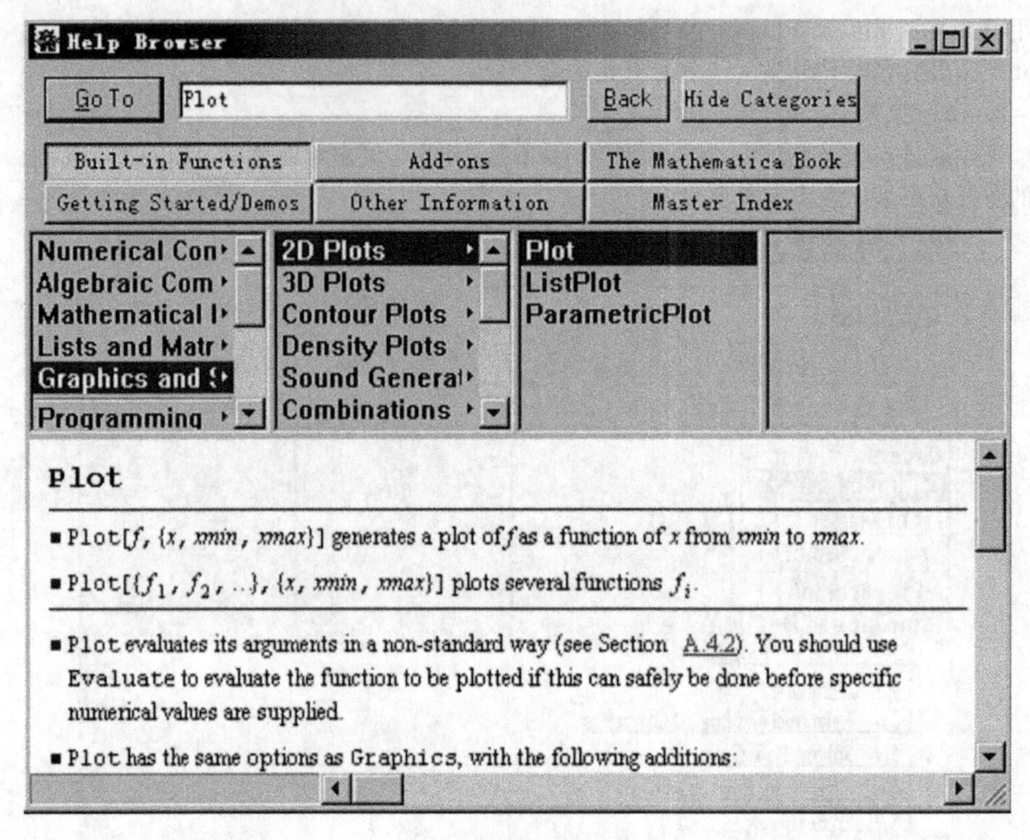

图 1.6

习 题 1-1

1. 查找内建函数 limit 的格式和功能.

2. 输入函数 $\sin x, \arccos x, \dfrac{1+x^3}{\tan x+x}, 1-\dfrac{1+x\sqrt[4]{x}}{1-\tan x}, \arctan e^x$.

3. 自我安装 Mathematica 4.

4. 请用中文描述 Mathematica 4 函数 Plot 的详细用法和例题.

第二节 Mathematica的基本量

一、数据类型和常数

1. 数值类型

基本的数值类型有 4 种：整数、有理数、实数和复数.

如果计算机的内存足够大，Mathemateica 可以表示任意长度的精确实数，而不受所用的计算机字长的影响. 整数与整数的计算结果仍是精确的整数或是有理数.

【例 1.1】 2 的 100 次方是一个 31 位的整数.

In[1]：$=2^{100}$

Out[1]=1267650600228229401496703205376

允许使用分数，也就是用有理数表示化简过的分数. 当两个整数相除而又不能整除时，系统就用有理数来表示，即有理数由两个整数的比来组成.

【例 1.2】 12345÷5555

In[2]：=12345÷5555

Out[2]=2469/1111

Mathematica 实数是用浮点数表示的，实数的有效位可取任意位数，是一种具有任意精确度的近似实数，当然在计算的时候也可以控制实数的精度．实数有两种表示方法：一种是用小数点方法表示的，另外一种是用科学计数方法表示的．

【例 1.3】 0.239998，0.12×10^{11}

In[3]：=0.239998

Out[3]=0.239998

In[4]：=0.12×10^{11}

Out[4]= 1.2×10^{10}

实数也可以与整数，有理数进行混合运算，结果还是一个实数．

【例 1.4】 2+1÷4+0.5

In[5]：= 2+1÷4+0.5

Out[5]=2.75

复数是由实部和虚部组成的．实部和虚部可以用整数、有理数和其他实数表示．在 Mathematica 中，用 i 表示虚数单位．

【例 1.5】 3+0.7i

In[6]：=3+0.7i

Out[6]=3+0.7i

2. 不同类型数的转换

在 Mathematica 的不同应用中，通常对数字的类型要求是不同的．例如在公式推导中的数字常用整数或有理数表示，而在数值计算中的数字常用实数表示．在一般情况下，在输出行 Out[n]中，系统根据输入行 In[n]的数字类型对计算结果做出相应的处理．如果有一些特殊的要求，就要进行数据类型转换，如表 1.2 所示．

表 1.2

函 数	含 义
N[x]	将 x 转换成实数
N[x，n]	将 x 转换成近似实数，精度为 n
Rationalize[x]	将 x 转换成有理数
Rationalize[x，dx]	给出 x 的有理数近似值，误差小于 dx
%	表示上一输出结果

In[1]=N[5/3，20]

Out[1]=1.6666666666666666667

【例 1.6】 把上面计算的结果变为 10 位精度的数字，再给出其结果的有理数近似值．

In[2]:=N[%,10]

Out[2]=1.666666667

In[3]=Rationalize[%]

Out[3]=5/3

3. 数学常数

Mathematica 中定义了一些常见的数学常数，这些数学常数都是精确数，如表 1.3 所示.

表 1.3

数学常数	含 义
∞	无穷大
Pi	表示 $\pi=3.14159\cdots$
E	自然对数的底，$e=2.71828\cdots$
Degree	Pi/180
i	虚数单位
Infinity	无穷大∞
−infinity	负的无穷大−∞
GoldenRatio	黄金分割数 1.61803

4. 特殊格式函数

特殊格式函数如表 1.4 所示.

表 1.4

函 数	含 义
NumberForm[expr, n]	以 n 位精度的实数形式输出实数 expr
ScientificForm[expr]	以科学记数法输出实数 expr
EngineeringForm[expr]	以工程记数法输出实数 expr

【例 1.7】

In[1]:=N[Pi^30,30]

Out[1]=8.21289330402749581586503585434×10^{14}

In[2]:=NumberForm[%,10]

Out[2]//NumberForm=8.212893304×10^{14}

二、变量

1. 变量的命名

Mathematica 中内部函数和命令都以大写字母开始. 为了不会与它们混淆，自定义的变量以小写字母开始，后跟数字和字母的组合，长度不限.

【例 1.8】 a12,ast,aST 都是合法的，而 12a,z*a 是非法的. 另外在 Mathematica 中的变量是区分大小写的，变量不仅可以存放一个数值，还可以存放表达式或复杂的算式.

2. 给变量赋值

在 Mathematica 中用等号“=”为变量赋值. 同一个变量可以表示一个数值，一个数组，一个表达式，甚至一个图形.

【例 1.9】 x=3

In[1]:=x=3

Out[1]=3

In[2]:=x^2+2x

Out[2]=15

In[3]：＝x＝%＋1

Out[3]＝16

【例 1.10】 对不同的变量可同时赋不同的值.

In[4]:＝{u,v,w}＝{1,2,3}

Out[4]＝{1,2,3}

In[5]:＝2u＋3v＋w

Out[5]＝11

对于已定义的变量，当不再使用它时，为防止变量值的混淆，可以随时用=. 清除它的值，如果变量本身也要清除则用函数 Clear[x].

【例 1.11】

In[6]：＝u=.

In[7]：＝2u＋v

Out[7]＝2＋2u

3. 变量的替换

一个表达式中的变量可以取不同的值，通过不同的变量值来计算表达式的不同值. 方法为用 expr/.，如图 1.7 所示.

【例 1.12】

In[1]:＝f＝x/. 2＋1

Out[1]＝ 1＋5x

In[2]:＝f/. x－>1

Out[2]＝6

In[3]:＝f/. x－>2

Out[3]＝11

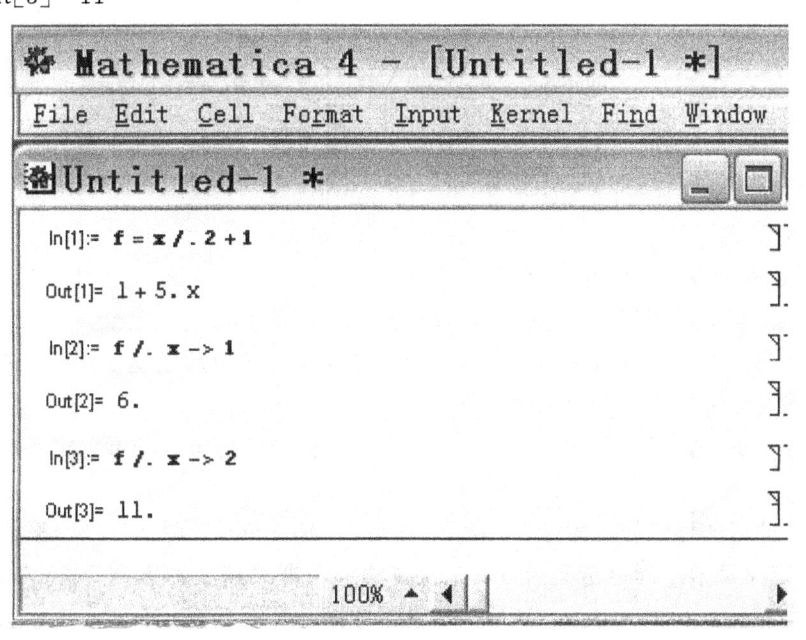

图 1.7

如果表达式中有多个变量，例如有两个，那么写法如下：

```
expr/.{x->val,y->val}
In[4]:=(x+y)(x-y)^2/.{x->3,y->1-a}
Out[4]=(4-a)(2+a)^2
```

三、函数

1. 系统函数

在 Mathmatica 中定义了大量可以直接调用的数学函数，这些函数名称一般表达了一定的意义，可以帮助我们理解．表 1.5 所示为几个常用的函数．

表 1.5

函数	含义
Floor[x]	不比 x 大的最大整数
Ceiling[x]	不比 x 小的最小整数
Sign[x]	符号函数
Round[x]	接近 x 的整数
Abs[x]	x 绝对值
Max[x1,x2,x3…]	$x_1,x_2,x_3,\cdots$. 中的最大值
Min[x1,x2,x3…]	$x_1,x_2,x_3,\cdots$. 中的最小值
Random[ ]	0～1 之间的随机函数
Random[Real,xmax]	0～x_{max}之间的随机函数
Exp[x]	指数函数 e^x
Log[x]	自然对数函数 $\ln x$
Log[b,x]	以 b 为底的对数函数
Sin[x],Cos[x],Tan[x],Csc[x],Sec[x],Cot[x]	三角函数(变量是以弧度为单位的)
Sinh[x],Cosh[x],Tanh[x],Csch[x],Sech[x],Coth[x]	双曲函数
Mod[m,n]	m 被 n 整除的余数，余数与 n 的符号相同

2. 函数的定义

(1)**即时定义函数**．即时定义函数的语法如下：f[x_]=expr，函数名为 f，自变量为 x，expr 是表达式．在执行时会把表达式 expr 中的 x 都换为 f 的自变量 x(不是 x_)．函数的自变量具有局部性，只对所在的函数起作用．函数执行结束后也就没有了，不会改变其他全局定义的同名变量的值．请看下面的例子．

如图 1.8 所示，定义函数 $f(x)=x*\sin x+x^2$，对定义的函数既可以求函数值，也可绘制它的图形．

对于定义的函数可以使用命令 Clear[f]清除，而 Remove[f]则从系统中删除该函数．

(2)**延迟定义函数**．延迟定义函数从定义方法上与即时定义的区别为“=”与“:=”，延迟定义的格式为 f[x_]:=expr，其他操作基本相同．那么延迟定义和即时定义的主要区别是什么？即时定义函数在输入函数后立即定义函数并存放在内存中并可直接调用．延时定义只是在调用函数时才真正定义函数．

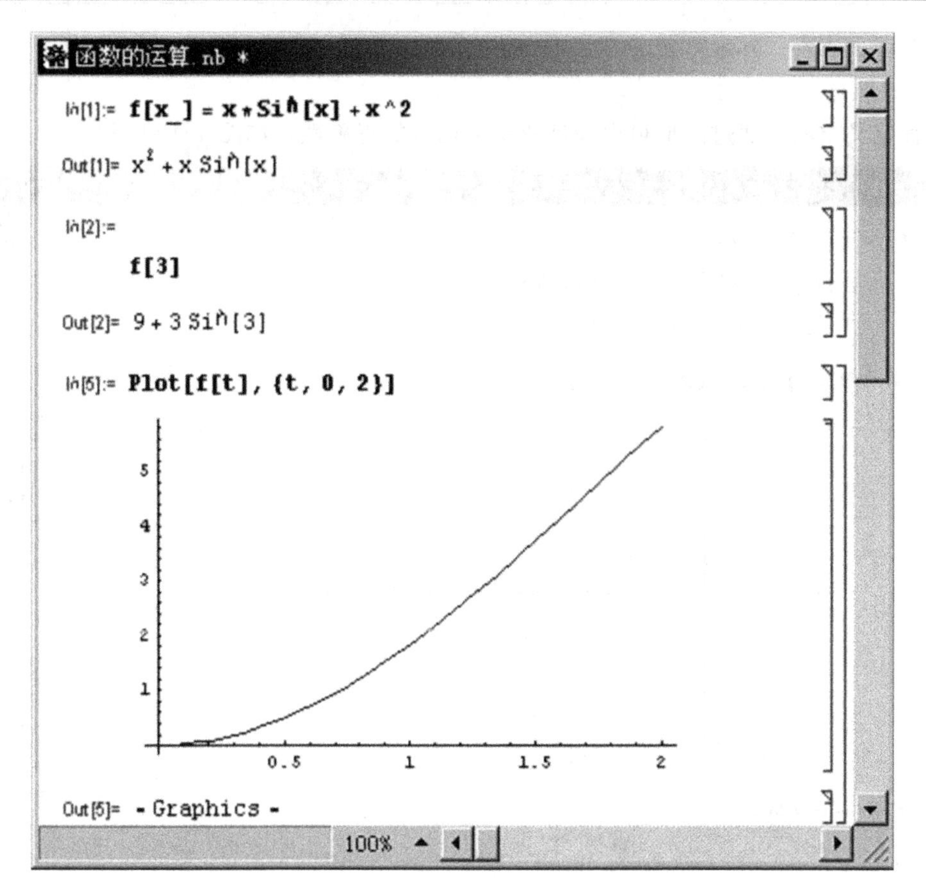

图 1.8

(3)**多变量函数的定义**．可以定义多个变量的函数，格式为 f[x_,y_,z_,…]＝expr 自变量为 x,y,z…，相应的 expr 中的自变量会被替换.

例如定义函数 $f(x,y)=xy+y\cos x$，如图 1.9 所示.

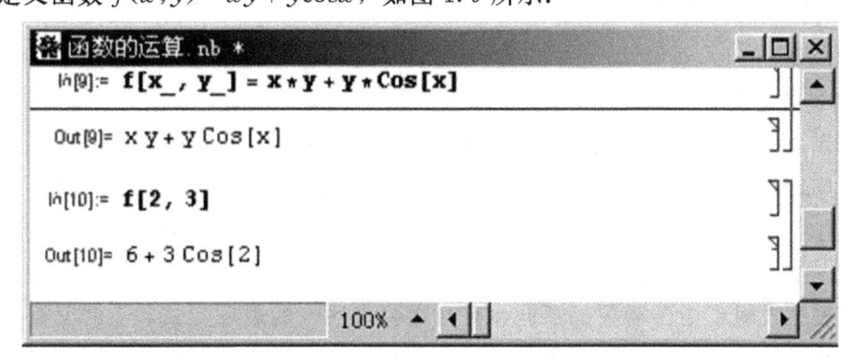

图 1.9

(4)**使用条件运算符定义和 If 命令定义函数**．如果要定义分段函数，例如

$$f(x)=\begin{cases} x-1 & 0<x \\ x^2 & -1<x\leqslant 0 \\ \sin x & x<-1 \end{cases}$$

这样的分段函数应该如何定义，显然要根据 x 的不同值给出不同的表达式．一种办法

是使用条件运算符，基本格式为 f[x_]:=expr/;condition，当 condition 条件满足时才把 expr 赋给 f.

下面定义方法，通过图形可以验证所定义函数的正确性，如图 1.10 所示.

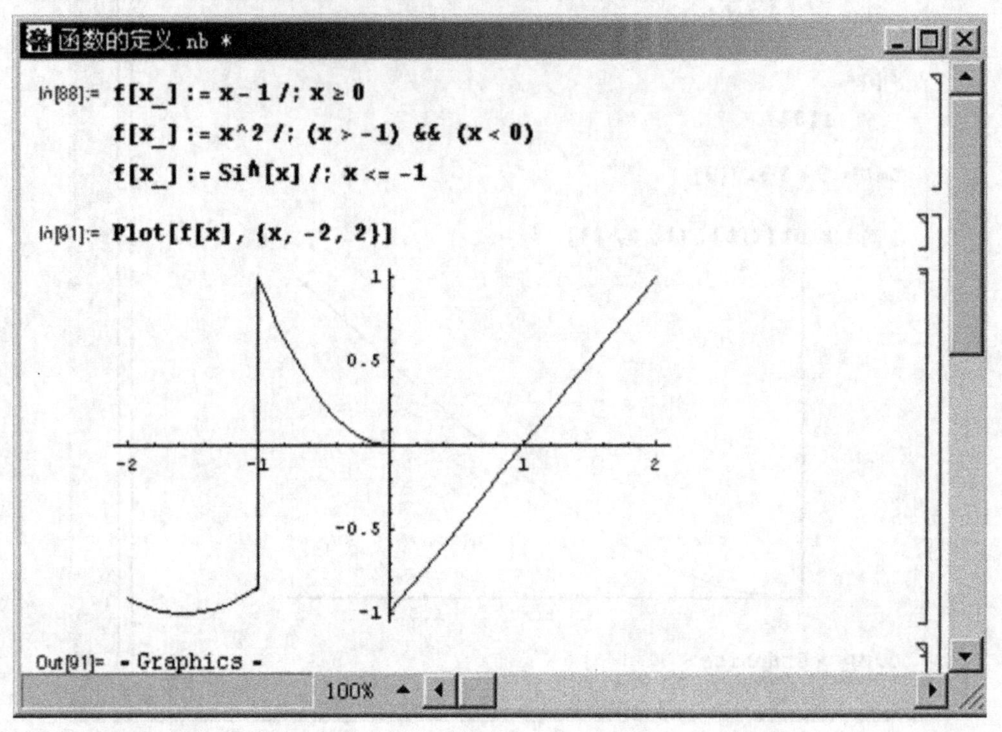

图 1.10

当然，使用 If 命令也可以定义上面的函数，If 语句的格式为 If[条件，值 1，值 2]，如果条件成立取“值 1”，否则取“值 2”，下面给出 If 语句的定义结果，如图 1.11 所示.

可以看出用 If 定义的函数 $g(x)$和前面函数 $f(x)$相同，这里使用了两个 If 嵌套.

四、表达式

1. 表达式的含义

Mathematica 能处理数学公式、表以及图形等多种数据形式. 尽管它们从形式上看起来不一样，但在 Mathematica 内部都被看成同种类型，即都把它们当作表达式的形式. Mathematica 中的表达式由常量、变量、函数、命令、运算符和括号等组成，最典型的形式是 f[x,y].

2. 表达式的表示形式

在显示表达式时，由于需要的不同，有时需要表达式的展开形式，有时又需要其因子乘积的形式. 在计算过程中可能得到很复杂的表达式，这时又需要对它们进行化简. 常用的处理这种情况的函数为变换表达式表示形式函数，如表 1.6 所示.

表 1.6

函数	含义
Simplify[expr]	按幂次升高的顺序展开表达式
Factor[expr]	以因子乘积的形式表示表达式
Expand[expr]	进行最佳的代数运算，并给出表达式的最少项形式

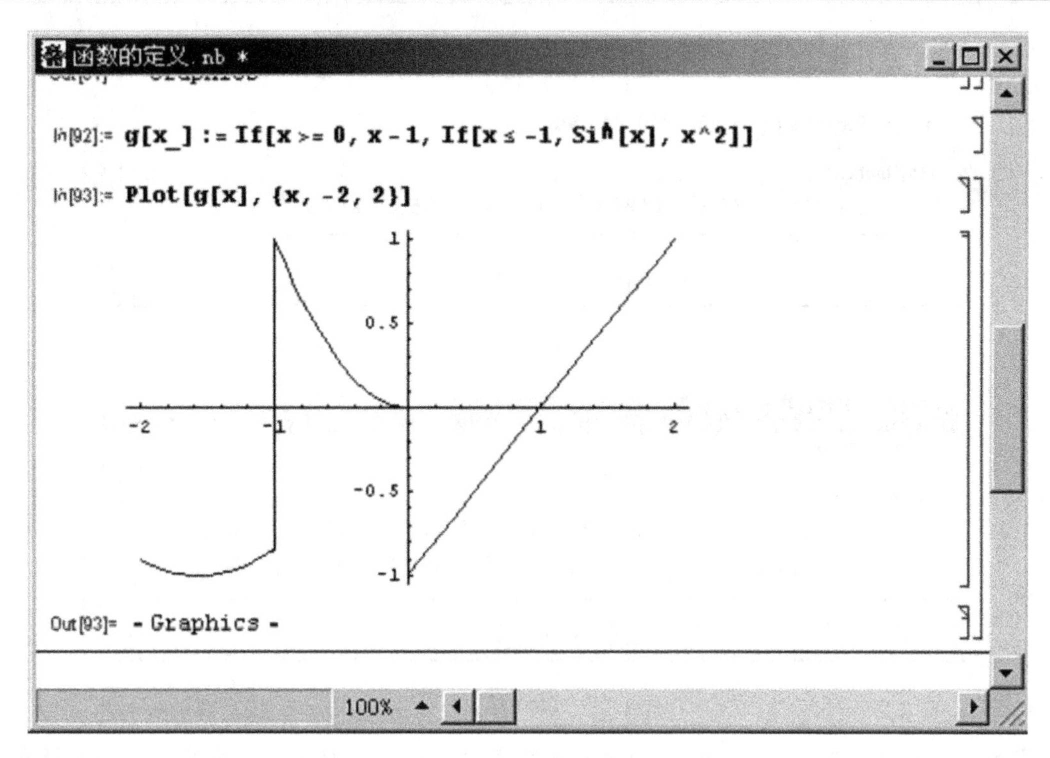

图 1.11

【例 1.13】 展开表达式$(x+y)^4(x+y^2)$

In[1]：$=$Expand[$(x+y)^4(x+y^2)$]

Out[1]$=x^5+4x^4y+6x^3y^2+x^4y^2+4x^2y^3+4x^3y^3+xy^4+6x^2y^4+4xy^5+y^6$

还原上面的表达式为因子乘积的形式

In[2]：$=$ Factor[%]

Out[2]$=$ $(x+y)^4(x+y^2)$

多项式表达式的项数较多，比较复杂，在显示时显得比较杂乱，而且在计算过程中没有必要知道全部的内容；或表达式的项很有规律，没有必要打印全部的表达式的结果. Mathematica 提供了一些命令，可将它缩短输出或不输出，如表 1.7 所示.

表 1.7

命令	含　义
command	执行命令 command，屏幕上不显示结果
expr/Short	显示表达式的一行形式
Short[expr, n]	显示表达式的 n 行形式命令后加一分号";"不打印结果

将表达式(1+x)^30 展开，并仅显示一行有代表项的式子，如图 1.12 所示.

将上式分成三行的形式展开，如图 1.13 所示.

把代数表达式变换到所需要的形式没有一种固定的模式，一般情况下，最好的办法是进行多次尝试，尝试不同的变换并观察其结果，再挑出满意的表示形式.

3. 关系表达式与逻辑表达式

我们已经知道"="表示给变量赋值. 关系表达式是最简单的逻辑表达式，常用关系表达

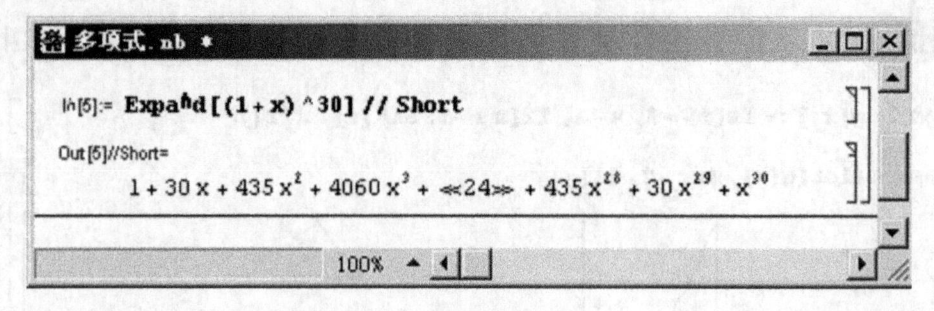

图 1.12

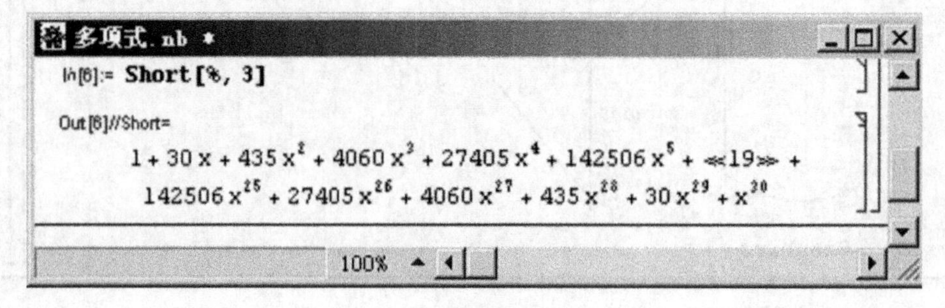

图 1.13

式表示一个判别条件．例如：x＞0，y＝0．关系表达式的一般形式是：表达式＋关系算子＋表达式．其中表达式可为数字表达式、字符表达式或意义更广泛的表达式，如一个图形表达式等．在实际运用中，这里的表达式常常是数字表达式或字符表达式．表 1.8 给出了 Mathematica 中的各种关系算子．

表 1.8

算　子	含　义
x＝＝y	相等
x！＝y	不相等
x＞y	大于
x＞＝y	大于或等于
x＜y	小于
x＜＝y	小于等于
x＝＝y＝＝z	都相等
x！＝y！＝z	都不相等
x＞y＞z，etc	严格递减

【例 1.14】 给变量 x，y 赋值，输出后面变量的值．

In[1]：＝x＝2；y＝9

Out[1]＝9；

In[2]：＝x＞y

Out[2]＝false；

比较两个表达式的大小

In[3]：＝3^2＞y－1

Out[3]＝True

用一个关系式只能表示一个判定条件，要表示几个判定条件的组合，必须用逻辑运算符将关系表达式组织在一起，称表示判定条件的表达式为逻辑表达式.

常用的逻辑运算和它们的意义，如表 1.9 所示.

表 1.9

运算符	含　义
!	非
&&	并
||	或
Xor	异或
If	条件

【例 1.15】

In[4]：=3x^2<y+1&&3^2==y

Out[4]=false

In[5]：=3x^2+1||3^2==y

Out[5]=True

五、常用的符号

符号	含义
(term)	圆括号用于组合运算
f[x]	方括号用于函数
{ }	花括号用于列表
[[i]]	双括号用于排序
%	代表最后产生的结果
%%	代表倒数第二次的计算结果
%%%(k)	代表倒数第 k 次的计算结果
%n	列出行 Out[n]的结果(用时要小心)

六、多项式

可认为多项式是表达式的一种特殊的形式，所以多项式的运算与表达式的运算基本一样，表达式中的各种输出形式也可用于多项式的输出. Mathematica 提供一组按不同形式表示代数式的函数.

1. 一些常用指令

一些常用指令如表 1.10 所示.

表 1.10

命　令	含　义
Expand[ploy]	全部展开多项式 ploy
ExpandAll[ploy]	按幂次展开多项式 ploy
Factor[ploy]	对多项式 poly 进行因式分解
FactorTerms[ploy,{x,y,…}]	按变量 $x,y,\cdots$ 进行分解
Simplify[poly]	把多项式化为最简形式
FullSimplify[ploy]	把多项式展开并化简
Collect[ploy,x]	把多项式 poly 按 x 幂展开
Collect[poly,{x,y…}]	把多项式 poly 按 $x,y\cdots$. 的幂次展开

【例 1.16】 对 x^8-1 进行分解.

In[1]:=Factor[x^8-1]

Out[1]=(-1+x)(1+x)(1+x^2)(1+x^4)

2. 多项式的代数运算

多项式的运算有加、减、乘、除运算：+，-，*，/. 下面通过例子说明.

多项式的加运算. a^2+3a+2 与 $a+1$ 相加：

In[1]:=p1=a^2+3a+2;p2=a+1;p1+p2

Out[1]=3+4a+a^2

多项式的除运算.使用 Cancel 函数可以约去公因式：

In[2]:=Cancel[p1/p2]

Out[2]=2+a

七、方程及其根的表示

Mathematica 把方程看作逻辑语句. 在数学中，方程式表示为形如“$x^2-2x+1=0$”的形式. 在 Mathematica 中“=”用作赋值语句，这样在 Mathematica 中用“==”表示逻辑等号，则方程应表示为“x^2-2x+1==0”. 方程的解同原方程一样被看作是逻辑语句.

【例 1.17】 用 Roots 求方程 x^2-3x+2=0 的根，如图 1.14 所示.

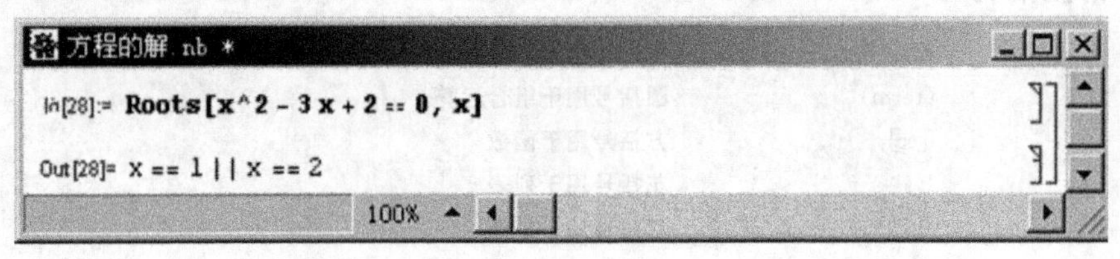

图 1.14

这种表示形式说明 x 取 1 或 2 均可.

【例 1.18】 用 Solve[ ]可得解集形式，如图 1.15 所示.

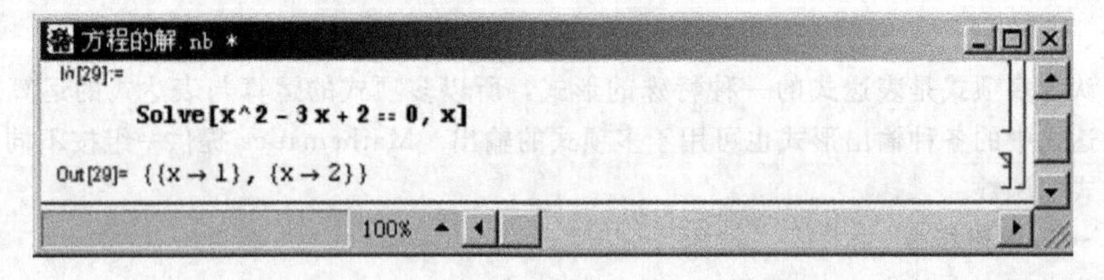

图 1.15

习 题 1-2

1. 计算 $\sqrt[3]{10}\times\left(\frac{1}{8}\right)^{-\frac{1}{2}}+7^{\frac{2}{3}}\pi$.
2. 分解因式 x^2+3x+2.
3. 展开因式 $(x^2+3x+2)(x-2)$.
4. 求 π 的有 6 位和 20 位有效数字的近似值.
5. 定义函数 $f(x)=x^3-2x+5$,并计算 $f(2)$,$f(4)$.
6. 解方程 $x^2+3x+2=0$.
7. 在区间[-1,1]上作出抛物线 $y=x^2$ 的图形.

第二章　函数极限

微积分是最有用的数学工具之一，也是高等数学最重要的内容之一．极限理论是整个高等数学的基石，是微积分的基础．微积分的本质是极限，极限方法是微积分的最基本的方法．微分法和积分法都是借助于极限方法来描述的，掌握极限概念与极限运算非常重要．为此，我们首先介绍函数极限的概念和函数极限的运算．

第一节　函数极限的概念

在函数 $y=f(x)$中，函数值 $f(x)$总是随自变量 x 的变化而变化，当 x 有某种变化趋势时，函数值 $f(x)$有什么样的变化趋势？这就是函数极限要讨论的问题．

通常，将 x 的变化趋势分为 6 种类型，对应地，函数极限也有 6 种类型．但它们只是叙述上的区别，其本质是相同的，它们具有完全相同的性质和运算法则．

一、函数的单侧极限

1. x 趋向于正无穷大时(记为 $x\to+\infty$)的极限

在函数 $f(x)=\dfrac{x+1}{x}$中，随着 $x(x\neq0)$的无限增大($x\to+\infty$)，对应的函数值 $f(x)=\dfrac{x+1}{x}=1+\dfrac{1}{x}$无限接近于 1，这个实数 1 就称为函数 $f(x)$当 $x\to+\infty$时的极限．参见图 2.1．一般地，定义如下．

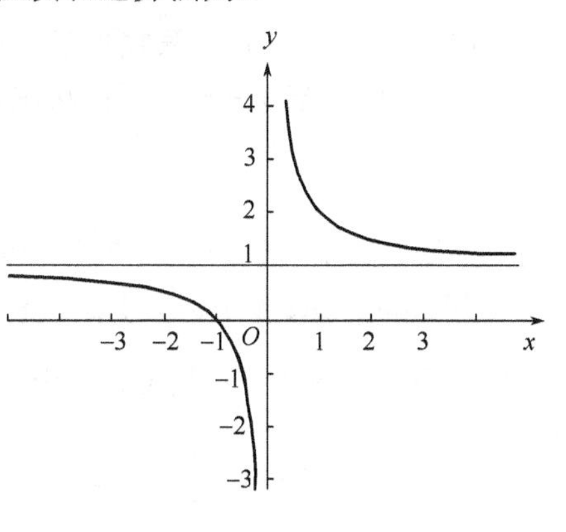

图 2.1

定义 2.1　设函数 $f(x)$在区间$(a,+\infty)$上有定义，如果当 x 无限增大时，对应的函数值 $f(x)$无限接近于某一确定的常数 A，即 $f(x)-A$ 无限接近于 0．那么称常数 A 为函数 $f(x)$当 $x\to+\infty$时的**极限**，记为

$$\lim_{x\to+\infty}f(x)=A \quad 或 \quad f(x)\to A(x\to+\infty).$$

否则，称函数 $f(x)$当 $x\to+\infty$时**无极限或极限不存在**．

在 Mathematica 4 中记为 Limit[f(x)，x－＞∞,Direction－＞1]．

例如函数 $f(x)=\dfrac{1}{x}$和 $f(x)=\sin x$

In[1]:＝Limit[$\dfrac{1}{x}$,x－＞∞,Direction－＞1]

Out[1]＝0

In[2]:＝Limit[Sin[x],x－＞∞,Direction－＞1]

Out[2]＝Interval[{－1,1}]

对于函数 $f(x)=\dfrac{1}{x}$，随着 x 无限增大时，$\dfrac{1}{x}$无限接近于 0，因此 $\lim\limits_{x\to+\infty}\dfrac{1}{x}=0$．参见图

2.2. 对于函数 $f(x)=\sin x$，随着 x 无限增大时，$\sin x$ 在$[-1,1]$中变化，并不能无限接近于某一确定的常数. 因此，函数 $f(x)=\sin x$ 当 $x\to+\infty$时极限不存在，参见图 2.3.

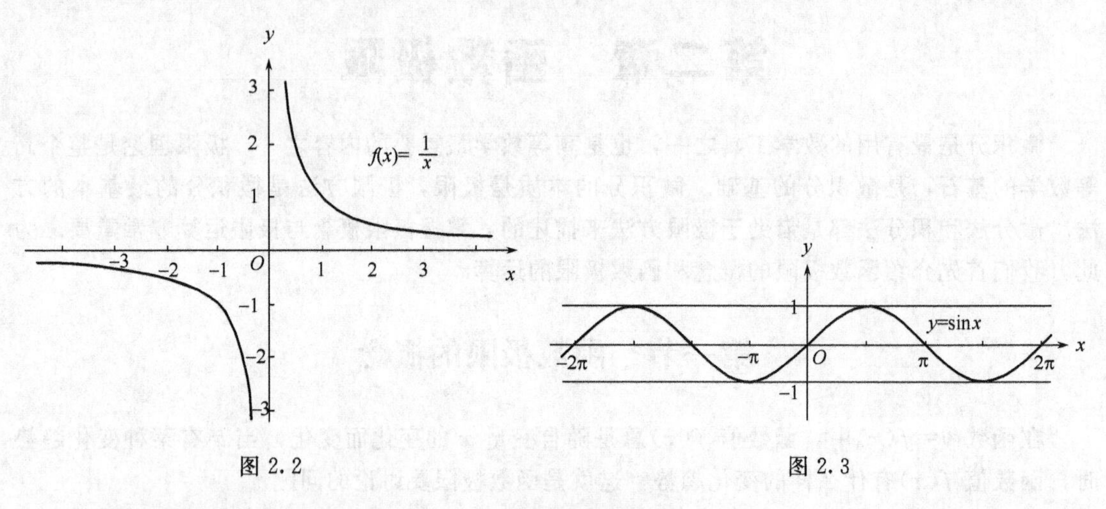

图 2.2 图 2.3

2. x 趋向于负无穷大时(记为 $x\to-\infty$)的函数极限

定义 2.2 设函数 $f(x)$在区间$(-\infty,b)$上有定义，如果当 $x<0$ 且$|x|$(即$-x$)无限增大时，对应的函数值 $f(x)$无限接近于某一确定的常数 A，即 $f(x)-A$ 无限接近于0. 则称常数 A 为函数 $f(x)$当 $x\to-\infty$时的**极限**，记为

$$\lim_{x\to-\infty} f(x)=A \text{ 或 } f(x)\to A\ (x\to-\infty).$$

否则，称函数 $f(x)$当 $x\to-\infty$时**无极限或极限不存在**.

在 Mathematica 4 中记为 Limit[f(x), x－＞∞,Direction－＞－1].

例如函数 $f(x)=\dfrac{1}{x}$和 $f(x)=\sin x$

In[3]:＝Limit[$\dfrac{1}{\text{x}}$,x－＞∞,Direction－＞－1]

Out[3]＝0

In[4]:＝Limit[Sin[x],x－＞∞,Direction－＞－1]

Out[4]＝Interval[{－1,1}]

对于函数 $f(x)=\dfrac{1}{x}$，随着$|x|$(即$-x$)无限增大，$\dfrac{1}{x}$无限接近于0，因此 $\lim\limits_{x\to-\infty}\dfrac{1}{x}=0$. 参见图 2.2. 对于函数 $f(x)=\sin x$，随着$|x|$ (即$-x$)无限增大，$\sin x$ 只是在$[-1,1]$中变化，并不能无限接近于某一确定的常数，因此，函数 $f(x)=\sin x$ 当 $x\to-\infty$时的极限不存在. 参见图 2.3.

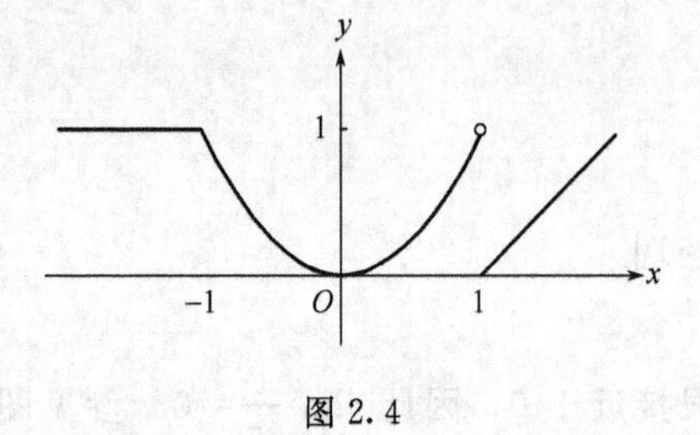

图 2.4

3. x 从 x_0 的左(右)侧趋近于 x_0 时的函数极限

考察函数(图 2.4)

$$y=\begin{cases} x-1 & x\geqslant 1 \\ x^2 & -1\leqslant x<1, \\ 1 & x<-1 \end{cases}$$

当 x 从 1 的左侧趋近于 1 时(记为 $x\to 1^-$)，对应的函数值 $y=x^2$ 无限接近于 1，称实数 1 为函数 $f(x)$ 当 $x\to 1$ 时的左极限；当 x 从 1 的右侧趋近于 1 时(记为 $x\to 1^+$)，对应的函数值 $y=x-1$ 无限接近于 0，称实数 0 为函数 $f(x)$ 当 $x\to 1$ 时的右极限．一般地，定义如下．

定义 2.3　设函数 $f(x)$ 在区间 (a, x_0) 上有定义，如果当 x 从 x_0 的左侧无限接近于 x_0 时，对应的函数值 $f(x)$ 无限接近于某一确定的常数 A，即 $f(x)-A$ 无限接近于 0．则称常数 A 为函数 $f(x)$ 当 $x\to x_0$ 时的**左极限**，记为

$$f(x_0-0)=\lim_{x\to x_0^-}f(x)=A \text{ 或 } f(x)\to A\ (x\to x_0^-).$$

否则，称函数 $f(x)$ 当 $x\to x_0$ 时**无左极限或左极限不存在**．参见图 2.5．

在 Mathematica 4 中记为 Limit[f(x),x－＞x_0,Direction－＞－1]．

类似地，定义如下．

定义 2.4　设函数 $f(x)$ 在区间 (x_0, b) 上有定义，如果当 x 从 x_0 的右侧无限接近于 x_0 时，对应的函数值 $f(x)$ 无限接近于某一确定的常数 A，即 $f(x)-A$ 无限接近 于 0．则称常数 A 为函数 $f(x)$ 当 $x\to x_0$ 时的**右极限**，记为

$$f(x_0+0)=\lim_{x\to x_0^+}f(x)=A \text{ 或 } f(x)->A\ (x\to x_0^+).$$

否则，称函数 $f(x)$ 当 $x\to x_0$ 时**无右极限或右极限不存在**．参见图 2.6．

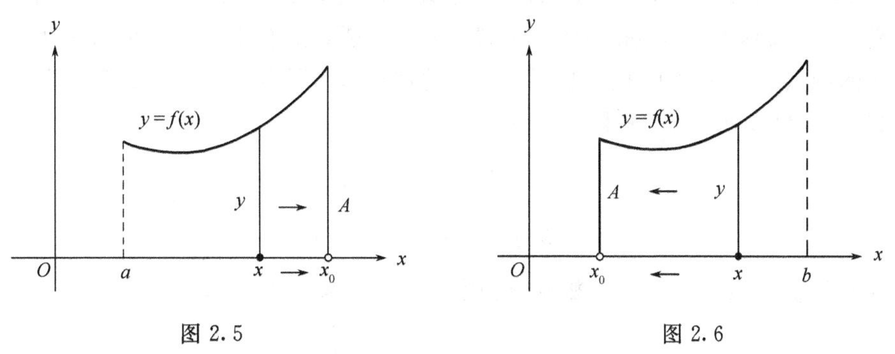

图 2.5　　　　图 2.6

在 Mathematica 4 中记为 Limit[f(x),x－＞x_0,Direction－＞1]．

二、函数的极限

前面讨论了 x 以单侧方式趋近于 $\pm\infty$ 和 x_0 时函数 $f(x)$ 的极限，但更一般的方式是考虑以任意方式趋近于 ∞ 或 x_0 时函数 $f(x)$ 的极限，即通常意义下的函数极限．

1. x 趋近于无穷大时(记为 $x\to\infty$)的函数极限

考察函数 $f(x)=\dfrac{x+1}{x}(x\neq 0)$，无论 x 以何种方式趋近于 ∞，即只要 $|x|$ 无限增大时，对应的函数值 $f(x)=\dfrac{x+1}{x}=1+\dfrac{1}{x}$ 就无限接近于 1，那么就称常数 1 为函数 $f(x)$ 当 $x\to\infty$ 时的极限．参见图 2.1．

定义 2.5　设函数 $f(x)$ 对 $|x|$ 充分大的 x 有定义．如果当 $|x|$ 无限增大时，对应的函数值 $f(x)$ 无限接近于某一确定的常数 A，即 $f(x)-A$ 无限接近于 0，则称常数 A 为函数 $f(x)$ 当 $x\to\infty$ 时的**极限**，记为

$$\lim_{x\to\infty}f(x)=A \text{ 或 } f(x)\to A\ (x\to\infty).$$

否则，称函数 $f(x)$ 当 $x \to \infty$ 时**无极限或极限不存在**.

在 Mathematica 4 中记为 Limit[f(x),x－＞∞].

例如，函数 $f(x)=e^{\frac{1}{x}}$

In[1]:=Limit[Exp[$\frac{1}{x}$], x－＞∞]

Out[1]=1

对于函数 $f(x)=e^{\frac{1}{x}}$，当 $|x|$ 无限增大时，对应的函数值无限接近 1，因此 $\lim\limits_{x\to\infty} e^{\frac{1}{x}}=1$. 参见图 2.7.

2. x 趋向于 x_0 时(记为 $x \to x_0$)的函数极限

考察函数 $f(x)=\frac{x+1}{x}(x\neq 0)$，无论 x 以何种方式趋近于 1，即只要 x 无限接近于 1 时，对应的函数值 $f(x)=\frac{x+1}{x}=1+\frac{1}{x}$ 就无限接近于 2，那么就称数 2 为函数 $f(x)$ 当 $x\to 1$ 时的极限. 参见图 2.1.

为了叙述上的方便，先介绍邻域的概念. 点 x_0 的一个 $\delta(\delta>0)$ **邻域**是指以 x_0 为中心，δ 为半径的一个开区间 $(x_0-\delta, x_0+\delta)$. 为方便起见，当 $x_0\in(a,b)$，也称 (a,b) 为 x_0 的一个邻域. 点 x_0 的一个**去心邻域**是指点 x_0 的一个邻域，但是不含点 x_0 本身.

定义 2.6 设函数 $f(x)$ 在 x_0 的一个邻域或去心邻域上有定义，如果当 x 无限接近于 x_0 时，对应的函数值 $f(x)$ 无限接近于某一确定的常数 A，即 $f(x)-A$ 无限接近于 0. 则称常数 A 为函数 $f(x)$ 当 $x\to x_0$ 时的**极限**，记为

$$\lim_{x\to x_0} f(x)=A$$

$$或\ f(x)\to A\ (x\to x_0).$$

否则，称函数 $f(x)$ 当 $x\to x_0$ 时**无极限或极限不存在**. 参见图 2.8.

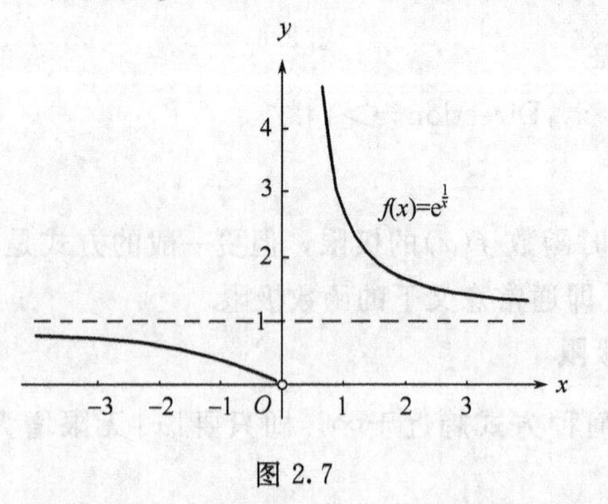

图 2.7

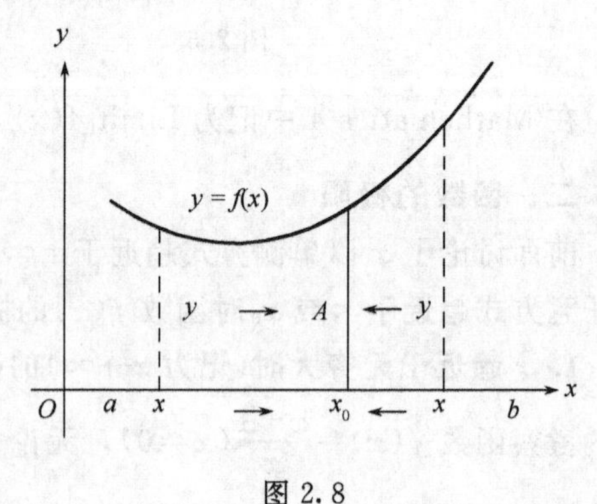

图 2.8

在 Mathematica 4 中记为 Limit[f(x),x－＞x_0].

例如函数 $f(x)=\cos x$

In[2]:=Limit[Cos[x], x－＞0]

Out[2]=1

三、函数极限与函数单侧极限间的关系

函数极限与函数单侧极限间存在非常密切的联系. 通常，由于函数单侧极限的趋近方式

较为简洁，使用起来较为方便．为此，给出下面定理(但并不给出证明)，利用它们能将计算函数极限问题转变为计算函数的单侧极限问题．

定理 2.1　$\lim\limits_{x\to\infty}f(x)=A$ 的充分必要条件是 $\lim\limits_{x\to-\infty}f(x)=\lim\limits_{x\to+\infty}f(x)=A$.

定理 2.2　$\lim\limits_{x\to x_0}f(x)=A$ 的充分必要条件是 $\lim\limits_{x\to x_0^-}f(x)=\lim\limits_{x\to x_0^+}f(x)=A$.

定理 2.1 和定理 2.2 是说，函数极限存在的充分必要条件是函数的左右极限都存在且相等．

例如，要求函数

$$y=\begin{cases}1 & x<-1\\ x^2 & -1\leqslant x<1\\ x-1 & x\geqslant 1\end{cases}$$

当 $x\to1$ 时的极限，参见图 2.4．由于函数在 $x\to1$ 的两边有不同的表达式，直接计算$\lim\limits_{x\to1}f(x)$有困难，但可以分别计算函数的左右极限．

因为 $\lim\limits_{x\to1^-}f(x)=\lim\limits_{x\to1^-}x^2=1$，$\lim\limits_{x\to1^+}f(x)=\lim\limits_{x\to1^+}(x-1)=0$，所以 $\lim\limits_{x\to1^-}f(x)\neq\lim\limits_{x\to1^+}f(x)$，因此$\lim\limits_{x\to1}f(x)$不存在．

*四、用 ε-δ(或 ε-N)语言描述函数极限

在上述函数极限的定义中，使用了“无限接近”、“无限增大”等直观的、非量化的词语，这些词语并非数学的专业术语，只能作为对函数极限的直观描述，但不能作为严格的数学证明语言，有关函数极限的数学证明必须使用量化的 ε-δ(ε-N)语言．下面就 $x\to x_0$ 和 $x\to\infty$ 两种情形给出 ε-δ(ε-N)语言的函数极限定义．

定义 2.7　(ε-δ 语言)设函数 $f(x)$在 x_0 邻近(可不包含 x_0)有定义，A 为一常数．如果对任意给定的 $\varepsilon>0$，总可以找到 $\delta>0$，使对满足不等式 $0<|x-x_0|<\delta$ 的一切 x，总有不等式

$$|f(x)-A|<\varepsilon$$

成立，则称常数 A 为函数 $f(x)$ 当 $x\to x_0$ 时的**极限**，记为

$$\lim_{x\to x_0}f(x)=A \quad 或 \quad f(x)\to A\ (x\to x_0).$$

否则，称函数 $f(x)$当 $x\to x_0$ 时**无极限或极限不存在**．参见图 2.9．

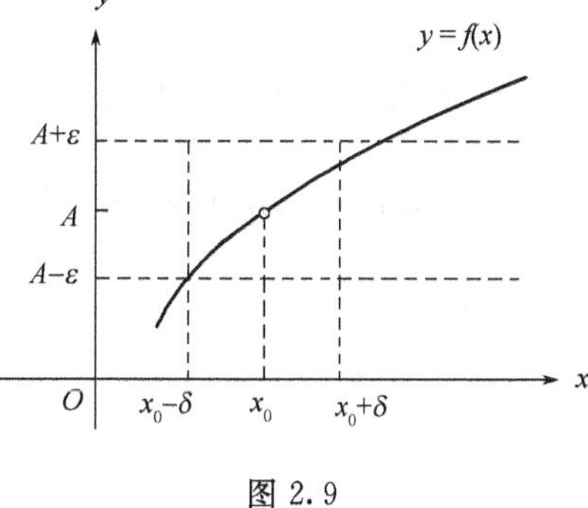

图 2.9

【例 2.1】　试用 ε-δ 语言证明：$\lim\limits_{x\to1}x^2=1$.

[分析]　对任意给定的 $\varepsilon>0$，要求总可以找到 $\delta>0$，使对满足不等式 $0<|x-1|<\delta$ 的一切 x，总有不等式$|x^2-1|<\varepsilon$ 成立．要使$|x^2-1|<\varepsilon$，只要$|(x-1)(x+1)|<\varepsilon$，即只要$\delta|x+1|<\varepsilon$．又 $0<|x-1|<\delta$，故$|x|<1+\delta$，从而$|x+1|<1+|x|<2+\delta$．这样，要使$|x^2-1|<\varepsilon$，只要 $\delta|x+1|<\delta(2+\delta)<\varepsilon$，因而取 $\delta=\min\left\{1,\ \dfrac{\varepsilon}{3}\right\}$即可．

证明：对任意给定的 $\varepsilon>0$，取 $\delta=\min\left\{1,\dfrac{\varepsilon}{3}\right\}$，则当 $0<|x-1|<\delta$ 时，$|x|<1+\delta$，从

而$|x+1|<1+|x|<2+\delta$. 故$|x^2-1|=|(x-1)(x+1)|<\delta(|x|+1)<\delta(2+\delta)<3\delta=\varepsilon$. 即$|x^2-1|<\varepsilon$成立. 所以$\lim\limits_{x\to 1}x^2=1$.

定义 2.8 (ε-N语言)设函数$f(x)$对$|x|$充分大的x有定义，A为一常数. 如果对任意给定的$\varepsilon>0$，总可以找到$N>0$，使对满足不等式$|x|>N$的一切x，总有不等式

$$|f(x)-A|<\varepsilon$$

成立，则称A为函数$f(x)$当$x\to\infty$时的**极限**，记为

$$\lim_{x\to\infty}f(x)=A \quad 或 \quad f(x)\to A\ (x\to\infty).$$

否则，称函数$f(x)$当$x\to\infty$时**无极限或极限不存在**. 参见图 2.10.

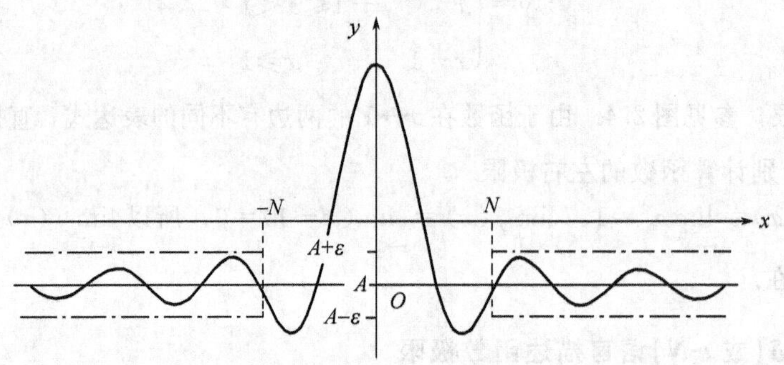

图 2.10

【例 2.2】 试用ε-N语言证明：$\lim\limits_{x\to\infty}\dfrac{\sin x}{x}=0$.

[分析] 对任意给定的$\varepsilon>0$，要求总可以找到$N>0$，使对满足不等式$|x|>N$的一切x，总有不等式$\left|\dfrac{\sin x}{x}-0\right|<\varepsilon$成立. 为此，要使$\left|\dfrac{\sin x}{x}-0\right|<\varepsilon$，只要$\left|\dfrac{\sin x}{x}\right|<\varepsilon$，即只要$\dfrac{1}{|x|}<\varepsilon$. 因而取$N=\dfrac{1}{|\varepsilon|}$即可.

证明：对任意给定的$\varepsilon>0$，取$N=\dfrac{1}{\varepsilon}$，则当$|x|>N$时，$\left|\dfrac{\sin x}{x}-0\right|=\left|\dfrac{\sin x}{x}\right|<\dfrac{1}{|x|}<\dfrac{1}{N}=\varepsilon$,从而$\left|\dfrac{\sin x}{x}-0\right|<\varepsilon$成立，即$\lim\limits_{x\to\infty}\dfrac{\sin x}{x}=0$.

资料

我们知道，两个有理数之间有无理数，两个无理数之间也有有理数. 那么自然会问：有理数和无理数是否一样多？它们如何排列？

设想一下，在实轴上，如果有理数点是红色的，无理数点是绿色的，那么实轴将会是什么颜色？

正确的答案一定会使许多人意外，即实轴将会是绿色，红色根本看不见. 换言之，有理数在实轴上根本不占一丁点儿的长度. 这怎么可能？毕竟有无数多个有理数，而且任意两个无理数之间都有一个有理数. 事实上，不妨考虑区间(0, 1)内的有理数. 因为(0, 1)内的有理数是分数，不妨认为所有这些分数的分母分子没有公约数，所以依分母从小到大排列，同分母的依分子从小到大排列，即得到数列

$$\frac{1}{2},\frac{1}{3},\frac{2}{3},\frac{1}{4},\frac{3}{4},\cdots.$$

显然，区间(0,1)内的所有有理数都在上述数列中．又因为点是没有长度的，所以对任意的数$\delta(\delta>0)$，都可以用一个长度为$\frac{\delta}{2^n}$的区间将上述数列中的第n个数包住，这些区间的长度之和是

$$\frac{\delta}{2}+\frac{\delta}{2^2}+\frac{\delta}{2^3}+\frac{\delta}{2^4}+\cdots=\delta.$$

因此，区间(0，1)内的所有有理数占据的长度小于δ，注意到δ是任意的，所以区间(0，1)内的所有有理数占据的长度小于任何正数，即区间(0，1)内的所有有理数占据的长度为0.

无限充满矛盾，这些矛盾是无法仅仅靠直观就能解决的.

直观是重要的，它往往是创新的开始，但直观往往又是靠不住的，会显得十分苍白，它需要理论的支撑．在本教材中，考虑到大家学习数学的主要目的是作为学习职业技能的工具．因此，直观叙述的多，严格的证明过程少，但是给出的所有结论都是已经严格证明了的结论.

学习指引

由于极限是微积分的基石，所以我们不厌其烦地给出6种情形的定义，并且给出了各种直观的诠释，以尽可能使读者能更准确地理解极限这个重要概念．直观的描述不够严密，凭直观有时会给出一些错误的结论．鉴于极限概念的重要性，我们给出了严密的数学语言，读者稍稍了解就行了．但是，我们在书中陈述的结论都是数学专家运用严密的数学语言证明了的，不存在错误的结论．读者可以大胆使用.

常见的极限形式是定义2.5和定义2.6中的形式，定义2.1到定义2.4中的形式较易理解和计算，定理2.1和定理2.2将两者联系起来了.

习　题　2-1

1. 求函数

$$f(x)=\begin{cases}x^2+1 & x<0\\ x & x\geqslant 0\end{cases}$$

在$x=0$处的左、右极限，并说明$f(x)$在这点的极限是否存在.

2. 下列函数极限存在吗？为什么？若存在，求其值.

(1)$\lim\limits_{x\to 0}\frac{x}{x}$；　(2)$\lim\limits_{x\to 0}\frac{|x|}{x}$；　(3)$\lim\limits_{x\to 1}|x+1|$；

(4)$\lim\limits_{x\to 1}|x-1|$；　(5)$\lim\limits_{x\to -\infty}2^x$；　(6)$\lim\limits_{x\to +\infty}2^{-x}$；

(7)$\lim\limits_{x\to +\infty}\mathrm{e}^{-x}$；　(8)$\lim\limits_{x\to -\infty}\mathrm{e}^x$.

3. 设$f(x)=\begin{cases}3x & -1<x<1\\ 2 & x=1\\ 1-x^2 & x>1\end{cases}$，求$\lim\limits_{x\to 0}f(x)$；$\lim\limits_{x\to 1}f(x)$；$\lim\limits_{x\to \frac{3}{2}}f(x)$.

4*. 试用函数极限的ε-δ(ε-N)语言证明下列函数极限：

(1) $\lim\limits_{x\to 2}(2x-1)=3$；　　(2) $\lim\limits_{x\to\infty}\dfrac{x-1}{x+1}=1$.

第二节　函数极限的性质及其运算

本质上，各种类型的函数极限是相同的．为了避免重复和叙述上的方便，在下面叙述的函数极限运算法则中，使用记号"$\lim f(x)$"或"$\lim\limits_{x\to x_0} f(x)$"代表各种类型的函数极限．但在具体运用这些性质和运算法则时，应指明属于何种类型的函数极限．

下面的函数极限性质和运算法则适用于各种类型的函数极限．

一、函数极限的性质

性质1(唯一性)　如果函数极限 $\lim\limits_{x\to x_0} f(x)$ 存在，则 $\lim\limits_{x\to x_0} f(x)$ 是唯一的．

换言之，对于 x 的某一变化趋势中，如果函数 $f(x)$ 有极限 $\lim\limits_{x\to x_0} f(x)=A$ 和 $\lim\limits_{x\to x_0} f(x)=B$，那么必有 $A=B$.

极限的唯一性告诉我们，在自变量的各式各样的趋近过程中，我们可以选择最易于表述或计算的趋近过程，这样获得的极限值是一样的．例如，在后面的定积分及其微元法的表述中，我们选择了对分区间和左端点函数值的表述方法．

性质2(夹逼性)　如果 x 接近 x_0 到一定程度后(不含 x_0)，总有 $h(x)\leqslant f(x)\leqslant g(x)$，且 $\lim\limits_{x\to x_0} h(x)=A$ 与 $\lim\limits_{x\to x_0} g(x)=A$ 同时成立，则 $\lim\limits_{x\to x_0} f(x)$ 存在且 $\lim\limits_{x\to x_0} f(x)=A$.

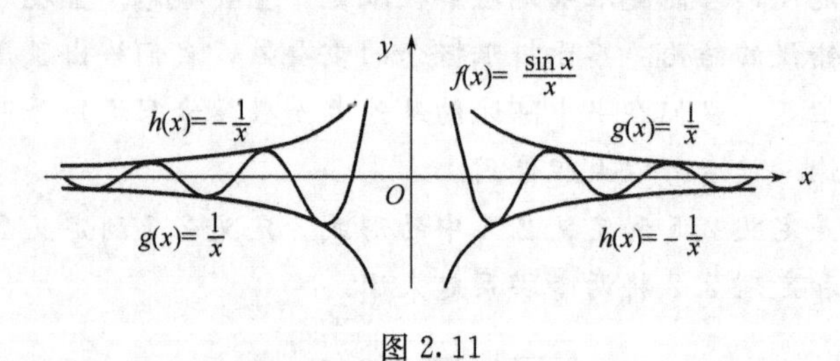

图 2.11

例如，$h(x)=-\dfrac{1}{x}, f(x)=\dfrac{\sin x}{x}, g(x)=\dfrac{1}{x}$. 当 $x>0$ 时，总有 $h(x)=-\dfrac{1}{x}\leqslant f(x)\leqslant\dfrac{1}{x}=g(x)$，且 $\lim\limits_{x\to+\infty} h(x)=\lim\limits_{x\to+\infty} g(x)=0$，从图 2.11 中不难看出，必定有 $\lim\limits_{x\to+\infty} f(x)=0$.

二、函数极限的运算法则

设 $\lim f(x)$ 及 $\lim g(x)$ 都存在，则有下列极限运算法则：

法则1　$\lim[f(x)\pm g(x)]=\lim f(x)\pm\lim g(x)$；

法则2　$\lim[f(x)\cdot g(x)]=\lim f(x)\cdot\lim g(x)$；

法则3　$\lim\dfrac{f(x)}{g(x)}=\dfrac{\lim f(x)}{\lim g(x)}\quad(\lim g(x)\neq 0)$.

证明(略).

说明：

(1)在 Mathematica 软件中，Limit 运算已经包含这些极限运算法则，无需学习这些法则；

(2)上述法则只有在 $\lim f(x)$ 及 $\lim g(x)$ 都存在的前提下才成立；

(3)法则 1 和法则 2 可以推广到有限个函数的和与积的情形；

(4)法则 2 可以推出：$\lim[Cf(x)]=C\lim f(x)$　(C 为常数)；

$$\lim[f(x)]^n=[\lim f(x)]^n \quad (n\text{ 为正整数}).$$

【例 2.3】 求 $\lim\limits_{x\to x_0}x$ 和 $\lim\limits_{x\to x_0}C$.

【解】 $\lim\limits_{x\to x_0}x=x_0$；$\lim\limits_{x\to x_0}C=C$.

【例 2.4】 求 $\lim\limits_{x\to 2}(x^2-3x+2)$.

解法一

In[1]：=Limit[x²−3x+2，x−>2]

Out[1]=0

解法二

$$\lim_{x\to 2}(x^2-3x+2)=\lim_{x\to 2}x^2-\lim_{x\to 2}3x+\lim_{x\to 2}2$$
$$=(\lim_{x\to 2}x)^2-3\lim_{x\to 2}x+2=2^2-3\times 2+2=0.$$

【例 2.5】 $\lim\limits_{x\to 1}\dfrac{x^3-2x^2+5}{x^3-3x^2+2x-2}$.

解法一

$$\text{In[2]：=Limit}\left[\frac{x^3-2x^2+5}{x^3-3x^2+2x-2},\ x->1\right]$$

Out[2]= −2

解法二

因为 $\lim\limits_{x\to 1}(x^3-3x^2+2x-2)=1^3-3\times 1^2+2\times 1-2=-2\neq 0$，

所以，$\lim\limits_{x\to 1}\dfrac{x^3-2x^2+5}{x^3-3x^2+2x-2}=\dfrac{\lim\limits_{x\to 1}(x^3-2x^2+5)}{\lim\limits_{x\to 1}(x^3-3x^2+2x-2)}=\dfrac{1^3-2\times 1^2+5}{1^3-3\times 1^2+2\times 1-2}=-2.$

【例 2.6】 $\lim\limits_{x\to -1}\dfrac{x^2-1}{x+1}$.

解法一

$$\text{In[3]：=Limit}\left[\frac{x^2-1}{x+1},\ x->-1\right]$$

Out[3]= −2

解法二

因为 $\lim\limits_{x\to -1}(x+1)=-1+1=0$，所以不能利用法则 3 求极限，但是，当 $x\to -1$ 时，$x+1\neq 0$，所以

$$\lim_{x\to -1}\frac{x^2-1}{x+1}=\lim_{x\to -1}\frac{(x-1)(x+1)}{x+1}=\lim_{x\to -1}(x-1)=-2.$$

学习指引

对极限的性质只需要作一般性的了解，后面我们会用到．如果掌握了 Mathematica 软件中的 Limit，是否了解极限的运算法则已经不重要了．这几个运算法则很容易掌握，但是人们常常忽略两个极限都必须存在的前提要求，从而导出错误的结论．例如，$0=\lim\limits_{x\to\infty}(x-x)\neq\lim\limits_{x\to\infty}x-\lim\limits_{x\to\infty}x$.

习 题 2-2

1. 求下列各极限.

(1) $\lim\limits_{x\to -2}(3x^2-x+2)$；　(2) $\lim\limits_{x\to 2}(x^2-x+2)$；

(3) $\lim\limits_{x\to\sqrt{2}}\dfrac{x^3-x^2+1}{x^3+2x}$；　(4) $\lim\limits_{x\to\sqrt{3}}(x^2-1)$；

(5) $\lim\limits_{x\to 0}\left(1-\dfrac{3}{x-1}\right)$；　(6) $\lim\limits_{x\to -1}\dfrac{x^3+1}{x^2+1}$；

(7) $\lim\limits_{x\to 0}\dfrac{x^2+x}{x^3+2x}$；　(8) $\lim\limits_{x\to\sqrt{2}}\dfrac{3x^3-3x+1}{x-4}+1$；

(9) $\lim\limits_{x\to 4}\dfrac{x^2-6x+8}{x^2-3x-5}$；　(10) $\lim\limits_{x\to\sqrt{2}}\dfrac{|x|}{1+x+x^2}$.

2. 传说古代印度有一位老人，临终前留下遗嘱，要把 19 头牛分给三个儿子. 老大分总数的 1/2，老二分总数的 1/4，老三分总数的 1/5. 按印度的教规，牛被视为神灵，不能宰杀，只能整头分. 先人的遗嘱更需无条件遵从. 问老大、老二、老三各分得几头牛？

3. 一位老人有 17 头牛分给三个子女. 老大分总数的二分之一，老二分总数的三分之一，老三分总数的九分之一，问老大、老二、老三各得几头牛？

第三节　无穷小量及其比较

一、无穷小量

定义 2.9　极限为零的函数称为**无穷小量**(或称为**无穷小**).

由这个定义可以看出：无穷小量是一个函数，是一个变量，而不是一个很小的常数；一个函数是否是无穷小量不仅仅取决于函数本身，还取决于 x 的变化趋势.

例如，当 $x\to 0$ 时，函数 $x, x^2, \sin x, \tan x$ 和 $1-\cos x$ 的极限都为零，因此它们都是无穷小量. 但当 $x\to\pi$ 时，函数 $\sin x$ 和 $\tan x$ 还是无穷小量，而 x, x^2 和 $1-\cos x$ 不再是无穷小量. 当 $x\to+\infty$ 时，函数 $\dfrac{1}{x}, \dfrac{1}{2^x}, \dfrac{1}{e^x}$ 的极限都为零，因此它们都是无穷小量，但是，这时 $\sin x$，$\tan x$ 和 $1-\cos x$ 的极限不存在，不是无穷小量.

无穷小量的性质：

性质 1　有限个无穷小量的代数和仍是无穷小量.

证明　如果 $\lim\limits_{x\to x_0}f_1(x)=0, \lim\limits_{x\to x_0}f_2(x)=0, \cdots, \lim\limits_{x\to x_0}f_n(x)=0$；那么

$$\begin{aligned}&\lim_{x\to x_0}[f_1(x)+f_2(x)+\cdots+f_n(x)]\\&=\lim_{x\to x_0}f_1(x)+\lim_{x\to x_0}f_2(x)+\cdots+\lim_{x\to x_0}f_n(x)=0.\end{aligned}$$

性质 2　有限个无穷小量的乘积仍是无穷小量.

证明 如果 $\lim\limits_{x\to x_0}f_1(x)=0, \lim\limits_{x\to x_0}f_2(x)=0, \cdots, \lim\limits_{x\to x_0}f_n(x)=0$；那么

$$\begin{aligned}&\lim_{x\to x_0}[f_1(x)\times f_2(x)\times\cdots\times f_n(x)]\\&=\lim_{x\to x_0}f_1(x)\times\lim_{x\to x_0}f_2(x)\times\cdots\times\lim_{x\to x_0}f_n(x)=0.\end{aligned}$$

性质 3　常数与无穷小量的乘积仍是无穷小量.

证明　如果 $\lim\limits_{x\to x_0}f(x)=0$，那么有 $\lim\limits_{x\to x_0}[Cf(x)]=C\lim\limits_{x\to x_0}f(x)=0$.

性质 4　有界函数与无穷小量的乘积仍是无穷小量.

证明　如果 $|g(x)|<M$，$\lim\limits_{x\to x_0}f(x)=0$．那么 $\lim\limits_{x\to x_0}|f(x)|=0$，从而，$\lim\limits_{x\to x_0}[-M|f(x)|]=0$，$\lim\limits_{x\to x_0}[M|f(x)|]=0$.

又因为 $-M|f(x)|\leqslant g(x)f(x)\leqslant M|f(x)|$，所以有 $\lim\limits_{x\to x_0}g(x)f(x)=0$.

【例 2.7】　求 $\lim\limits_{x\to 0}x\sin\dfrac{1}{x}$.

［**分析**］　因为当 $x\to 0$ 时，函数 x 是无穷小量，且 $\left|\sin\dfrac{1}{x}\right|\leqslant 1$，即函数 $\sin\dfrac{1}{x}$ 是有界函数，由性质 4 知，$\lim\limits_{x\to 0}x\sin\dfrac{1}{x}=0$．参见图 2.12.

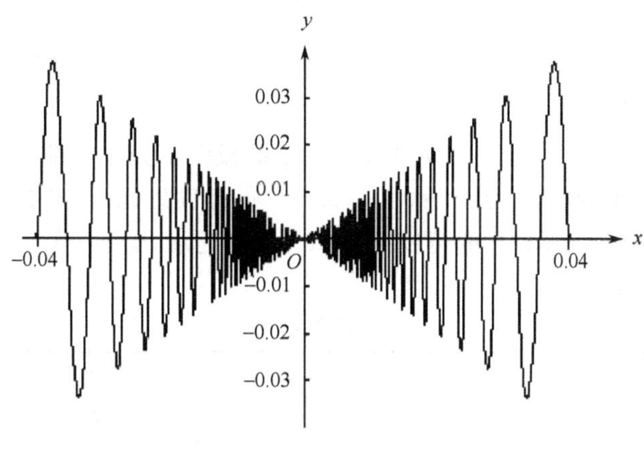

图 2.12

【解】　因为 $\lim\limits_{x\to 0}x=0$，$\left|\sin\dfrac{1}{x}\right|\leqslant 1$，所以 $\lim\limits_{x\to 0}x\sin\dfrac{1}{x}=0$.

【例 2.8】　求 $\lim\limits_{x\to\infty}\dfrac{\sin x}{x}$.

［**分析**］　因为当 $x\to\infty$ 时，函数 $\dfrac{1}{x}$ 是无穷小量，且 $|\sin x|\leqslant 1$，即函数 $\sin x$ 是有界函数，由性质 2.6 知，$\lim\limits_{x\to\infty}\dfrac{\sin x}{x}=0$．参见图 2.13.

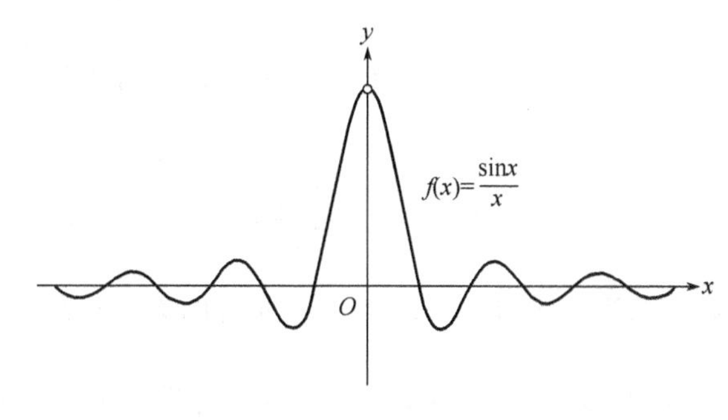

图 2.13

【解】　因为 $\lim\limits_{x\to\infty}\dfrac{1}{x}=0$，$|\sin x|\leqslant 1$，所以 $\lim\limits_{x\to\infty}\dfrac{\sin x}{x}=0$.

定义 2.10 当 x 处于某一变化趋势时，函数值的绝对值无限地增大，这时称函数为**无穷大量**(或称为**无穷大**).

例如，函数 $y=\frac{1}{x}$，由于当 $x\to 0$ 时，$\lim\limits_{x\to 0}\left|\frac{1}{x}\right|=+\infty$. 所以，当 $x\to 0$ 时，函数 $y=\frac{1}{x}$ 为无穷大量.

无穷小量与无穷大量间的关系：

定理 2.3 当 $f(x)$ 为无穷大量时，$\frac{1}{f(x)}$ 为无穷小量；反之，当 $f(x)$ 为无穷小量，且 $f(x)\neq 0$ 时，$\frac{1}{f(x)}$ 为无穷大量.

例如，当 $x\to 1$ 时，函数 $y=x-1$ 为无穷小量，$y=\frac{1}{x-1}(x\neq 1)$ 为无穷大量.

二、无穷小量的比较

当 $x\to 0$ 时，函数 $x, x^2, \sin x, \tan x$ 和 $1-\cos x$ 的极限都为零，都是无穷小量，但它们趋近于零的速度却不相同. 例如，当 $x\to 0$ 时，$x^2\to 0$ 的速度远比 $x\to 0$ 的速度快；x^2 的速度与 $1-\cos x\to 0$ 的速度差不多；$x\to 0$ 的速度与 $\sin x\to 0$ 的速度几乎一样. 几个无穷小量趋近于零的速度对照表参见表 2.1.

表 2.1

x	1	0.1	0.01	0.001	……
x^2	1	0.01	0.000 1	0.000 001	……
$\sin x$	0.841 470 98	0.099 833 42	0.009 999 8	0.001	……
$\tan x$	1.557 407 72	0.100 334 67	0.010 000 3	0.001	……
$1-\cos x$	0.459 697 69	0.004 995 83	0.000 05	0.000 000 5	……

为了比较无穷小量趋近于零的快慢，引入定义

定义 2.11 设 $f(x)$ 和 $g(x)$ 是同一变化过程中的两个无穷小量.

(1) 如果 $\lim\frac{f(x)}{g(x)}=0$，则称 $f(x)$ 是比 $g(x)$ **高阶**的无穷小量；

(2) 如果 $\lim\frac{f(x)}{g(x)}=C$(常数 $C\neq 0$)，则称 $f(x)$ 是与 $g(x)$ **同阶**的无穷小量；

特别地，如果 $\lim\frac{f(x)}{g(x)}=1$，则称 $f(x)$ 与 $g(x)$ 是**等价**无穷小量，记为 $f(x)\sim g(x)$.

例如，函数 $3x, x^2, x+x^3$ 当 $x\to 0$ 时都是无穷小量，但是

(1) 因为 $\lim\limits_{x\to 0}\frac{x^2}{x}=0$，所以当 $x\to 0$ 时，x^2 是比 x 高阶的无穷小量；

(2) 因为 $\lim\limits_{x\to 0}\frac{3x}{x}=3$，所以当 $x\to 0$ 时，$3x$ 与 x 是同阶的无穷小量；

(3) 因为 $\lim\limits_{x\to 0}\frac{x+x^3}{x}=1$，所以当 $x\to 0$ 时，$x+x^3$ 与 x 是等价无穷小量.

学习指引

掌握无穷小量和无穷大量的概念，定理 2.3 将无穷小量和无穷大量联系起来了. 无穷小

量的性质提供了求某些特殊情形极限的方法．通常，速度快 1 倍、快 2 倍、快 1000 倍被认为是很值得注意的现象．但是，在无穷小量的比较中，即变量趋向于 0 的速度比较中，一个变量趋向于 0 的速度比另一个变量趋向于 0 的速度快 1000 倍、10000 倍都不是我们特别关心的对象，我们常常更关心的是所谓的“快∞倍”会怎么样．

本节的极限计算都可以直接使用 Limit 来运算．

习　题　2-3

1. 下列各函数哪些是无穷小量，哪些是无穷大量？

(1)$5x^2\ (x\to0)$；　(2)$\dfrac{2}{\sqrt{x}}\ (x\to0^+)$；

(3)$\dfrac{x-3}{x^2-9}\ (x\to3)$；　(4)$e^{\frac{1}{x}}-1\ (x\to\infty)$；

(5)$2^x-1\ (x\to0)$；　(6)$\sin\dfrac{1}{x}\ (x\to0)$．

2. 下列各函数在什么情况下是无穷小量，在什么情况下是无穷大量？

(1)$\ln x$；　(2)$\dfrac{x+1}{x^2}$；

(3)$\dfrac{x+3}{x-2}$；　(4)$e^{\frac{1}{x}}$．

3. 求下列各函数的极限．

(1)$\lim\limits_{x\to0}x^2\sin\dfrac{1}{x}$；　(2)$\lim\limits_{x\to\infty}\dfrac{1}{x}\arctan x$；

(3)$\lim\limits_{x\to\infty}\dfrac{\sin x}{x}$；　(4)$\lim\limits_{x\to1}\dfrac{x}{1-x}$．

第三章 函数的微积分

微积分是人类两千年来智力奋斗的结晶，有着广泛而深刻的应用，是其他学科的基础. 微积分学分为微分学与积分学两部分，它们给出了几何学和自然科学中产生的直觉概念所需的精确的数学描述.

第一节 函数导数的概念

函数导数的概念是为了描述曲线的切线和运动质点的速度而产生的，更一般地说，是为了描述曲线的变化率而产生的. 这个概念并不难掌握，然而它却打开了通向数学知识与真理的巨大宝库之门，随后我们会陆续发现它的各种重要应用及其巨大的威力.

一、引例

1. 变速直线运动的瞬时速度

【例 3.1】 某质点作直线运动，该质点的位移 s 与时间的函数关系为 $s=s(t)$，求质点在 t 时刻的瞬时速度.

［**分析**］ 如果质点作匀速直线运动，质点在 t_0 时刻的瞬时速度等于其平均速度，即

$$v(t_0)=\bar{v}.$$

当质点作变速直线运动时，质点在时刻 t_0 的瞬时速度 $v(t_0)$ 和它的平均速度 $\bar{v}$ 并无明显联系，但我们却可以通过质点的平均速度 $\bar{v}$ 来求它在 t_0 时刻的瞬时速度 $v(t_0)$.

设质点在 t_0 时刻的位移 $s_0=s(t_0)$，经过一段很短的时间 Δt 后(即在 $t_0+\Delta t$ 时刻)，质点位移为 $s_1=s(t_0+\Delta t)$. 在 t_0 时刻到 $t_0+\Delta t$ 时刻时段内，质点走过的路程 Δs 为

$$\Delta s=s_1-s_0=s(t_0+\Delta t)-s(t_0),$$

质点的平均速度 $\bar{v}$ 为

$$\bar{v}=\frac{\Delta s}{\Delta t}=\frac{s(t_0+\Delta t)-s(t_0)}{\Delta t}.$$

通常，$v(t_0)$ 与 $\bar{v}$ 间存在误差 Δv，且 $|\Delta t|$ 越小，$v(t_0)$ 与 $\bar{v}$ 间的误差 Δv 也越小，越可用 $\bar{v}$ 作为 $v(t_0)$ 的近似值. 当 $\Delta t\to 0$ 时，如果误差 $\Delta v\to 0$，那么 $v(t_0)$ 就是 $\lim\limits_{\Delta t\to 0}\bar{v}$，即

$$v(t_0)=\lim_{\Delta t\to 0}\bar{v}=\lim_{\Delta t\to 0}\frac{\Delta s}{\Delta t}=\lim_{\Delta t\to 0}\frac{s(t_0+\Delta t)-s(t_0)}{\Delta t}.$$

2. 非恒定电流的电流强度

【例 3.2】 设在$[0, t]$这段时间内，通过某导线横截面的电量为 $Q=Q(t)$，求该导线在 t_0 时刻的电流强度 $i(t_0)$.

［**分析**］ 如果通过导线的电流是恒定电流，导线在 t_0 时刻的瞬时电流强度 $i(t_0)$ 就等于其平均电流强度 $\bar{i}$，即

$$i(t_0)=\bar{i}.$$

当通过导线的电流是非恒定电流时，在 t_0 时刻通过导线的瞬时电流强度 $i(t_0)$ 与其平均电流强度 $\bar{i}$ 并无明显联系．但是，我们同样可以用通过导线的平均电流强度 $\bar{i}$ 来求其在 t_0 时刻的瞬时电流强度 $i(t_0)$.

在 $[0,t_0]$ 时间段内，通过导线的电量为 $Q_0=Q(t_0)$．经过一段很短的时间 Δt 后，即在 $[0,t_0+\Delta t]$ 时间段内，通过导线的电量为 $Q_1=Q(t_0+\Delta t)$．于是，在时刻 t_0 到时刻 $t_0+\Delta t$ 的这段时间内，通过导线的电量 ΔQ 为

$$\Delta Q=Q_1-Q_0=Q(t_0+\Delta t)-Q(t_0),$$

通过导线的平均电流强度 $\bar{i}$ 为

$$\bar{i}=\frac{\Delta Q}{\Delta t}=\frac{Q(t_0+\Delta t)-Q(t_0)}{\Delta t}.$$

通常，$i(t_0)$ 与 $\bar{i}$ 间存在误差 Δi，且 $|\Delta t|$ 越小，$i(t_0)$ 与 $\bar{i}$ 间的误差 Δi 也越小，越可用 $\bar{i}$ 作为 $i(t_0)$ 的近似值．当 $\Delta t\to 0$ 时，如果误差 $\Delta i\to 0$，那么 $i(t_0)$ 就是 $\lim\limits_{\Delta t\to 0}\bar{i}$，即

$$i(t_0)=\lim_{\Delta t\to 0}\bar{i}=\lim_{\Delta t\to 0}\frac{\Delta Q}{\Delta t}=\lim_{\Delta t\to 0}\frac{Q(t_0+\Delta t)-Q(t_0)}{\Delta t}.$$

3. 质量非均匀分布的细杆的线密度

【例 3.3】 如图 3.1 所示，放一根质量为非均匀分布的细杆在 x 轴上．在 $[0,x]$ 上部分的细杆质量 $m=m(x)$，求细杆在 x_0 处的线密度．

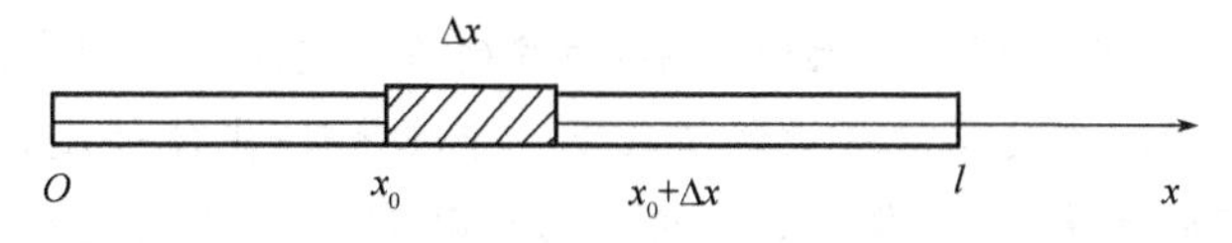

图 3.1

［分析］ 如果细杆上的质量分布是均匀的，细杆在 x_0 处的线密度 $\rho_0=\rho(x_0)$ 等于其平均线密度 $\bar{\rho}$，即

$$\rho(x_0)=\bar{\rho}.$$

如果细杆质量分布是非均匀的，则细杆在 x_0 处的线密度 $\rho_0=\rho(x_0)$ 与其平均线密度 $\bar{\rho}$ 无明显联系，但我们仍然可以通过求细杆的平均线密度 $\bar{\rho}$，来求细杆在 x_0 处的线密度 $\rho_0=\rho(x_0)$.

在 $[0,x_0]$ 上，细杆部分的质量为 $m_0=m(x_0)$．在 $[0,x_0+\Delta x]$ 上，细杆部分的质量为 $m_1=m(x_0+\Delta x)$．于是，在 $[x_0,x_0+\Delta x]$ 上细杆部分的质量 Δm 为

$$\Delta m=m_1-m_0=m(x_0+\Delta x)-m(x_0),$$

细杆在 $[x_0,x_0+\Delta x]$ 上的平均线密度 $\bar{\rho}$ 为

$$\bar{\rho}=\frac{\Delta m}{\Delta x}=\frac{m(x_0+\Delta x)-m(x_0)}{\Delta x}.$$

通常，$\rho(x_0)$ 与 $\bar{\rho}$ 间存在误差 $\Delta\rho$，且 $|\Delta x|$ 越小，$\rho(x_0)$ 与 $\bar{\rho}$ 间的误差 $\Delta\rho$ 也越小，越可用 $\bar{\rho}$ 作为 $\rho(x_0)$ 的近似值．换言之，当 $\Delta x\to 0$ 时，如果误差 $\Delta\rho\to 0$，那么 $\rho(x_0)$ 就是 $\lim\limits_{\Delta x\to 0}\bar{\rho}$，即

$$\rho(x_0)=\lim_{\Delta x\to 0}\bar{\rho}=\lim_{\Delta x\to 0}\frac{\Delta m}{\Delta x}=\lim_{\Delta x\to 0}\frac{m(x_0+\Delta x)-m(x_0)}{\Delta x}.$$

4. 曲线切线的斜率

如图 3.2 所示，过曲线 $y=f(x)$ 上的两点 $M(x_0,f(x_0))$ 与 $P(x_0+\Delta x,f(x_0+\Delta x))$ 的割线 MP. 当 $\Delta x\to 0$ 时，点 P 沿曲线 $y=f(x)$ 趋近于点 M，如果割线 MP 也随之无限趋近于某一直线 MT，则称该直线 MT 为曲线 $y=f(x)$ 在点 $M(x_0,f(x_0))$ 处的切线.

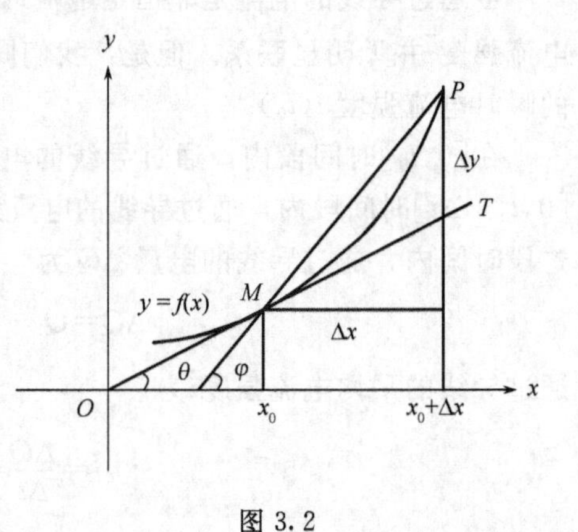

图 3.2

对于函数 $y=f(x)$，割线 MP 的斜率为

$$\frac{\Delta y}{\Delta x}=\frac{f(x_0+\Delta x)-f(x_0)}{\Delta x}=\frac{f(x_0+\Delta x)-f(x_0)}{(x_0+\Delta x)-x_0},$$

即函数 y 对自变量 x 的平均变化率. 记割线 MP 的倾斜角为 φ，切线 MT 的倾斜角为 θ，则当 $\Delta x\to 0$ 时，φ 无限趋近于 θ，即

$$\lim_{\Delta x\to 0}\frac{\Delta y}{\Delta x}=\lim_{\varphi\to\theta}\tan\varphi=\tan\theta.$$

因此，$\lim\limits_{\Delta x\to 0}\frac{\Delta y}{\Delta x}$ 表示曲线 $y=f(x)$ 在点 $(x_0,f(x_0))$ 的切线斜率.

注释：在上面的四个引例中，首先都是以平均速度(电流强度、密度、平均变化率)的近似值来估计速度(电流强度、密度、切线斜率)的准确值. 这就是我们在微积分思想概述中所说的以“直”代“曲”思想. 在有限次接近的情况下，平均速度(电流强度、密度、切线斜率)不可能是某一时点的即时速度(电流强度、密度、切线斜率)，误差总是存在的. 随着越来越接近该点，误差只不过是变小了一点而已，似乎并没有解决什么实质问题. 可是，如果我们不断地做下去，误差常常会越来越小，我们所得的结果会越来越接近真实的结果. 尤其是，如果我们无限地做下去，神奇的结果出现了：这些令人厌恶的误差消失了. 这就是极限的巨大威力.

二、导数的定义

上述四个实际问题，虽然实际意义不同，但从数量关系上看，它们都有共同的解决方法和共同的数量形式，都是求一个已知函数 $y=f(x)$ 在某一点 x_0 处 y 对 x 的变化率(变化快慢)问题. 解决问题的思路都是：

(1)求区间 $[x_0,x_0+\Delta x]$ 上 y 对 x 的平均变化率 $\frac{\Delta y}{\Delta x}$；

(2)用该平均变化率近似替代实际变化率；

(3)令 $\Delta x\to 0$，如果平均变化率与实际变化率之间的误差也无限接近于零，即当 $\Delta x\to 0$ 时平均变化率的极限就等于实际变化率.

这样，求实际变化率的问题转变为求当 $\Delta x\to 0$ 时平均变化率的极限问题，并称当 $\Delta x\to 0$ 时平均变化率的极限为函数导数. 一般地，定义如下.

定义 3.1 设函数 $y=f(x)$ 在 x_0 的某邻域内有定义，任意给一个数 $\Delta x\neq 0$ 使 $x_0+\Delta x$ 在该邻域内，记 $\Delta y=f(x_0+\Delta x)-f(x_0)$，如果极限

$$\lim_{\Delta x\to 0}\frac{\Delta y}{\Delta x}=\lim_{\Delta x\to 0}\frac{f(x_0+\Delta x)-f(x_0)}{\Delta x}$$

存在，则称函数 $y=f(x)$在 x_0处可导，并称这个极限为函数 $y=f(x)$在 x_0处的**导数**，记为 $f'(x_0)$或 $f'(x)\mid_{x=x_0}$，即

$$f'(x_0)=\lim_{\Delta x\to 0}\frac{\Delta y}{\Delta x}=\lim_{\Delta x\to 0}\frac{f(x_0+\Delta x)-f(x_0)}{\Delta x}.$$

如果该极限不存在，则称函数 $y=f(x)$在 x_0处不可导.

在 Mathematica 中，函数 $y=f(x)$的导数表示为 D[f,x]/. x－＞x_0.

三、基本初等函数的求导公式

【例 3.4】 求常数函数 $y=C$ 在点 $x_0=2$ 和任意一点 x 处的导数.

【解】 由于函数 $y=f(x)=C$，所以对任意的实数 $\Delta x\neq 0$，有

$$\lim_{\Delta x\to 0}\frac{\Delta y}{\Delta x}=\lim_{\Delta x\to 0}\frac{f(2+\Delta x)-f(2)}{\Delta x}=\lim_{\Delta x\to 0}\frac{C-C}{\Delta x}=0，即$$

$$f'(2)=0 或 C'\big|_{x=2}=0;$$

$$\lim_{\Delta x\to 0}\frac{\Delta y}{\Delta x}=\lim_{\Delta x\to 0}\frac{f(x+\Delta x)-f(x)}{\Delta x}=\lim_{\Delta x\to 0}\frac{C-C}{\Delta x}=0，即$$

$$f'(x)=0 或 C'=0.$$

【例 3.5】 求函数 $y=x^2$在点 $x_0=2$ 和任意一点 x 处的导数.

【解】 由于函数 $y=f(x)=x^2$，所以对任意的实数 $\Delta x\neq 0$，有

$$\lim_{\Delta x\to 0}\frac{\Delta y}{\Delta x}=\lim_{\Delta x\to 0}\frac{f(2+\Delta x)-f(2)}{\Delta x}$$

$$=\lim_{\Delta x\to 0}\frac{(2+\Delta x)^2-2^2}{\Delta x}=\lim_{\Delta x\to 0}(4+\Delta x)=4,$$

所以，

$$f'(2)=4 或 (x^2)'\big|_{x=2}=4.$$

$$\lim_{\Delta x\to 0}\frac{\Delta y}{\Delta x}=\lim_{\Delta x\to 0}\frac{f(x+\Delta x)-f(x)}{\Delta x}$$

$$=\lim_{\Delta x\to 0}\frac{(x+\Delta x)^2-x^2}{\Delta x}=\lim_{\Delta x\to 0}(2x+\Delta x)=2x,$$

所以，

$$f'(x)=2x 或 (x^2)'=2x.$$

如果函数 $y=f(x)$在(a, b)内每一点都可导，那么在(a, b)内的每一点 x 都对应导数 $f'(x)$. 换言之，这就在(a, b)上定义一个新的函数 $f'(x)$，称函数 $f'(x)$为函数 $f(x)$的**导函数**(简称**导数**)，称函数 $f(x)$为函数 $f'(x)$的一个**原函数**.

在 Mathematica 中，函数 $y=f(x)$的导数 $f'(x)$表示为 D[f,x]，下面的基本初等函数的求导公式都已经包括在 D[f,x]，可以不需额外学习.

例如，在例 3.5 中，函数 $y=x^2$的导函数为 $y=2x$，反之，函数 $y=x^2$为函数 $y=2x$ 的一个原函数.

原函数是一个重要的概念，随后有重要的应用.

直接通过导数的定义求函数的导数常常是很困难的，为此人们证明了以下公式：

(1)$(C)'_u=0$(C为常数函数)；

(2)$(u^\alpha)'_u=\alpha u^{\alpha-1}$($\alpha$为任意实数)；

(3)$(e^u)'_u=e^u$ ，$(a^u)'_u=a^u\ln a$ $(a>0,a\neq1)$；

(4)$(\ln u)'_u=\dfrac{1}{u}$，$(\log_a u)'_u=\dfrac{1}{u\ln a}$ $(a>0,a\neq1)$；

(5)$(\sin u)'_u=\cos u$，$(\cos u)'_u=-\sin u$， $(\tan u)'_u=1+\tan^2 u$，$(\cot u)'_u=-1-\cot^2 u$；

(6)$(\arcsin u)'_u=\dfrac{1}{\sqrt{1-u^2}}$，$(\arccos u)'_u=-\dfrac{1}{\sqrt{1-u^2}}$，

$(\arctan u)'_u=\dfrac{1}{1+u^2}$，$(\text{arccot} u)'_u=-\dfrac{1}{1+u^2}$.

在上述各公式中，右下标的u起指明函数对谁求导数的作用，只有当函数中的变量u与右下标的u完全相同时，才能使用这些公式. 如果变量u是自变量x，右下标的x可省去不写. 例如，公式$(e^x)'_x=e^x$可简写为$(e^x)'=e^x$等.

【例 3.6】 求下列函数的导数

(1)$y=x^4$； (2)$y=x^4\sqrt{x}$；

(3)$y=4^x$； (4)$y=\log_3 x$.

解法一

In[1]:=D[x^4,x]

Out[1]= $4x^3$

In[2]:=D[$x^4\sqrt{x}$,x]

Out[2]= $\dfrac{9x^{7/2}}{2}$

In[3]:=D[4^x,x]

Out[3]= 4^xLog[4]

In[4]:=D[Log[3,x],x]

Out[4]= $\dfrac{1}{\text{xLog[3]}}$

解法二

(1)$y'=(x^4)'=4x^{4-1}=4x^3$；

(2)$y'=(x^4\sqrt{x})'=(x^{\frac{9}{2}})'=\dfrac{9}{2}x^{\frac{9}{2}-1}=\dfrac{9}{2}x^{\frac{7}{2}}$；

(3)$y'=(4^x)'=4^x\ln4$；

(4)$y'=(\log_3 x)'=\dfrac{1}{x\ln3}$.

四、导数的意义

1. 导数的几何意义

在图 3.2 中，当$\Delta x\to0$时，割线MP的倾斜角φ无限趋近于切线MT的倾斜角θ，即$\lim\limits_{\Delta x\to0}\dfrac{\Delta y}{\Delta x}=\lim\limits_{\varphi\to\theta}\text{tam}\varphi=\tan\theta$。因此，$\lim\limits_{\Delta x\to0}\dfrac{\Delta y}{\Delta x}$表示曲线$y=f(x)$在点$(x_0，f(x_0))$的切线斜率。

这就是导数的几何意义. 该切线方程为

$$y-y_0=f'(x_0)(x-x_0).$$

过切点$M(x_0,f(x_0))$且垂直于切线的直线称为曲线在点M的**法线**. 该法线方程为

$$y-y_0=-\frac{1}{f'(x_0)}(x-x_0)\quad (f'(x_0)\neq 0).$$

停一停，想一想

这里定义的曲线切线与中学定义的曲线切线之间的关系.

【例 3.7】 求曲线 $y=x^3$ 在点(1，1)处的切线方程和法线方程.

【解】 因为 $y'=(x^3)'=3x^2$，所以 $f'(1)=3x^2\mid_{x=1}=3$，

或　In[1]:=D[x^3,x]/. x->1

　　Out[1]=3

所以，

切线方程为：$y-1=3(x-1)$，

法线方程为：$y-1=-\frac{1}{3}(x-1)$.

2. 导数的其他意义

导数的实质是刻画一个变量相对于另一个变量的变化率(或速度)问题. 在实际工作和生活中，我们更关心导数表示的各种各样的实际意义，而不是几何意义. 这里简要介绍一些常见的导数实际意义，以利于运用导数解决一些实际问题.

(1)如果已知某物体的运动方程 $s=s(t)$，则物体的运动速度 $v(t)=s'(t)$. 因为 $s'(t)$ 反映的是位移 $s=s(t)$ 相对时间 t 的变化快慢，即 $s'(t)$ 是物体的运动速度 $v(t)$.

(2)如果已知某物体的运动速度 $v=v(t)$，则物体的运动加速度 $a(t)=v'(t)$. 因为 $v'(t)$ 反映的是运动速度 $v=v(t)$ 相对时间 t 的变化快慢，即 $v'(t)$ 是物体的加速度 $a(t)$.

(3)如果在 $[0,t]$ 这段时间内，通过某一导线横截面的电量 $Q=Q(t)$，则导线的电流强度 $i(t)=Q'(t)$. 因为 $Q'(t)$ 反映的是电量 $Q=Q(t)$ 相对时间 t 的变化快慢，即 $Q'(t)$ 是通过导线的电流强度 $i(t)$.

(4)如果一根细杆在 $[0,x]$ 上部分的质量为 $m=m(x)$，则细杆的线密度 $\rho(x)=m'(x)$. 因为 $m'(x)$ 反映的是质量 $m=m(x)$ 相对长度 x 的增减快慢，即 $m'(x)$ 是在细杆 x 处的线密度 $\rho(x)$.

(5)如果已知某产品的成本函数 $C(x)$ 和总收入函数 $R(x)$，则产品的边际成本(成本变化率)，边际收入(总收入变化率)及边际利润 (利润变化率)分别为 $C'(x)$，$R'(x)$ 及 $C'(x)-R'(x)$. 它们分别反映的是产品成本，总收入及利润相对产品数量 x 的增减快慢.

(6)如果已知某化学反应中，某物质的浓度 N 与时间 t 的关系为 $N=N(t)$，则物质的化学反应速度 $v(t)=N'(t)$. 因为 $N'(t)$ 反映的是浓度相对时间 t 的变化快慢，故 $N'(t)$ 是物质的化学反应速度 $v(t)$.

(7)如果已知某圆盘的半径 R 与温度 t 的关系为 $R=R(t)$，则圆盘半径的伸缩速度为 $v(t)=R'(t)$. 因为 $R'(t)$ 反映的是圆盘半径相对温度 t 的变化率(快慢)，故 $R'(t)$ 是圆盘半径的伸缩速度.

资料

导数是微积分的核心概念之一. 给自变量一个增量 Δx 后，函数产生相应的变化 Δy，相比得平均变化率 $\Delta y/\Delta x$. 从 $\Delta x\neq 0$ 到 $\Delta x\to 0$ 的过程使数学真正描述了运动和变化，量

Δx 最终消失了，但两个变量之间的依赖关系在这个过程中依然存在. 在没有清晰的极限概念之前，这一过程曾被称为“失去了量的鬼魂”. 微积分的先驱，如法国数学家费马(1601—1665)在求函数的最大值、最小值和作曲线的切线时，先设 $\Delta x\neq 0$，然后再让 $\Delta x=0$，得到了一些十分巧妙和富有成效的公式. 但他在试图说明并不是简单地以 0 代替 Δx 时却似是而非.

一方面，事物不是独立的，因此在研究函数在一个点的动态时，必须同时考虑函数在与该点相联系的周围点的状态. 如平均速度、割线的斜率等就体现了这一思想. 但另一方面，它们又不能完全替代该点的状态. 极限最终完成了这一过程.

从某种意义上讲，人类无法真正感知运动. 任何测量仪器测到的都只能是平均量，甚至我们的眼睛所见到的也不是真正的运动，因为图像在视网膜上要有停留时间. 数学用“静态”刻画“动态”，首先是给自变量以增量，最后又让增量趋近于零，似乎什么也没做，但却得到了所需要的东西，这真是奇妙.

在学习极限的时候，常常会产生类似于“到没到极限”的问题，或者说，“以直代曲”有没有一个尽头？回答是否定的. 我国古代有一个很精辟的论断“一尺之棰，日取其半，万世不竭”. 它深刻地刻画了这一无限过程，无限分割永远不可能分割到一个点. 一般说来，平均变化率并不等于瞬时变化率，极限在这里起了至关重要的作用.

和许许多多的新生事物一样，微积分的初创阶段及其后相当一段时间里都遭到非难，人们一直试图弄清楚问题的本质，但总是说不清楚，任何依靠物理学或哲学的假定都证明是无济于事的，其根源在于极限的理论基础. 有趣的是，微积分并没有“危机”，虽然它的基础“玄玄乎乎”，但它的发展却异常迅猛，归根到底，因为它是对的！当然也不排除由此“玄乎”的基础产生的一些问题和谬误.

人们在数学科研探究中深感严密的理论推导的艰难和重要，但是，可以这样认为，科学的发展和技术的进步等，并不首先来源于理论的推断.

当然，直观有直观的问题. 例如，如果函数在一个点可导，那么在其附近的点的形态如何？这是直观上很难想象的一个问题，也许会以为在附近点上也是可导的，下面的例子彻底否定了这一想法.

Dirichlet 函数：$D(x)=\begin{cases}0, & x\text{是有理数}\\1, & x\text{是无理数}\end{cases}$，令 $f(x)=x^2D(x)$，则

$$f'(0)=\lim_{x\to 0}\frac{f(x)-f(0)}{x-0}=\lim_{x\to 0}xD(x)=0.$$

即 $f(x)$ 在 $x=0$ 可导，也只在这一点可导！在其他任何一点都不可导.

学习指引

导数的概念、导数的几何意义及其他意义都应熟练掌握. 导数的本质是一个极限，反映的现象是速度，路程的导数是速度、速度的导数是加速度等. 基本初等函数的导数公式必须记住并能熟练运用，除非你熟练掌握了 $D[f,x]$.

习 题 3-1

1. 求下列函数的导数.

(1) $y=10^x$；　　(2) $y=\log_4 x$；

(3) $y=\frac{1}{x^2}$；　　(4) $y=\frac{x^2\sqrt[3]{x^2}}{\sqrt{x^3}}$.

2. 找出下列函数的一个原函数.

(1) $y=x^3$；　　(2) $y=\frac{1}{x}$；

(3) $y=3^x$；　　(4) $y=\sin x$.

3. 求下列曲线在指定点的切线方程.

(1) $y=e^x$, $(0,1)$；　　(2) $y=\ln x$,　$(1,0)$；

(3) $y=\sin x$, $(\frac{\pi}{6},\frac{1}{2})$；　　(4) $y=\tan x$,　$(\frac{\pi}{4},1)$.

4. 在曲线 $y=x^3$ 上求一点，使曲线在该点的切线平行于直线 $y-12x+5=0$.

5. 生产某产品 x 单位时的总收入为 $R(x)=200x-0.01x^2$，求生产该产品 100 个单位时的总收入、平均收入以及当生产第 100 单位产品时的总收入的变化率.

6*. 证明 Dirichlet 函数构造的函数 $f(x)=x^2D(x)$ 除 $x=0$ 外不可导.

第二节　求导法则

在实际工作和生活中，涉及的常用函数是初等函数，上节解决了基本初等函数的求导公式，还必须解决函数的和、差、积、商及复合的求导法则，才能完全解决初等函数的求导问题. 为此，人们证明了下面两个定理，即定理 3.1 和定理 3.2，从而完全解决了初等函数的求导问题.

一、导数的四则运算法则

定理 3.1　设函数 $u(x)$ 与 $v(x)$ 在点 x 处可导，则

(1) $[u(x)\pm v(x)]'=u'(x)\pm v'(x)$；

(2) $[u(x)v(x)]'=u'(x)v(x)+u(x)v'(x)$，

特别地，$[Cu(x)]'=Cu'(x)$（C 为常数）；

(3) $\left[\frac{u(x)}{v(x)}\right]'=\frac{u'(x)v(x)-u(x)v'(x)}{v^2(x)}\ (v(x)\neq 0)$.

注释：

(1)在 Mathematica 中的 D[f(x),x]包含函数的加减乘除和复合运算法则，不需额外学习.

(2)法则(1)可推广至有限个函数相加减的情形.

【例 3.8】　设 $y=5x^3-2\ln x$，求 y'.

【解】　$y'=(5x^3-2\ln x)'=5(x^3)'-2(\ln x)'$

$$=5\times 3x^{3-1}-2\times\frac{1}{x}=15x^2-\frac{2}{x}.$$

【例 3.9】　设 $y=e^x+2\sin x-e^2$，求 y'.

【解】　$y'=(e^x+2\sin x-e^2)'=(e^x)'+(2\sin x)'-(e^2)'$

$$=e^x+2(\sin x)'-0=e^x+2\cos x.$$

【例 3.10】　设 $y=\sqrt{x}\sin x-2^x\ln x$，求 y'.

【解】　$y'=(\sqrt{x}\sin x-2^x\ln x)'=(\sqrt{x}\sin x)'-(2^x\ln x)'$

$$=\left(\frac{1}{2\sqrt{x}}\sin x+\sqrt{x}\cos x\right)-\left(2^x\ln2\ln x+\frac{2^x}{x}\right)$$

$$=\frac{1}{2\sqrt{x}}(\sin x+2x\cos x)-2^x\left(\ln2\ln x+\frac{1}{x}\right).$$

【例 3.11】 设 $y=\dfrac{10+3\ln x}{x}$，求 $y'(x),y'(\mathrm{e})$.

【解】 $y'(x)=\left(\dfrac{10+3\ln x}{x}\right)'=\dfrac{(10+3\ln x)'x-(10+3\ln x)x'}{x^2}$

$$=\frac{3\cdot\frac{1}{x}\cdot x-(10+3\ln x)}{x^2}=\frac{-7-3\ln x}{x^2}.$$

$$y'(\mathrm{e})=\frac{-7-3\ln x}{x^2}\bigg|_{x=\mathrm{e}}=\frac{-7-3\ln\mathrm{e}}{\mathrm{e}^2}=\frac{-10}{\mathrm{e}^2}.$$

【例 3.12】 设 $y=\dfrac{x^2}{x^2-2}$，求 $y'(x)$，$y'(0)$.

【解】 $y'=\left(\dfrac{x^2}{x^2-2}\right)'=\dfrac{(x^2)'(x^2-2)-x^2(x^2-2)'}{(x^2-2)^2}$

$$=\frac{2x(x^2-2)-x^2\cdot2x}{(x^2-2)^2}=\frac{-4x}{(x^2-2)^2}.$$

$$y'(0)=\frac{-4x}{(x^2-2)^2}\bigg|_{x=0}=\frac{-4\times0}{(0^2-2)^2}=0.$$

【例 3.13】 求证：$(\tan x)'=1+\tan^2x$.

证明 $(\tan x)'=\left(\dfrac{\sin x}{\cos x}\right)'=\dfrac{(\sin x)'\cos x-\sin x(\cos x)'}{\cos^2x}$

$$=\frac{\cos^2x+\sin^2x}{\cos^2x}=1+\tan^2x.$$

二、复合函数的求导法则

定理 3.2 设函数 $y=f(g(x))$是由 $y=f(u)$与 $u=g(x)$构成的复合函数，如果 $u=g(x)$在点 x 处可导，$y=f(u)$在点 $u=g(x)$处可导，则复合函数 $y=f(g(x))$在点 x 处可导，且

$$y'_x=y'_uu'_x=f'(u)g'(x)=f'_{g(x)}(g(x))g'(x).$$

该定理的证明较复杂，但其证明思路对理解这个重要定理非常有帮助．为此，这里仅给出证明的思路．

证明 设 Δx 为任意一个绝对值很小的数，记

$$\Delta u=g(x+\Delta x)-g(x),$$
$$\Delta y=f(u+\Delta u)-f(u)=f(g(x+\Delta x))-f(g(x)).$$

因为$\lim\limits_{\Delta u\to0}\dfrac{\Delta y}{\Delta u}=y'_u=f'_u(u)=f'(u)$和$\lim\limits_{\Delta x\to0}\dfrac{\Delta u}{\Delta x}=u'_x=g'(x)$存在，且

$$\lim_{\Delta x\to0}\Delta u=\lim_{\Delta x\to0}\left(\frac{\Delta u}{\Delta x}\cdot\Delta x\right)=u'_x\cdot\lim_{\Delta x\to0}\Delta x=0,$$

所以，当 $\Delta u\neq0$ 时，

$$y'_x=\lim_{\Delta x\to0}\frac{\Delta y}{\Delta x}=\lim_{\Delta x\to0}\left(\frac{\Delta y}{\Delta u}\cdot\frac{\Delta u}{\Delta x}\right)=\lim_{\Delta u\to0}\frac{\Delta y}{\Delta u}\lim_{\Delta x\to0}\frac{\Delta u}{\Delta x}=y'_uu'_x,$$

于是 $y'_x=y'_uu'_x$成立．但当 $\Delta u=0$ 时，由于证明思路更复杂，这里就不再论述了．

【例 3.14】 求$(\cos 2x)'$，$(\cos x^2)'$与$(\cos^2 x)'$.

【解】 $(\cos 2x)'\xlongequal{u=2x}(\cos u)'_u(u)'_x=-\sin u\cdot(2x)'_x=-2\sin 2x$.

$(\cos x^2)'\xlongequal{u=x^2}(\cos u)'_u(u)'_x=-\sin u\cdot(x^2)'_x=-2x\sin x^2$.

$(\cos^2 x)'\xlongequal{u=\cos x}(u^2)'_u(u)'_x=2u\cdot(\cos x)'_x=2\cos x\cdot(-\sin x)$

$=-\sin 2x$.

【例 3.15】 设 $y=\ln\sin x$，求 y'.

【解】 $y'=(\ln\sin x)'=(\ln\sin x)'_{\sin x}(\sin x)'=\dfrac{1}{\sin x}\cdot\cos x=\cot x$.

【例 3.16】 设 $y=\sqrt{3x^2-4}$，求 y'.

【解】 $y'=(\sqrt{3x^2-4})'=[(3x^2-4)^{\frac{1}{2}}]'_{3x^2-4}(3x^2-4)'$

$=\dfrac{1}{2}(3x^2-4)^{-\frac{1}{2}}\cdot 6x=\dfrac{3x}{\sqrt{3x^2-4}}$.

【例 3.17】 设 $y=e^{-x}$，求 y'.

【解】 $y'=(e^{-x})'=(e^{-x})'_{-x}(-x)'=-e^{-x}$.

【例 3.18】 设 $y=e^{x^2+1}$，求 y'.

【解】 $y'=(e^{x^2+1})'=(e^{x^2+1})'_{x^2+1}(x^2+1)'=2xe^{x^2+1}$.

三、高阶导数

如果函数 $y=f(x)$在(a,b)内处处可导，则导数 $f'(x)$是定义在(a,b)上的函数，称 $f'(x)$为 $f(x)$的**导函数**，简称**导数**. 如果 $f'(x)$在(a,b)内可导，即

$$[f'(x)]'=\lim_{\Delta x\to 0}\frac{f'(x+\Delta x)-f'(x)}{\Delta x},$$

存在，则称$[f'(x)]'$为 $f(x)$的**二阶导数**，记作 $f''(x)$.

如果 $f''(x)$在(a,b)内可导，则称 $f''(x)$的导数$[f''(x)]'$为 $f(x)$的**三阶导数**，记作 $f'''(x)$. 一般地，如果函数 $y=f(x)$在(a,b)内的 $n-1$ 阶导数 $f^{(n-1)}(x)$可导，则称 $f^{(n-1)}(x)$的导数 $f^{(n)}(x)$为 $y=f(x)$的 ***n* 阶导数**.

在 Mathematica 中，函数 $y=f(x)$的 n 阶导数 $f^{(n)}(x)$表示为 D[f(x),{x,n}].

二阶导数与二阶以上的导数统称为**高阶导数**. 函数 $y=f(x)$在某一点 x_0 的各阶导数记作

$$f'(x_0)\text{或 } y'\big|_{x=x_0},\ f''(x_0)\text{或 } y''\big|_{x=x_0},\ \cdots,\ f^{(n)}(x_0)\text{或 } y^{(n)}\big|_{x=x_0}\text{等}.$$

【例 3.19】 设 $y=3x^2-2x+1$，求 y'''.

解法一

In[1]：=D[3x^2－2x+1，{x，3}]

Out[1]=0

解法二

$y'=(3x^2-2x+1)'=6x-2$,

$y''=(3x^2-2x+1)''=(6x-2)'=6$,

$y'''=(3x^2-2x+1)'''=(6x-2)''=(6)'=0$.

【例 3.20】 设 $y=3x^2e^{2x}$，求 y''.

解法一

In[1]：=D[3x² Exp[2x]，{x，2}]

Out[1]=6(1+4x+2x²)Exp[2x]

解法二

【解】 $y'=(3x^2\mathrm{e}^{2x})'=3\cdot 2x\mathrm{e}^{2x}+3x^2(\mathrm{e}^{2x})'_{2x}(2x)'=6x(1+x)\mathrm{e}^{2x}$，

$y''=(3x^2\mathrm{e}^{2x})''=6[(x+x^2)\mathrm{e}^{2x}]'=6(1+2x)\mathrm{e}^{2x}+6(x+x^2)\mathrm{e}^{2x}\cdot 2$

$=6(1+4x+2x^2)\mathrm{e}^{2x}$.

学习指引

求导运算很容易掌握，但是，初学者在使用复合函数求导公式 $y'_x=y'_u u'_x$ 的过程中，常常忘记乘以右边的因子 u'_x，请通过多做习题来强化.

习 题 3-2

1. 求下列函数的导数.

(1) $y=3x^4-2x+5$；　(2) $y=3\mathrm{e}^x+3\ln x$；

(3) $y=(x-1)(x-5)$；　(4) $y=4\sqrt{x}-\dfrac{1}{x}$；

(5) $y=\dfrac{x^2+2}{\sqrt{x}}$；　(6) $y=(3x^2+2)\ln x$；

(7) $y=\sin x+x^2\cos x$；　(8) $y=x\tan x+\cot x$；

(9) $y=\dfrac{\sin x}{x}$；　(10) $y=\dfrac{\sin x+\cos x}{x}$；

(11) $y=\dfrac{\ln x+1}{x}$，　(12) $y=\dfrac{2^x-1}{2^x+1}$，

(13) $y=\mathrm{e}^x(3x^2-x+1)$；　(14) $y=x\sin x\ln x$.

2. 求下列函数的导数.

(1) $y=(3x+2)^{12}$；　(2) $y=3\ln(2x-5)$；

(3) $y=\mathrm{e}^{-x^2}$；　(4) $y=(\arcsin x)^2$；

(5) $y=\arccos \mathrm{e}^{-x}$；　(6) $y=\ln(3x^2+2)$；

(7) $y=(\sin x+\cos x)^{\sqrt{2}}$；　(8) $y=\tan\dfrac{1}{2x+1}$；

(9) $y=\sqrt[3]{1-x^2}$；　(10) $y=\dfrac{1}{\sqrt{x^3+1}}$；

(11) $y=\ln(x+\sqrt{x^2+1})$；　(12) $y=\sin^3 x$；

(13) $y=\arccos\dfrac{x}{2}$；　(14) $y=\arctan(3x+1)$.

3. 求下列函数在指定点的导数.

(1) $y=x^5-4x+2$，求 $y'|_{x=1}$，$y'|_{x=0}$；

(2) $y=\ln(2x^2+5)$，求 $y'|_{x=-1}$，$y'|_{x=0}$；

(3) $y=\arccos \mathrm{e}^x$，求 $y'|_{x=-1}$；

(4) $y=\sin 2x+\cos x$，求 $y'|_{x=\pi}$.

4. 求下列函数的二阶导数.

(1) $y=(1+x)^{11}$；　(2) $y=\ln(1+2x)$；

(3) $y=\sin 2x$；　(4) $y=\tan x$.

5. 一质点作直线运动的路程函数为 $s(t)=e^t+\cos t$，求质点的速度 $v(t)$ 和加速度 $a(t)$.

6. 有一根长为 4m，质量分布不均匀的金属棒，自左端起长为 x 的这段棒的质量为 $m(x)=x^{\frac{3}{2}}$ kg，求在 $x=$ 1m，2m，3m，4m 处的棒的密度 ρ.

7. 一个正在成长的球形细胞，其体积与半径的关系是 $v=\frac{4}{3}\pi r^3$. 当半径为 10μm（$1\mu m=10^{-6}$ m）时，求体积关于半径的增长率.

第三节　函数的微分运算

微分与导数的概念密切相关，基本思想是在微小的局部可以用适当的直线去近似替代曲线. 微分是微分学转向积分学的关键概念.

一、微分的概念

1. 引例

【例 3.21】 如图 3.3 所示，一个正方形的边长由 x 变到 $x+\Delta x$（$|\Delta x|$很小），求其面积改变量 ΔA 的近似值.

【解】 正方形的面积 $A=x^2$，当边长由 x 变到 $x+\Delta x$ 时，面积 A 的改变量

$$\Delta A=(x+\Delta x)^2-x^2=2x\Delta x+(\Delta x)^2.$$

当$|\Delta x|$很小时，ΔA 的大小主要取决于 $2x\Delta x$ 的大小，$(\Delta x)^2$ 的值对 ΔA 的影响甚微. 故

$$\Delta A\approx 2x\Delta x,$$

称 $2x\Delta x$ 为函数 $A=x^2$ 的微分，记为 dA. 从而，$\Delta A\approx dA=2x\Delta x$.

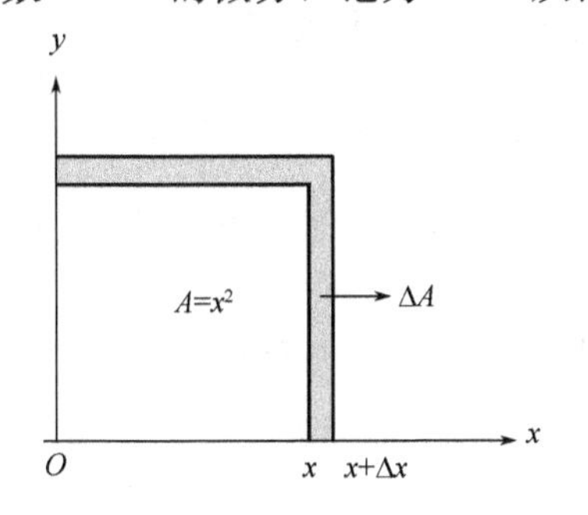

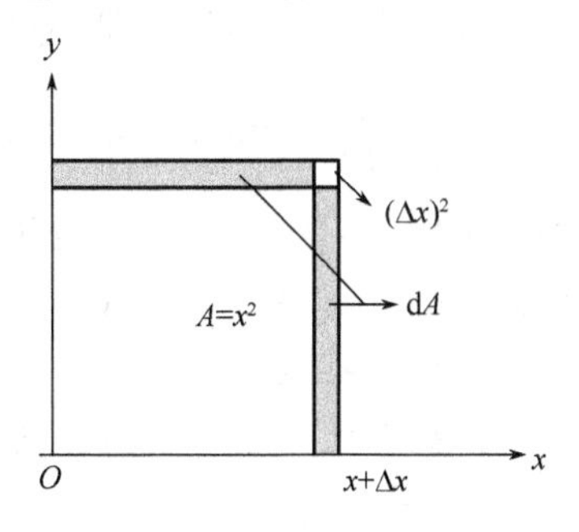

图 3.3

微分与对应函数增量对照（$x=10$），如表 3.1 所示.

表 3.1

Δx	0.1	0.01	0.001	0.0001	0.000 01
ΔA	2.0100000000	0.2001000000	0.0200010000	0.0020000100	0.0002000001
dA	2.0000000000	0.2000000000	0.0200000000	0.0020000000	0.0002000000
绝对误差 $(\Delta x)^2$	0.0100000000	0.0001000000	0.0000010000	0.0000000100	0.0000000001
相对误差 /%	0.49751	0.04998	0.00500	0.00050	0.00005

【例 3.22】 求自由落体由时刻 t 到 $t+\Delta t$ 所经过路程的近似值.

【解】 因自由落体运动的路程方程为 $s=\frac{1}{2}gt^2$，当时间由 t 变到 $t+\Delta t$ 时，路程 s 的改变量

$$\Delta s=\frac{1}{2}g(t+\Delta t)^2-\frac{1}{2}gt^2=gt\Delta t+\frac{1}{2}g(\Delta t)^2.$$

当 $|\Delta t|$ 很小时，Δs 的大小主要取决于 $gt\Delta t$ 的大小，$\frac{1}{2}g(\Delta t)^2$ 的值对 Δs 的影响甚微. 故

$$\Delta s\approx gt\Delta t.$$

称 $gt\Delta t$ 为函数 $s=\frac{1}{2}gt^2$ 的微分，记为 ds. 从而，$\Delta s\approx ds=gt\Delta t$.

2. 微分的定义

定义 3.2 若函数 $y=f(x)$ 在 x_0 的某邻域内有定义，$x_0+\Delta x$ 落在该邻域内，如果

$$\Delta y=A\Delta x+\alpha\Delta x,$$

其中 A 与 Δx 无关，而且 $\lim\limits_{\Delta x\to 0}\alpha=0$. 则称函数 $y=f(x)$ 在点 x_0 **可微**，$A\Delta x$ 称为函数 $y=f(x)$ 在点 x_0 的**微分**，记作

$$dy\big|_{x=x_0}=A\Delta x.$$

二、微分基本公式

我们已经知道 $dy\big|_{x=x_0}=A\Delta x$，如何计算这个微分，换言之，$A$ 具体等于什么是我们必须解决的问题.

如果函数 $y=f(x)$ 在点 x_0 可微，则 $\Delta y=A\Delta x+\alpha\Delta x$. 从而有

$$\lim_{\Delta x\to 0}\frac{\Delta y}{\Delta x}=\lim_{\Delta x\to 0}(A+\alpha)=A+\lim_{\Delta x\to 0}\alpha=A，即 f'(x_0)=A.$$

换言之，如果函数 $y=f(x)$ 在点 x_0 处可微，则在点 x_0 处也一定可导，而且 $f'(x_0)=A$. 所以微分基本公式为 $dy\big|_{x=x_0}=f'(x_0)\Delta x$.

如果函数 $y=f(x)$ 在某区间 (a,b) 内每一点 x 都可微，则称函数 $y=f(x)$ 是该区间 (a,b) 上的**可微函数**，函数在任一点 x 的微分基本公式为 $dy=f'(x)\Delta x$.

由于在函数 $y=x$ 中，$dy=(x)'\Delta x=\Delta x$，即 $dx=\Delta x$，所以微分基本公式又可记为

$$dy=f'(x)dx 或 \frac{dy}{dx}=f'(x).$$

这也表明：函数 $y=f(x)$ 的导数就是函数的微分 dy 与自变量的微分 dx 的商，故函数的导数也称为**微商**.

【例 3.23】 求函数 $y=\ln\sin 2x$ 在任一点 x 的微分.

【解】 因为 $y'=(\ln\sin 2x)'=\frac{(\sin 2x)'}{\sin 2x}=\frac{\cos 2x\cdot(2x)'}{\sin 2x}=2\cot 2x$，所以，

$$dy=2\cot 2x dx.$$

【例 3.24】 求函数 $y=x^2-\ln x+3^x$ 在任一点 x 的微分.

【解】 因为 $y'=(x^2-\ln x+3^x)'=2x-\frac{1}{x}+3^x\ln 3$，所以，

$$dy=(2x-\frac{1}{x}+3^x\ln 3)dx.$$

【例 3.25】 求函数 $y=\frac{x-1}{x+1}$在任一点 x 的微分.

【解】 因为 $y'=\left(\frac{x-1}{x+1}\right)'=\frac{(x-1)'(x+1)-(x-1)(x+1)'}{(x+1)^2}=\frac{2}{(x+1)^2}$，所以，

$$dy=\frac{2dx}{(x+1)^2}.$$

实际上，前面我们证明了“函数可微必定可导”，下面我们也可以证明“函数可导必定可微”.

如果 $y=f(x)$在点 x 可导，则$\lim\limits_{\Delta x\to 0}\frac{\Delta y}{\Delta x}=f'(x)$存在. 令 $\alpha=\frac{\Delta y}{\Delta x}-f'(x)$，从而

$$\Delta y=f'(x)\Delta x+\alpha\Delta x.$$

显然，$\lim\limits_{\Delta x\to 0}\alpha=0$，$f'(x)$与 Δx 无关，按微分定义可知，$f(x)$在点 x 处可微，而且

$$dy=f'(x)\Delta x=f'(x)dx.$$

因此，函数的导数也可表示为$\frac{dy}{dx}$，$\frac{df(x)}{dx}$，$\left.\frac{dy}{dx}\right|_{x=x_0}$，$\left.\frac{df(x)}{dx}\right|_{x=x_0}$，$\frac{d^2y}{dx^2}$，$\frac{d^2f(x)}{dx^2}$，$\left.\frac{d^2y}{dx^2}\right|_{x=x_0}$，$\left.\frac{d^2f(x)}{dx^2}\right|_{x=x_0}$，…，$\frac{d^ny}{dx^n}$，$\frac{d^nf(x)}{dx^n}$，$\left.\frac{d^nf(x)}{dx^n}\right|_{x=x_0}$等.

设 $y=f(v)$，$v=\varphi(x)$，则它们的复合函数 $y=f(\varphi(x))$的微分为

$$dy=y'_x dx=y'_v\cdot v'_x dx=f'(v)\varphi'(x)dx$$

所以复合函数 $y=f(\varphi(x))$的微分也可写成

$$dy=f'(v)dv$$

这表明，无论 u 是中间变量 v 还是自变量 x，函数 $y=f(u)$的微分总可写成

$$dy=f'(u)du.$$

这一性质称为一阶微分形式的不变性.

三、求由参数方程形式表示的函数微分

如果参数方程$\begin{cases}x=\varphi(t)\\y=\psi(t)\end{cases}$确定 y 与 x 间的函数关系，且 $\varphi'(t)\neq 0$，那么，

$$dx=\varphi'(t)dt，dy=\psi'(t)dt$$

而导数$\frac{dy}{dx}$可看作 dy 与 dx 的商，所以

$$\frac{dy}{dx}=\frac{\psi'(t)dt}{\varphi'(t)dt}=\frac{\psi'(t)}{\varphi'(t)}.$$

【例 3.26】 求函数$\begin{cases}x=a\cos t\\y=b\sin t\end{cases}$ $(0\leqslant t\leqslant 2\pi)$在任一点 x 的微分.

【解】 因为 $dx=-a\sin t dt$，$dy=b\cos t dt$，所以，

$$\frac{dy}{dx}=\frac{b\cos t dt}{-a\sin t dt}=-\frac{b}{a}\cot t.$$

于是，

$$dy=\frac{b\cos t dt}{-a\sin t dt}dx=-\frac{b}{a}\cot t dx.$$

【例 3.27】 求函数$\begin{cases}x=\ln t\\ y=t^3\end{cases}$在任一点 x 的微分.

【解】 因为 $dx=\frac{1}{t}dt$，$dy=3t^2dt$，所以，

$$\frac{dy}{dx}=\frac{3t^2dt}{\frac{1}{t}dt}=3t^3.$$

于是，

$$dy=3t^3dx.$$

学习指引

掌握微分的概念，能熟练运用微分的基本公式 $dy=f'(x)dx$ 求微分.

习 题 3-3

求下列函数的微分.

(1) $y=2x^3$；　(2) $y=\sqrt{1-x^2}$；

(3) $y=\sin 2x$；　(4) $y=\tan\frac{x}{2}$；

(5) $y=1+xe^x$；　(6) $y=\ln\tan 2x$；

(7) $y=2^{\cot x}$；　(8) $y=\arcsin x^2$；

(9) $\begin{cases}x=\arccos t\\ y=\sqrt{1-t^2}\end{cases}$；　(10) $\begin{cases}x=e^t\cos t\\ y=e^t\sin t\end{cases}$.

第四节　函数的积分运算

在本章的前两节里，我们学习了求导运算和微分运算，能够利用已知变量间的函数关系来解决许多实际问题. 但在不少的实际问题中，变量间的函数关系并不是已知的，已知的是函数的导数(函数对于自变量的变化率)或函数的微分. 我们只能根据含有未知函数的导数或函数的微分来求未知函数，从而解决实际问题. 为此，我们介绍积分运算.

一、积分运算和不定积分的概念

定义 3.3 若 $F(x)$是 $f(x)$的一个原函数，即 $f(x)=F'(x)$或 $f(x)dx=dF(x)$，则规定积分运算为

$$\int f(x)dx=\int dF(x)=F(x)+C$$

其中，称符号 $\int$ 为**积分号或积分运算符**，称 $\int f(x)dx$ 为**不定积分**，称 $f(x)$为**被积函数**，称 x 为**积分变量**，称 $f(x)dx$ 为**被积表达式**，称 C 为**积分常数**.

由定义可见，积分运算的对象是微分 $f(x)\mathrm{d}x$ 或 $F'(x)\mathrm{d}x$ 或 $\mathrm{d}F(x)$，其作用结果是不定积分 $\int f(x)\mathrm{d}x$，是 $f(x)$ 的一个原函数 $F(x)$ 再加上一个任意常数 C，即微分方程 $y'=f(x)$ 或 $\mathrm{d}y=f(x)\mathrm{d}x$ 的通解 $F(x)+C$（详见后面的微分方程内容）.

在 Mathematica 中，不定积分表示为 $\int f(x)\mathrm{d}x$ 或 Integerate[f, x]，但是其计算出来的结果中没有积分常数 C. $\int f(x)\mathrm{d}x$ 或 Integerate[f, x]具有强大的功能，对于一些手工计算相当复杂的不定积分能轻易求得，而且可以不学积分运算的基本法则和不定积分的基本公式，也不需要查令人厌烦的原函数表. 当然，并不是所有的不定积分都能求出来.

【例 3.28】 求下列微分的不定积分：

(1) $3x^2\mathrm{d}x$；　　(2) $\sin x\mathrm{d}x$；　　(3) $\frac{1}{x}\mathrm{d}x$.

解法一

In[1]：=Integrate[3x², x]

Out[1]=x³

或

In[2]：= $\int 3x^2 \mathrm{d}x$

Out[2]=x³

In[3]：= $\int$ Sin[x]dx

Out[3]=−Cos[x]

In[4]：= $\int \frac{1}{\mathrm{x}}\mathrm{dx}$

Out[4]=Log[x]

解法二

(1) 因为 $(x^3)'=3x^2$，所以 $\int 3x^2\mathrm{d}x=x^3+C$.

(2) 因为 $(-\cos x)'=\sin x$，所以 $\int \sin x\mathrm{d}x=-\cos x+C$.

(3) 因为 $(\ln x)'=\frac{1}{x}$，所以 $\int \frac{1}{x}\mathrm{d}x=\ln x+C$.

二、积分运算的基本法则和不定积分的基本公式

积分运算是微分运算的逆运算，我们不难知道它们有如下关系或基本公式：

(1) $[\int f(x)\mathrm{d}x]'=f(x)$　或　$\mathrm{d}[\int f(x)\mathrm{d}x]=f(x)\mathrm{d}x$；

(2) $\int F'(x)\mathrm{d}x=F(x)+C$　或　$\int \mathrm{d}F(x)=F(x)+C$；

(3) $\int kf(x)\mathrm{d}x=k\int f(x)\mathrm{d}x$，其中 k 为非零常数；

(4) $\int[f(x)\pm g(x)]\mathrm{d}x=\int f(x)\mathrm{d}x\pm\int g(x)\mathrm{d}x$.

证明　设 $F(x)$ 是 $f(x)$ 的一个原函数，$G(x)$ 是 $g(x)$ 的一个原函数.

(1)因为 $F'(x)=f(x)$，$\int f(x)\mathrm{d}x = F(x)+C$，所以

$$[\int f(x)\mathrm{d}x]' = [F(x)+C]' = F'(x) = f(x).$$

(2) $\int F'(x)\mathrm{d}x = \int f(x)\mathrm{d}x = F(x)+C.$

(3)因为 $[kF(x)]'=kF'(x)=kf(x)$，所以

$$\int kf(x)\mathrm{d}x = kF(x)+kC = k(F(x)+C) = k\int f(x)\mathrm{d}x.$$

(4)因为 $F'(x)=f(x)$，$G'(x)=g(x)$，所以

$$[F(x)\pm G(x)]'=F'(x)\pm G'(x)=f(x)\pm g(x),$$

于是，

$$\int[f(x)\pm g(x)]\mathrm{d}x = F(x)\pm G(x)+C \text{（令 } C=C_1\pm C_2\text{）}$$

$$=[F(x)+C_1]\pm[G(x)+C_2] = \int f(x)\mathrm{d}x \pm \int g(x)\mathrm{d}x.$$

同样，我们不难得到下列积分运算的基本公式：

(1) $\int \mathrm{d}x = x+C$；

(2) $\int x^{\alpha}\mathrm{d}x = \begin{cases} \ln|x|+C & (\alpha=-1) \\ \dfrac{1}{\alpha+1}x^{\alpha+1} & (\alpha\neq-1) \end{cases}$；

(3) $\int \mathrm{e}^x\mathrm{d}x = \mathrm{e}^x + C$ 或 $\int a^x\mathrm{d}x = \dfrac{1}{\ln a}a^x + C$；

(4) $\int \sin x\mathrm{d}x = -\cos x + C$；

(5) $\int \cos x\mathrm{d}x = \sin x + C$；

(6) $\int (1+\tan^2 x)\mathrm{d}x = \int \dfrac{1}{\cos^2 x}\mathrm{d}x = \tan x + C$；

(7) $\int (1+\cot^2 x)\mathrm{d}x = \int \dfrac{1}{\sin^2 x}\mathrm{d}x = -\cot x + C$；

(8) $\int \dfrac{1}{1+x^2}\mathrm{d}x = \arctan x + C$；

(9) $\int \dfrac{1}{\sqrt{1-x^2}}\mathrm{d}x = \arcsin x + C.$

【例 3.29】 求下列导数或微分的不定积分：

(1) $y'=3\mathrm{e}^x+2\sin x$；　　(2) $y'=\dfrac{5}{x^2}-4\sqrt{x}$；

(3) $\mathrm{d}y=\tan^2 x\mathrm{d}x$；　　(4) $\mathrm{d}y=\dfrac{\mathrm{d}x}{\sqrt{4-x^2}}$.

[分析] (1)因为 $y'=3\mathrm{e}^x+2\sin x$，所以

$$dy=3e^x dx+2\sin x dx.$$

对上式两边的微分求不定积分，得 $\int dy=\int(3e^x+2\sin x)dx$，即

$$\begin{aligned} y+C_1&=\int(3e^x+2\sin x)dx \\ &=\int 3e^x dx+\int 2\sin x dx \\ &=3\int e^x dx+2\int \sin x dx \\ &=(3e^x+C_2)+(-2\cos x+C_3). \end{aligned}$$

所以，

$$y+C_1=(3e^x+C_2)+(-2\cos x+C_3), \qquad (*)$$

即

$$y=3e^x-2\cos x+(-C_1+C_2+C_3).$$

令 $C=-C_1+C_2+C_3$，则

$$y=3e^x-2\cos x+C. \qquad (**)$$

注意：在(*)中的三个任意常数 C_1、C_2、C_3 最终在(**)中合并成一个任意常数 C. 即分项积分后，每个不定积分都含有一个任意常数，因为任意常数之代数和仍是任意常数. 所以，可以只需在等式的右边使用一个任意常数，而左边则不用.

【解】 (1) $y=\int(3e^x+2\sin x)dx=\int 3e^x dx+\int 2\sin x dx$

$$=3\int e^x dx+2\int \sin x dx=3e^x-2\cos x+C.$$

(2) $y=\int\left(\frac{5}{x^2}-4\sqrt{x}\right)dx=\int\frac{5}{x^2}dx-\int 4\sqrt{x}dx=5\int x^{-2}dx-4\int x^{\frac{1}{2}}dx$

$$=5\cdot\frac{1}{-2+1}x^{-2+1}-4\cdot\frac{1}{\frac{1}{2}+1}x^{\frac{1}{2}+1}+C=-5x^{-1}-\frac{8}{3}x^{\frac{3}{2}}+C.$$

(3)对等式两边积分得：

$$y=\int\tan^2 x dx=\int(1+\tan^2 x)dx-\int dx=\tan x-x+C.$$

(4)对等式两边积分得：

$$y=\int\frac{dx}{\sqrt{4-x^2}}=\int\frac{1}{\sqrt{1-\left(\frac{x}{2}\right)^2}}d\frac{x}{2}=\arcsin\frac{x}{2}+C.$$

三、运用不定积分(原函数)表

或许你已经注意到，在积分运算中，我们只介绍了积分运算的加法法则和减法法则，而没有介绍积分运算的乘法法则、除法法则和复合运算法则. 这并不是我们的疏忽，而是积分运算根本就没有乘法法则、除法法则和复合运算法则. 人们只能根据不同函数选择不同的积分技巧，这给数学专业人士提供了展现技能的平台，却给非数学专业人士增添了诸多困难.

为此，人们制作了常用函数的不定积分(原函数)表，以供人们查阅，这也大大提高了工作效率.

【例 3.30】 利用不定积分(原函数)表求下列不定积分.

(1) $\int(1+2x)^3\mathrm{d}x$； (2) $\int x^2\cos 2x\mathrm{d}x$；

(3) $\int\frac{1}{x^2-9}\mathrm{d}x$； (4) $\int x\mathrm{e}^{2x}\mathrm{d}x$.

【解】 (1) $\int(1+2x)^3\mathrm{d}x \overset{\text{查表得}}{=\!=\!=} \frac{1}{2\times(3+1)}(1+2x)^{3+1}+C=\frac{1}{8}(1+2x)^4+C$；

(2) $$\int x^2\cos 2x\mathrm{d}x \overset{\text{查表得}}{=\!=\!=} \frac{x^2}{2}\sin 2x+\frac{2x}{4}\cos 2x-\frac{1}{4}\sin 2x+C$$
$$=\frac{x^2}{2}\sin 2x+\frac{x}{2}\cos 2x-\frac{1}{4}\sin 2x+C;$$

(3) $\int\frac{1}{x^2-9}\mathrm{d}x=\int\frac{1}{x^2-3^2}\mathrm{d}x \overset{\text{查表得}}{=\!=\!=} \frac{1}{2\times 3}\ln\left|\frac{x-3}{x+3}\right|+C=\frac{1}{6}\ln\left|\frac{x-3}{x+3}\right|+C$；

(4) $\int x\mathrm{e}^{2x}\mathrm{d}x \overset{\text{查表得}}{=\!=\!=} \frac{1}{2^2}(2x-1)\mathrm{e}^{2x}+C=\frac{1}{4}(2x-1)\mathrm{e}^{2x}+C$.

在使用不定积分表中的公式 $\int f(x)\mathrm{d}x=F(x)+C$ 时，要求 $f(x)$、$\mathrm{d}x$ 和 $F(x)$ 中的 x 必须完全一致.

例如，计算不定积分 $\int\cos 3x\mathrm{d}x$ 就不能直接套用公式 $\int\cos x\mathrm{d}x=\sin x+C$，得出结论 $\int\cos 3x\mathrm{d}x=\sin 3x+C$. 事实上，$(\sin 3x+C)'=3\cos 3x\neq\cos 3x$，因此，$\int\cos 3x\mathrm{d}x=\sin 3x+C$ 并不成立.

所以，在使用不定积分表的过程中，如果不能直接找到合适的积分公式. 就要在套用不定积分表中的公式之前，先要对不定积分作些形式上的改变. 所幸的是，在不定积分 $\int f(x)\mathrm{d}x$ 中，$f(x)\mathrm{d}x$ 是可以进行独立运算的微分，所以下列计算是正确的

$$\int\cos 3x\mathrm{d}x=\int\frac{1}{3}\cos 3x\mathrm{d}3x=\frac{1}{3}\int\cos 3x\mathrm{d}3x.$$

这时，我们可以使用 $\int\cos x\mathrm{d}x=\sin x+C$，得出正确的结论

$$\int\cos 3x\mathrm{d}x=\frac{1}{3}\int\cos 3x\mathrm{d}3x=\frac{1}{3}\sin 3x+C.$$

【例 3.31】 利用不定积分(原函数)表求下列不定积分：

(1) $\int x^2\mathrm{e}^{x^3}\mathrm{d}x$； (2) $\int x\sqrt{x^2-3}\mathrm{d}x$；

(3) $\int\frac{1}{x^2+a^2}\mathrm{d}x\quad(a\neq 0)$； (4) $\int\frac{1}{\sqrt{x}+1}\mathrm{d}x$.

【解】 (1) $\int x^2\mathrm{e}^{x^3}\mathrm{d}x=\frac{1}{3}\int\mathrm{e}^{x^3}\mathrm{d}x^3=\frac{1}{3}\mathrm{e}^{x^3}+C$.

(2) $\int x\sqrt{x^2-3}\mathrm{d}x=\frac{1}{2}\int\sqrt{x^2-3}\mathrm{d}(x^2-3)=\frac{1}{3}(x^2-3)^{\frac{3}{2}}+C$.

(3) $\int \frac{1}{x^2+a^2}dx = \frac{1}{a^2}\int \frac{1}{1+(\frac{x}{a})^2}dx = \frac{1}{a}\int \frac{1}{1+(\frac{x}{a})^2}d\frac{x}{a} = \frac{1}{a}\arctan\frac{x}{a}+C.$

(4) $\int \frac{1}{\sqrt{x}+1}dx \xlongequal{令t=\sqrt{x},则x=t^2} \int \frac{1}{t+1}dt^2 = \int \frac{2t}{t+1}dt = \int \frac{2(t+1)-2}{t+1}dt$

$$= 2\int dt - 2\int \frac{1}{t+1}dt = 2t - 2\ln(t+1)+C$$

$$= 2\sqrt{x} - 2\ln(\sqrt{x}+1)+C.$$

【例 3.32】 利用不定积分(原函数)表求下列不定积分：

(1) $\int \frac{x+2}{x^2\sqrt{4-x^2}}dx$； (2) $\int \frac{1}{x^2(x^2+1)^2}dx$； (3) $\int \frac{x}{x^3+1}dx.$

解法一

In[1]：$= \int \frac{x+2}{x^2\sqrt{4-x^2}}dx$

Out[1]$= -\frac{\sqrt{4-x^2}}{2x}+\frac{\log[x]}{2}-\frac{1}{2}\text{Log}[2+\sqrt{4-x^2}]$

In[2]：$= \int \frac{1}{x^2(x^2+1)^2}dx$

Out[2]$= -\frac{1}{x}-\frac{x}{2(1+x^2)}-\frac{3\text{Arctan}[x]}{2}$

In[3]：$= \int \frac{x}{x^3+1}dx$

Out[3]$= \frac{\text{Arctan}[\frac{-1+2x}{\sqrt{3}}]}{\sqrt{3}}-\frac{1}{3}\text{Log}[1+x]+\frac{1}{6}\text{Log}[1-x-x^2]$

解法二

(1) $\int \frac{x+2}{x^2\sqrt{4-x^2}}dx = \int \frac{1}{x\sqrt{4-x^2}}dx + 2\int \frac{1}{x^2\sqrt{4-x^2}}dx$

$\xlongequal{查表得} \frac{1}{2}\ln\frac{2-\sqrt{4-x^2}}{|x|}-\frac{\sqrt{4-x^2}}{a^2x}+C.$

(2) $\int \frac{1}{x^2(x^2+1)^2}dx = \int \frac{x^2+1-x^2}{x^2(x^2+1)^2}dx = \int \frac{1}{x^2(x^2+1)}dx - \int \frac{1}{(x^2+1)^2}dx$

$\xlongequal{查表得} -\frac{1}{x} - \int \frac{1}{x^2+1}dx - \left[\frac{x}{2(x^2+1)}+\frac{1}{2}\int \frac{1}{x^2+1}dx\right]$

$\xlongequal{查表得} -\frac{1}{x}-\arctan x-\frac{x}{2(x^2+1)}-\frac{1}{2}\arctan x+C$

$= -\frac{3x^2+2}{2x(x^2+1)}-\frac{3}{2}\arctan x+C.$

(3) $\int \frac{x}{x^3+1}dx = \frac{1}{3}\int\left[\frac{x+1}{x^2-x+1}-\frac{1}{x+1}\right]dx = \frac{1}{3}\int \frac{x+1}{x^2-x+1}dx - \frac{1}{3}\int \frac{1}{x+1}dx$

$= \frac{1}{3}\int \frac{x}{x^2-x+1}dx + \frac{1}{3}\int \frac{1}{x^2-x+1}dx - \frac{1}{3}\int \frac{1}{x+1}dx$

$\xlongequal{查表得} \frac{1}{3}\times\frac{1}{2\times 1}\ln|x^2-x+1| - \frac{-1}{2\times 1}\int \frac{1}{x^2-x+1}dx$

$$+\frac{1}{3}\int\frac{1}{x^2-x+1}\mathrm{d}x-\frac{1}{3}\ln|x+1|$$

$$\xlongequal{查表得}\frac{1}{6}\ln|x^2-x+1|+\frac{5}{6}\frac{2}{\sqrt{4\times1\times1-(-1)^2}}\arctan\frac{2\times1\times x+(-1)}{\sqrt{4\times1\times1-(-1)^2}}$$

$$-\frac{1}{3}\ln|x+1|+C$$

$$=\frac{1}{6}\ln|x^2-x+1|+\frac{5}{3\sqrt{3}}\arctan\frac{2x-1}{\sqrt{3}}-\frac{1}{3}\ln|x+1|+C.$$

需要指出的是：即使 $f(x)=\frac{\sin x}{x}$，e^{-x^2}，$\sin(x^2)$，$\frac{1}{\sqrt{1+x^4}}$，或$\frac{1}{\ln x}$等形式简单的初等函数，由于它们的原函数不是初等函数，这时两边积分也会出现所谓“积不出”的情形.

学习指引

掌握积分运算的概念及其基本公式．由任课教师或读者自主决定是否学习凑微分法(参见例 3.31)，但不会对后面的学习产生多大影响．如果你不准备参加各类升学考试，使用 Mathematica 软件将会使你又快又好地解决问题.

习 题 3-4

1. 求下列导数或微分的不定积分.

(1) $y'=2x\sqrt{x^3}$；　(2) $y'=3x-\frac{4}{x}$；

(3) $y'=5\sin x+\cos x$；　(4) $y'=\cot^2 x$；

(5) $\mathrm{d}y=x(\sqrt{x}-1)\mathrm{d}x$；　(6) $\mathrm{d}y=\frac{\mathrm{e}^{2x}-1}{\mathrm{e}^x+1}\mathrm{d}x$；

(7) $\mathrm{d}y=\cos^2\frac{x}{2}\mathrm{d}x$；　(8) $\mathrm{d}y=\mathrm{e}^{x-3}\mathrm{d}x$.

2. 求下列不定积分.

(1) $\int\cos(3x-4)\mathrm{d}x$；　(2) $\int\mathrm{e}^{2x-3}\mathrm{d}x$；

(3) $\int\frac{1}{\sqrt{2-5x}}\mathrm{d}x$；　(4) $\int(100+2x)^{10}\mathrm{d}x$；

(5) $\int\frac{3x^2}{1+x^3}\mathrm{d}x$；　(6) $\int x\mathrm{e}^{-x^2}\mathrm{d}x$；

(7) $\int\frac{1}{3x\ln x}\mathrm{d}x$；　(8) $\int\frac{4^{\ln x}}{x}\mathrm{d}x$；

(9) $\int 6x^2(x^3+1)^{19}\mathrm{d}x$；　(10) $\int\frac{\mathrm{e}^{\arcsin x}}{\sqrt{1-x^2}}\mathrm{d}x$；

(11) $\int\frac{\sin 2x}{1+\cos x}\mathrm{d}x$；　(12) $\int\frac{1}{x^2+6x+12}\mathrm{d}x$；

(13) $\int\frac{x-1}{3+x^2}\mathrm{d}x$；　(14) $\int\frac{\arctan x}{1+x^2}\mathrm{d}x$；

(15) $\int\frac{1-\tan x}{1+\tan x}\mathrm{d}x$；　(16) $\int\frac{1}{\mathrm{e}^x+\mathrm{e}^{-x}}\mathrm{d}x$；

(17) $\int \frac{1}{1-e^{-x}}dx$；　　(18) $\int \frac{e^x}{\sqrt{1-e^{2x}}}dx$；

(19) $\int \frac{1}{\sqrt[3]{x}-1}dx$；　　(20) $\int \frac{1}{x^2}\tan\frac{1}{x}dx$.

第五节　函数定积分的概念

在前面几节里，解决了函数相对于自变量的变化率或变化速度问题，即导数的概念及其相关运算问题．这是一类已知函数求导数的问题．现在要研究的是另一类十分重要的问题：如何求较为复杂的平面图形的面积、旋转体体积、变速直线运动物体的运动距离和变力做功等问题，即求函数的定积分问题．

一、定积分的概念

积分是对连续变化过程总效果的度量，求曲边梯形区域的面积是积分概念的最直接的起源，面积的直观概念在积分过程中得到了精确的数学表述．下面就从求曲边梯形的面积开始描述．

1. 引例

(1)曲边梯形的面积．所谓的**曲边梯形**，是指在梯形的两条腰线中，其中一条腰线是与上、下底垂直的直线，而另一条腰线可以是曲线．例如，在图 3.4 中，由直线 $x=a, x=b$，$y=0$及曲线 $y=f(x)$（$f(x)\geqslant 0$）所围成的图形就是曲边梯形．

由于曲边梯形中有一条腰线是曲线，无法用梯形的求面积公式来计算面积，为此，需要寻求新的方法．下面来探讨求曲边梯形面积 A 的方法．

步骤 1　如图 3.4 所示，将区间$[a,b]$分成两等份$[x_1,x_2]$和$[x_2,x_3]$，且 $a=x_1<x_2<x_3=b$，记 $\Delta x_1=x_2-x_1, \Delta x_2=x_3-x_2$，若在$[x_1,x_2]$和$[x_2,x_3]$上分别以左端点的函数值 $f(x_1)$ 和 $f(x_2)$替代 $f(x)$，则两个小矩形的面积 A_1 和 A_2 分别为

$$A_1=f(x_1)(x_2-x_1)=f(x_1)\Delta x_1, A_2=f(x_2)(x_3-x_2)=f(x_2)\Delta x_2.$$

如果以 A_1+A_2 的值代替 A，则 A 与 A_1+A_2 之间可能存在较大误差．

步骤 2　如图 3.5 所示，将区间$[x_1,x_2]$,$[x_2,x_3]$各分成两等份，并重新排序得$[x_1,x_2]$、$[x_2,x_3]$、$[x_3,x_4]$和$[x_4,x_5]$，且 $a=x_1<x_2<x_3<x_4<x_5=b$，记 $\Delta x_1=x_2-x_1, \Delta x_2=x_3-x_2, \Delta x_3=x_4-x_3, \Delta x_4=x_5-x_4$，若在$[x_1,x_2]$、$[x_2,x_3]$、$[x_3,x_4]$和$[x_4,x_5]$上分别以左端点的函数值 $f(x_1)$、$f(x_2)$、$f(x_3)$和 $f(x_4)$替代 $f(x)$，则 4 个小矩形的面积 A_1、A_2、A_3 和 A_4 分别为

$$A_1=f(x_1)\Delta x_1, A_2=f(x_2)\Delta x_2, A_3=f(x_3)\Delta x_3, A_4=f(x_4)\Delta x_4.$$

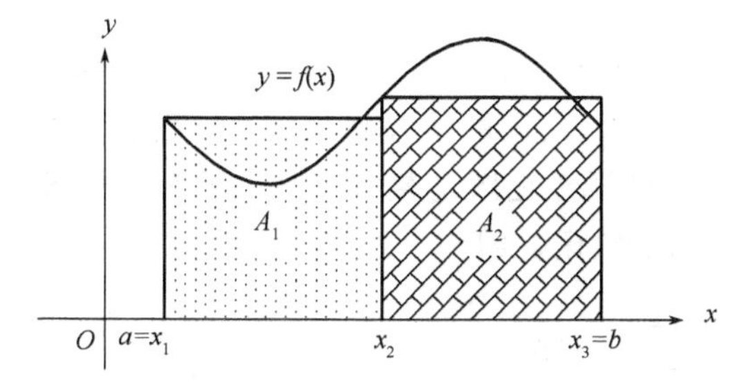

图 3.4

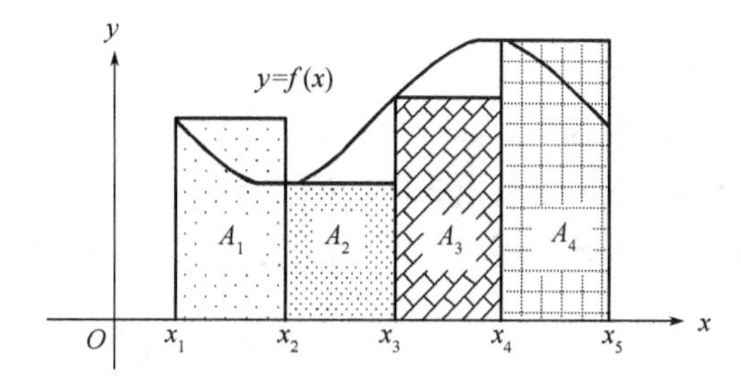

图 3.5

如果以 $A_1+A_2+A_3+A_4$ 的值代替 A，则 A 与 $A_1+A_2+A_3+A_4$ 之间存在的误差会有所减小. 不断地对这些区间对分下去，如果 A 与 $A_1+A_2+\cdots+A_n$ 之间的误差越来越小，而且当这种分割无限地进行下去时，A 与 $A_1+A_2+\cdots+A_n$ 之间的误差无限地接近于零，那么，求 A 就转变为求无限分割下去时 $A_1+A_2+\cdots+A_n$ 的极限，即

$$A=\lim_{\lambda\to 0}\sum_{i=1}^{n}A_i=\lim_{\lambda\to 0}\sum_{i=1}^{n}f(x_i)\Delta x_i,$$

其中，$\lambda=\max\limits_{1\leqslant i\leqslant n}\{\Delta x_i\}$.

(2)变速直线运动物体的运动距离. 某物体作直线运动，已知速度 $v(t)(v(t)\geqslant 0)$ 是时间间隔 $[T_1, T_2]$ 上的函数，要求在这段时间内物体所经过的路程 S.

如果物体作匀速直线运动，则路程 $S=v\cdot(T_1-T_2)$，但现在 $v(t)$ 随时间 t 的变化而变化，故不能直接套用公式 $S=v\cdot(T_1-T_2)$，需要寻求新的方法.

步骤 1 如图 3.6 所示，将区间 $[T_1, T_2]$ 分成两等份 $[t_1, t_2]$ 和 $[t_2, t_3]$，且 $T_1=t_1<t_2<t_3=T_2$，记 $\Delta t_1=t_2-t_1$，$\Delta t_2=t_3-t_2$，若在 $[t_1, t_2]$ 和 $[t_2, t_3]$ 上分别以左端点的函数值 $v(t_1)$ 和 $v(t_2)$ 替代 $v(t)$，则两个小矩形的面积 S_1 和 S_2 分别为

$$S_1=v(t_1)(t_2-t_1)=v(t_1)\Delta t_1, S_2=v(t_2)(t_3-t_2)=v(t_2)\Delta t_2,$$

即 S_1 和 S_2 分别是物体在 $[t_1, t_2]$ 和 $[t_2, t_3]$ 时段上以其始点(左端点)的速度 $v(t_1)$ 和 $v(t_2)$ 作匀速运动的路程.

如果以 S_1+S_2 的值代替 S，则 S 与 S_1+S_2 间可能存在较大误差.

步骤 2 如图 3.7 所示，将区间 $[T_1, T_2]$ 分成四等份，并重排序号得，$T_1=t_1<t_2<t_3<t_4<t_5=T_2$，记 $\Delta t_1=t_2-t_1, \Delta t_2=t_3-t_2, \Delta t_3=t_4-t_3, \Delta t_4=t_5-t_4$，则

$$S_1=v(t_1)\Delta t_1, S_2=v(t_2)\Delta t_2, S_3=v(t_3)\Delta t_3, S_4=v(t_4)\Delta t_4.$$

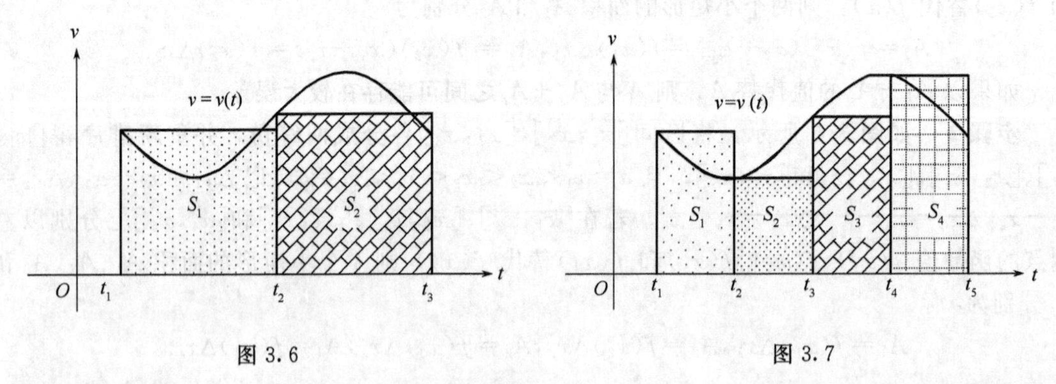

图 3.6　　图 3.7

如果以 $S_1+S_2+S_3+S_4$ 的值代替 S，则 S 与 $S_1+S_2+S_3+S_4$ 之间的误差通常会减小. 不断地对这些区间对分下去，如果 S 与 $S_1+S_2+\cdots+S_n$ 之间的误差越来越小，而且当这种分割无限地进行下去时，S 与 $S_1+S_2+\cdots+S_n$ 之间的误差无限地接近于零，那么，求 S 就转变为求 $S_1+S_2+\cdots+S_n$ 当分割无限地细分下去时的极限，即

$$S=\lim_{\lambda\to 0}\sum_{i=1}^{n}S_i=\lim_{\lambda\to 0}\sum_{i=1}^{n}v(t_i)\Delta t_i,$$

其中，$\lambda=\max\limits_{1\leqslant i\leqslant n}\{\Delta t_i\}$.

2. 定积分的定义

一般地，定义定积分为

定义 3.4　设函数 $y=f(x)$在$[a,b]$上有定义，用分点 $a=x_1<x_2<\cdots<x_n<x_{n+1}=b$ 将$[a,\ b]$任意分成 n 个小区间$[x_i,x_{i+1}]$$(i=1,2,\cdots,n)$. 记 $\Delta x_i=x_{i+1}-x_i$，$\lambda=\max\limits_{1\leqslant i\leqslant n}\{\Delta x_i\}$，在每个$[x_i,x_{i+1}]$中任取一点 $\xi_i(i=1,2,\cdots,n)$，如果极限 $\lim\limits_{\lambda\to 0}\sum\limits_{i=1}^{n}f(\xi_i)\Delta x_i$ 存在，则称 $f(x)$在$[a,b]$上是**可积的**，称此极限为 $f(x)$在$[a,b]$上的**定积分**，记为 $\int_a^b f(x)\mathrm{d}x$，即

$$\int_a^b f(x)\mathrm{d}x=\lim_{\lambda\to 0}\sum_{i=1}^{n}f(\xi_i)\Delta x_i.$$

其中，称 $f(x)$为**被积函数**，称 $f(x)\mathrm{d}x$ 为**被积表达式**，x 称为**积分变量**，称区间$[a,\ b]$为**积分区间**，称 a，b 分别为积分的**下限**和**上限**.

二、牛顿-莱布尼茨公式

从定积分定义可知，如果直接用定义求函数的定积分，通常是极其困难的. 牛顿-莱布尼茨找到了很好的求定积分方法.

定理 3.3(微积分基本定理)　设 $f(x)$是$[a,b]$上的初等函数，函数 $F(x)$是 $f(x)$在$[a,b]$上的任一原函数，则

$$\int_a^b f(x)\mathrm{d}x=F(b)-F(a)=F(x)\Big|_a^b.$$

微积分基本定理也称为牛顿-莱布尼兹公式，定理的证明并不难，但我们目前的知识尚不足. 在本章的第八节将给出证明.

在 Mathematica 中，该定积分表示为 $\int_a^b f(x)\mathrm{d}x$ 或 Integrate[f,{x,a,b}]，它们具有强大的计算功能，而且可以不学定积分运算的基本法则和定积分的基本公式，也不需要查令人厌烦的原函数表. 当然，并不是所有的定积分都能求出来. 如果无法判定定积分是否存在，就给出一个提示.

微积分基本定理表明：要求$[a,b]$上的初等函数 $f(x)$的定积分，关键在于求 $f(x)$的一个原函数. 这就将求定积分问题转化为求原函数问题，在前一节已经讨论过求原函数问题，即求不定积分问题，这里主要通过查不定积分(原函数)表来获得一个函数的原函数.

【例 3.33】　求定积分 $\int_1^2 x^2\mathrm{d}x$.

解法一

In[1]: $=\int_1^2 \mathrm{x}^2\mathrm{dx}$

Out[1]$=\dfrac{7}{3}$

解法二

x^2 在$[1,2]$有定义. 利用牛顿-莱布尼茨公式，并查不定积表得：

$$\int_1^2 x^2\mathrm{d}x=\frac{1}{3}x^3\Big|_1^2=\frac{1}{3}(2^3-1)=\frac{7}{3}.$$

值得注意的是，利用牛顿-莱布尼兹公式求定积分时，一定要注意验证公式成立的条件

是否满足，否则，结果的正确性难以保证.

【例 3.34】 求定积分 $\int_{-1}^{1}\frac{1}{x^2}dx$.

解法一

In[1]: $=\int_{-1}^{1}\frac{1}{\mathrm{x}^2}\mathrm{dx}$

Out[1]= ∞

解法二

如果直接利用牛顿-莱布尼茨公式求定积分，并查不定积表得：

$$\int_{-1}^{1}\frac{1}{x^2}dx=-\frac{1}{x}\bigg|_{-1}^{1}=-[1-(-1)]=-2.$$

事实上，$\frac{1}{x^2}$并不是$[-1,1]$上的初等函数，$\int_{-1}^{1}\frac{1}{x^2}dx$并不存在(这一问题在下一节论述).

三、定积分的意义

1. 定积分的几何意义

如图 3.8 所示，在求曲边梯形面积时，我们要求函数 $y=f(x)\geqslant 0$，这时，定积分 $\int_a^b f(x)dx$ 的值就等于由直线 $x=a$，$x=b$，曲线 $y=f(x)$ 和 x 轴所围成的曲边梯形面积 A，即 $\int_a^b f(x)dx=A$. 但在定积分的定义中，我们并不要求函数 $y=f(x)\geqslant 0$，如果这时 $y=f(x)\leqslant 0$，定积分 $\int_a^b f(x)dx$ 的值就为负数，其值恰好等于由直线 $x=a,x=b$，曲线 $y=f(x)$和 x 轴所围成曲边梯形面积 A 的相反数，即 $\int_a^b f(x)dx=-A$.

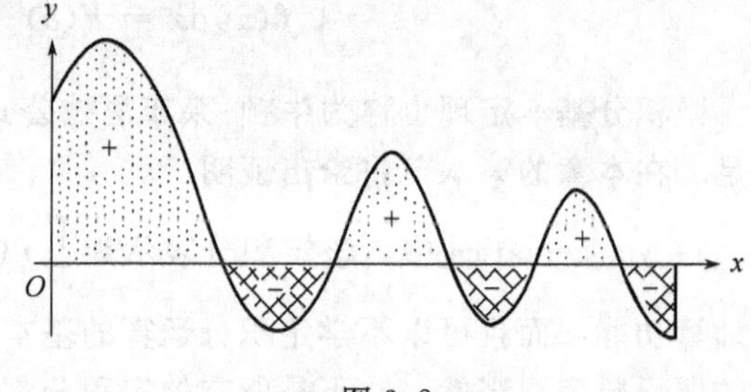

图 3.8

一般地，定积分 $\int_a^b f(x)dx$ 的值就等于由直线 $x=a$，$x=b$，曲线 $y=f(x)$ 和 x 轴所围成的各个曲边梯形面积的代数和.

2. 定积分的其他意义

在求变速直线运动物体的运动距离时，我们要求速度函数 $v=v(t)\geqslant 0$，这时，定积分 $\int_{T_1}^{T_2}v(t)dt$ 的值就等于物体在$[T_1, T_2]$时段所经过的**距离**.

如果速度函数 $v=f(x)$可正可负，那么定积分 $\int_a^b f(x)dx$ 的值就等于物体在$[a,b]$时段所发生的**位移**.

如果函数 $A=f(x)$是面积函数，那么定积分 $\int_a^b f(x)dx$ 的值就等于物体在$[a,b]$间部分的**体积**.

如果函数 $F=f(x)$是作用力函数，那么定积分 $\int_a^b f(x)dx$ 的值就等于变力 F 所做的**功**.

如果函数 $\rho=f(x)$是概率密度函数，那么定积分 $\int_a^b f(x)dx$ 的值就等于随机变量的值落

在 a，b 间的**概率**.

定积分的实际意义非常广泛，无法一一列举.

四、定积分的性质

为了方便计算和应用定积分，下面介绍定积分的一些基本性质，但并不给出证明. 设函数 $f(x)$ 和 $g(x)$ 在所考虑的区间上是可积的，那么定积分有以下性质.

性质 1　$\int_a^b f(x)\mathrm{d}x = -\int_b^a f(x)\mathrm{d}x$；特别地，$\int_a^a f(x)\mathrm{d}x = 0$.

性质 2　$\int_a^b kf(x)\mathrm{d}x = k\int_a^b f(x)\mathrm{d}x$（$k$ 为常数）.

性质 3　$\int_a^b [f(x) \pm g(x)]\mathrm{d}x = \int_a^b f(x)\mathrm{d}x \pm \int_a^b g(x)\mathrm{d}x$.

性质 4　$\int_a^b f(x)\mathrm{d}x = \int_a^c f(x)\mathrm{d}x + \int_c^b f(x)\mathrm{d}x$.

性质 5　如果在区间 $[a,b]$ 上总有 $f(x) \leqslant g(x)$ 成立，则有

$$\int_a^b f(x)\mathrm{d}x \leqslant \int_a^b g(x)\mathrm{d}x.$$

性质 6　如果在区间 $[a,b]$ 上总有 $m \leqslant f(x) \leqslant M$ 成立，则有

$$m(b-a) \leqslant \int_a^b f(x)\mathrm{d}x \leqslant M(b-a).$$

性质 7　当 $a<b$ 时，$\left|\int_a^b f(x)\mathrm{d}x\right| \leqslant \int_a^b |f(x)|\mathrm{d}x$.

【例 3.35】　求定积分 $\int_{-1}^2 |x-1|\mathrm{d}x$.

解法一

In[1]: $= \int_{-1}^2$ Abs[x−1]dx

Out[1]= $\frac{5}{2}$

解法二

由性质 4，并查原函数表得

$$\int_{-1}^2 |x-1|\mathrm{d}x = \int_{-1}^1 -(x-1)\mathrm{d}x + \int_1^2 (x-1)\mathrm{d}x = -\frac{1}{2}x^2\Big|_{-1}^1 + x\Big|_{-1}^1 + \frac{1}{2}x^2\Big|_1^2 - x\Big|_1^2$$

$$= -\frac{1}{2}[1-(-1)^2] + [1-(-1)] + \frac{1}{2}(2^2-1^2) - (2-1) = \frac{5}{2}.$$

资料

定义 3.4 是诞生于 19 世纪的严格的定积分定义，这是由德国数学家黎曼(Riemann)建立的.

促成定积分概念形成的一个重要动力是几何上的计算平面曲边图形的面积. 阿基米德(Archimedes，公元前 287—212 年)应用“穷竭法”计算圆和抛物线弓形的面积. 我国古代数学家刘徽创造了“割圆术”. 他从正六边形起计算，令边数成倍地增加，然后用这一串面积序列去逼近圆面积. 但是，古代的这些计算面积的朴素思想远未达到形成面积计算理论的境

界，他们只完成了一些特殊的曲边形面积的计算. 直至 17 世纪，牛顿(Newton)和莱布尼茨才明确地提出了面积计算的普通方法.

历史上曾经有过这样一种基于“直观”的观点：面积是由直线段组成的，就像布是由线织成的一样. 这是不对的.

积分理论是由牛顿和莱布尼茨开创的，但他们的出发点有所不同. 例如，Newton 将面积通过微分的逆运算求得，这当然是本质的；而莱布尼茨把面积或体积看作诸如矩形或长方体微元的“和”，这是把积分概念严密化以及作一般性推广的基本思想.

1854 年，黎曼将积分定义推广到区间上的有界函数，并给出了有界函数黎曼可积的充分必要条件. 这一概念一直使用至今，其中用到的任意剖分和任意取点这些严格化的内容，准确地刻画了黎曼可积函数的特征. 反过来，如果已知一个函数黎曼可积，那么在构成黎曼和时，就可以作特殊的剖分(例如等分)和取特殊的点(例如等分点).

学习指引

掌握定积分的概念、定积分的思想及其几何意义，能熟练运用牛顿-莱布尼茨公式、定积分的性质和原函数表计算定积分.

习题 3-5

1. 不计算定积分的值，比较下列各组定积分的大小.

(1) $\int_0^1 x\mathrm{d}x$， $\int_0^1 x^2\mathrm{d}x$；　(2) $\int_0^1 \mathrm{e}^x\mathrm{d}x$， $\int_0^1 \mathrm{e}^{x^2}\mathrm{d}x$；

(3) $\int_0^1 x\mathrm{d}x$， $\int_0^1 \ln(1+x)\mathrm{d}x$；　(4) $\int_0^{\frac{\pi}{4}} \sin x\mathrm{d}x$， $\int_0^{\frac{\pi}{4}} \cos x\mathrm{d}x$.

2. 求下列定积分的值.

(1) $\int_1^2 (x^2+x-1)\mathrm{d}x$；　(2) $\int_{-1}^1 (x^3+x+1)\mathrm{d}x$；

(3) $\int_1^2 \frac{1}{\sqrt{x}}\mathrm{d}x$；　(4) $\int_{-1}^2 (x-1)^3\mathrm{d}x$；

(5) $\int_0^1 (x^2+2^x)\mathrm{d}x$；　(6) $\int_0^2 \mathrm{e}^{\frac{x}{2}}\mathrm{d}x$；

(7) $\int_0^2 \frac{x}{1+x^2}\mathrm{d}x$；　(8) $\int_0^{\pi} \sin^2\frac{x}{2}\mathrm{d}x$；

(9) $\int_{-1}^2 |x|\mathrm{d}x$；　(10) $\int_0^{\pi} \sqrt{\sin x-\sin^3 x}\mathrm{d}x$.

第六节　函数的广义积分

在前面讨论的定积分中，假定积分区间$[a,b]$和被积函数 $f(x)$都是有界的情形. 但在实际问题中，往往会遇上积分区间或被积函数 $f(x)$是无界的情形，因此有必要推广定积分的概念，这种推广后的定积分称为广义积分. 下面介绍积分区间无界情形的广义积分和被积函数 $f(x)$无界情形的广义积分.

一、在 Mathematica 中的广义积分

在 Mathematica 中，广义积分无需特别定义或改变，只是$[a,b]$中的 a 和 b 都可以是∞，$\pm\infty$. 如果$[a,b]$内有不连续点或奇点，要对积分进行分段求解.

二、积分区间无界情形的广义定积分

对于无界积分区间$[a,+\infty)$，可以看作是由区间$[a,b]$当 $b\to+\infty$时的变化而形成的，因此定义积分区间无界情形的广义定积分如下：

定义 3.5　设函数 $f(x)$在区间$[a,+\infty)$上有定义，则记号

$$\int_a^{+\infty} f(x)\mathrm{d}x$$

称为函数 $f(x)$在无穷积分区间$[a,+\infty)$上的**广义积分**. 如果任意取 $b>a$，$f(x)$在区间$[a,b]$上可积，且极限

$$\lim_{b\to+\infty}\int_a^b f(x)\mathrm{d}x$$

存在，则称广义积分 $\int_a^{+\infty} f(x)\mathrm{d}x$ **存在**或**收敛**，且

$$\int_a^{+\infty} f(x)\mathrm{d}x = \lim_{b\to+\infty}\int_a^b f(x)\mathrm{d}x$$

如果极限 $\lim\limits_{b\to+\infty}\int_a^b f(x)\mathrm{d}x$ 不存在，就称广义积分 $\int_a^{+\infty} f(x)\mathrm{d}x$ 不存在或**发散**.

类似地，定义$(-\infty,\ b]$和$(-\infty,\ +\infty)$上的广义积分.

定义 3.6　设函数 $f(x)$在区间$(-\infty,b]$上有定义，则记号

$$\int_{-\infty}^{b} f(x)\mathrm{d}x$$

称为函数 $f(x)$在无穷积分区间$(-\infty,b]$上的**广义积分**. 如果任意取 $a<b$，$f(x)$在区间$[a,b]$上可积，且极限

$$\lim_{a\to-\infty}\int_a^b f(x)\mathrm{d}x$$

存在，则称广义积分 $\int_{-\infty}^{b} f(x)\mathrm{d}x$ **存在**或**收敛**，且

$$\int_{-\infty}^{b} f(x)\mathrm{d}x = \lim_{a\to-\infty}\int_a^b f(x)\mathrm{d}x$$

如果极限 $\lim\limits_{a\to-\infty}\int_a^b f(x)\mathrm{d}x$ 不存在，就称广义积分 $\int_{-\infty}^{b} f(x)\mathrm{d}x$ 不存在或**发散**.

定义 3.7　设函数 $f(x)$在区间$(-\infty,+\infty)$上有定义，则记号

$$\int_{-\infty}^{+\infty} f(x)\mathrm{d}x$$

称为函数 $f(x)$在无穷积分区间$(-\infty,+\infty)$上的**广义积分**. 如果 $\int_{-\infty}^{0} f(x)\mathrm{d}x$ 和 $\int_{0}^{+\infty} f(x)\mathrm{d}x$ 都存在，则称函数 $f(x)$在区间$(-\infty,+\infty)$上的广义积分**存在**或**收敛**，且

$$\int_{-\infty}^{+\infty} f(x)\mathrm{d}x = \int_{-\infty}^{0} f(x)\mathrm{d}x + \int_{0}^{+\infty} f(x)\mathrm{d}x$$

如果$\int_{-\infty}^{0} f(x)\mathrm{d}x$和$\int_{0}^{+\infty} f(x)\mathrm{d}x$中有一个不存在，则称函数$f(x)$在无穷积分区间$(-\infty,+\infty)$上的广义积分不存在或**发散**.

【例 3.36】 求$\int_{1}^{+\infty} \frac{1}{x^2}\mathrm{d}x$.

解法一

In[1]：$=\int_{1}^{+\infty} \frac{1}{\mathrm{x}^2}\mathrm{dx}$

Out[1]=1

解法二

$$\int_{1}^{+\infty} \frac{1}{x^2}\mathrm{d}x=\lim_{b\to+\infty}\int_{1}^{b} \frac{1}{x^2}\mathrm{d}x=\lim_{b\to+\infty}\left(-\frac{1}{x}\right)_{1}^{b}=\lim_{b\to+\infty}\left(-\frac{1}{b}+1\right)=1.$$

为了简便起见，可以把$\lim\limits_{b\to+\infty}[F(x)]_a^b$记作$[F(x)]_a^{+\infty}$，故上述解答也可简写为

【解】 $\int_{1}^{+\infty} \frac{1}{x^2}\mathrm{d}x=\left(-\frac{1}{x}\right)_{1}^{+\infty}=0+1=1.$

【例 3.37】 求$\int_{-\infty}^{0} \mathrm{e}^{2x}\mathrm{d}x$.

解法一

In[2]：$=\int_{-\infty}^{0} \mathrm{Exp}[2\mathrm{x}]\mathrm{dx}$

Out[2]= $\frac{1}{2}$

解法二

$$\int_{-\infty}^{0} \mathrm{e}^{2x}\mathrm{d}x=\left[\frac{1}{2}\mathrm{e}^{2x}\right]_{-\infty}^{0}=\frac{1}{2}.$$

【例 3.38】 求$\int_{-\infty}^{+\infty} \frac{1}{1+x^2}\mathrm{d}x$.

解法一

In[3]：$=\int_{-\infty}^{+\infty} \frac{1}{1+\mathrm{x}^2}\mathrm{dx}$

Out[3]=π

解法二

$$\int_{-\infty}^{+\infty} \frac{1}{1+x^2}\mathrm{d}x=\int_{-\infty}^{0} \frac{1}{1+x^2}\mathrm{d}x+\int_{0}^{+\infty} \frac{1}{1+x^2}\mathrm{d}x$$
$$=\arctan x\Big|_{-\infty}^{0}+\arctan x\Big|_{0}^{+\infty}=\frac{\pi}{2}+\frac{\pi}{2}=\pi.$$

注意：函数$f(x)$在区间$(-\infty,+\infty)$上的广义积分的存在或收敛是指$\int_{-\infty}^{0} f(x)\mathrm{d}x$和$\int_{0}^{+\infty} f(x)\mathrm{d}x$各自都收敛，例如，虽然积分$\lim\limits_{a\to\infty}\int_{-a}^{a} x\mathrm{d}x=\lim\limits_{a\to\infty}\frac{1}{2}x^2\Big|_{-a}^{a}=\lim\limits_{a\to\infty}0=0$，但$\int_{-\infty}^{+\infty} x\mathrm{d}x$并不存在或收敛，因为$\int_{-\infty}^{+\infty} x\mathrm{d}x$的存在或收敛要求$\int_{-\infty}^{0} x\mathrm{d}x$和$\int_{0}^{+\infty} x\mathrm{d}x$各自都收敛，而$\int_{-\infty}^{0} x\mathrm{d}x=\lim\limits_{a\to+\infty}\int_{-a}^{0} x\mathrm{d}x=\lim\limits_{a\to+\infty}\left(-\frac{1}{2}a^2\right)=-\infty$.

三、被积函数无界情形的广义积分

定义 3.8　设函数 $f(x)$ 在区间 $(a,b]$ 上有定义，$\lim\limits_{x\to a^+} f(x)=\infty$，对任意的 $\varepsilon>0$，$\int_{a+\varepsilon}^{b} f(x)\mathrm{d}x$ 存在，则记号

$$\int_a^b f(x)\mathrm{d}x$$

称为函数 $f(x)$ 在区间 $(a,b]$ 上的**广义积分**．如果极限 $\lim\limits_{\varepsilon\to 0^+}\int_{a+\varepsilon}^{b} f(x)\mathrm{d}x$ 存在，则称广义积分 $\int_a^b f(x)\mathrm{d}x$ **存在**或**收敛**，且

$$\int_a^b f(x)\mathrm{d}x=\lim_{\varepsilon\to 0^+}\int_{a+\varepsilon}^{b} f(x)\mathrm{d}x$$

如果极限 $\lim\limits_{\varepsilon\to 0^+}\int_{a+\varepsilon}^{b} f(x)\mathrm{d}x$ 不存在，则称广义积分 $\int_a^b f(x)\mathrm{d}x$ 不存在或**发散**．

定义 3.9　设函数 $f(x)$ 在区间 $[a,b)$ 上有定义，$\lim\limits_{x\to b^-} f(x)=\infty$，对任意的 $\varepsilon>0$，$\int_a^{b-\varepsilon} f(x)\mathrm{d}x$ 存在，则记号

$$\int_a^b f(x)\mathrm{d}x$$

称为函数 $f(x)$ 在区间 $[a,\ b)$ 上的**广义积分**．如果极限 $\lim\limits_{\varepsilon\to 0^+}\int_a^{b-\varepsilon} f(x)\mathrm{d}x$ 存在，则称广义积分 $\int_a^b f(x)\mathrm{d}x$ **存在**或**收敛**，且

$$\int_a^b f(x)\mathrm{d}x=\lim_{\varepsilon\to 0^+}\int_a^{b-\varepsilon} f(x)\mathrm{d}x$$

如果极限 $\lim\limits_{\varepsilon\to 0^+}\int_a^{b-\varepsilon} f(x)\mathrm{d}x$ 不存在，则称广义积分 $\int_a^b f(x)\mathrm{d}x$ 不存在或**发散**．

定义 3.10　设函数 $f(x)$ 在区间 $[a,\ c)\cup(c,b]$ 上有定义，在 $x=c$ 邻近无界，则记号

$$\int_a^b f(x)\mathrm{d}x$$

称为函数 $f(x)$ 在区间 $[a,b]$ 上的**广义积分**．如果极限 $\lim\limits_{\varepsilon\to 0^+}\int_a^{c-\varepsilon} f(x)\mathrm{d}x$ 和 $\lim\limits_{\varepsilon\to 0^+}\int_{c+\varepsilon}^{b} f(x)\mathrm{d}x$ 都存在，则称广义积分 $\int_a^b f(x)\mathrm{d}x$ 存在或**收敛**，且

$$\int_a^b f(x)\mathrm{d}x=\lim_{\varepsilon\to 0^+}\int_a^{c-\varepsilon} f(x)\mathrm{d}x+\lim_{\varepsilon\to 0^+}\int_{c+\varepsilon}^{b} f(x)\mathrm{d}x$$

否则，则称广义积分 $\int_a^b f(x)\mathrm{d}x$ 不存在或**发散**．

【例 3.39】　求 $\int_0^1 \frac{1}{\sqrt{1-x^2}}\mathrm{d}x$．

解法一

In[4]：$=\int_0^1 \frac{1}{\sqrt{1-\mathrm{x}^2}}\mathrm{dx}$

Out[4]= $\frac{\pi}{2}$

解法二

因为函数$\frac{1}{\sqrt{1-x^2}}$在 $x=1$ 邻近无界，所以广义积分

$$\int_0^1 \frac{1}{\sqrt{1-x^2}}\mathrm{d}x = \lim_{\varepsilon\to 0^+}\int_0^{1-\varepsilon} \frac{1}{\sqrt{1-x^2}}\mathrm{d}x = \arcsin x\Big|_0^1 = \frac{\pi}{2}.$$

【例 3.40】 求$\int_{-1}^1 \frac{1}{x^2}\mathrm{d}x$.

解法一

In[5]: $=\int_{-1}^1 \frac{1}{\mathrm{x}^2}\mathrm{dx}$

Out[5]= ∞

解法二

因为函数$\frac{1}{x^2}$在 $x=0$ 邻近无界，所以广义积分

$$\int_{-1}^1 \frac{1}{x^2}\mathrm{d}x = \int_{-1}^0 \frac{1}{x^2}\mathrm{d}x + \int_0^1 \frac{1}{x^2}\mathrm{d}x = \lim_{\varepsilon\to 0^+}\int_{-1}^{-\varepsilon} \frac{1}{x^2}\mathrm{d}x + \lim_{\varepsilon\to 0^+}\int_{\varepsilon}^1 \frac{1}{x^2}\mathrm{d}x$$

$$= \left(-\frac{1}{x}\right)\Big|_{-1}^0 + \left(-\frac{1}{x}\right)\Big|_0^1 \text{不存在},$$

即广义积分$\int_{-1}^1 \frac{1}{x^2}\mathrm{d}x$发散.

注意：函数 $f(x)$在区间$[a,c)\cup(c,b]$上的广义积分的存在或收敛是指$\lim\limits_{\varepsilon\to 0^-}\int_a^{c-\varepsilon} f(x)\mathrm{d}x$和$\lim\limits_{\varepsilon\to 0^-}\int_{c+\varepsilon}^b f(x)\mathrm{d}x$各自都收敛，例如，虽然积分$\lim\limits_{a\to 1}\int_{-a}^a \frac{1}{x}\mathrm{d}x = \lim\limits_{a\to 1}\ln\left|x\right|\Big|_{-a}^a = \lim\limits_{a\to 1} 0 = 0$，但$\int_{-1}^1 \frac{1}{x}\mathrm{d}x$并不存在或收敛，因为$\int_{-1}^1 \frac{1}{x}\mathrm{d}x$的存在或收敛要求$\int_{-1}^0 \frac{1}{x}\mathrm{d}x$和$\int_0^1 \frac{1}{x}\mathrm{d}x$各自都收敛，而$\int_0^1 \frac{1}{x}\mathrm{d}x = \lim\limits_{\varepsilon\to +0}\int_{\varepsilon}^1 \frac{1}{x}\mathrm{d}x = \lim\limits_{\varepsilon\to +0}\ln x\Big|_{\varepsilon}^1 = \lim\limits_{\varepsilon\to +0}(0-\ln\varepsilon) = \infty$.

学习指引

广义积分的基本计算思路是，先计算有界子区间上的(有界可积函数的)定积分，计算所得的结果含有积分上限或下限参数，然后计算关于积分上限或下限参数的极限.

习 题 3-6

计算下列积分.

(1)$\int_1^{+\infty} \frac{1}{x^4}\mathrm{d}x$； (2)$\int_1^{+\infty} \frac{1}{\sqrt{x}}\mathrm{d}x$；

(3)$\int_{-\infty}^{+\infty} \frac{1}{4+x^2}\mathrm{d}x$； (4)$\int_1^2 \frac{x}{\sqrt{x-1}}\mathrm{d}x$；

(5)$\int_0^1 \frac{\arcsin x}{\sqrt{1-x^2}}\mathrm{d}x$； (6)$\int_{-\frac{\pi}{4}}^{\frac{3}{4}\pi} \sec^2 x\mathrm{d}x$.

第七节　函数的连续性

在自然界中，气温的变化，动植物的生长，物体的热胀冷缩等的变化，都是连续的变化，其特点是当时间变化很微小时，这些量的变化也很微小，这就是数学上的连续性. 前面学习了函数的极限、导数和积分，或许大家认识到，并不是所有的函数都有极限、导数和积分. 函数的连续性与它们有密切的联系，为此，下面来讨论函数的连续性.

一、函数的连续性

定义 3.11　设函数 $y=f(x)$ 在点 x_0 的某邻域内有定义，当自变量 x 在 x_0 处的改变量 $\Delta x\to 0$ 时，函数 $y=f(x)$ 对应的改变量 $\Delta y=f(x_0+\Delta x)-f(x_0)\to 0$，即

$$\lim_{\Delta x\to 0}[f(x_0+\Delta x)-f(x_0)]=0 \text{ 或 } \lim_{x\to x_0}f(x)=f(x_0)$$

则称函数 $y=f(x)$ 在点 x_0 处是**连续的**，称 x_0 为函数 $y=f(x)$ 的**连续点**.

【例 3.41】　证明函数 $y=x^2$ 在点 $x_0=2$ 处是连续的.

证明　当自变量 x 在 $x_0=2$ 处的改变量 $\Delta x\to 0$ 时，函数 $y=x^2$ 的改变量 $\Delta y=(2+\Delta x)^2-2^2=4\Delta x+(\Delta x)^2$，所以

$$\lim_{\Delta x\to 0}[f(2+\Delta x)-f(2)]=\lim_{\Delta x\to 0}[4\Delta x+(\Delta x)^2]=0,$$

即函数 $y=x^2$ 在点 $x_0=2$ 处是连续的.

如果 $\lim\limits_{x\to x_0^-}f(x)=f(x_0)$，则称函数 $y=f(x)$ 在点 x_0 处**左连续**；如果 $\lim\limits_{x\to x_0^+}f(x)=f(x_0)$，则称函数 $y=f(x)$ 在点 x_0 处**右连续**.

显然，当且仅当函数 $y=f(x)$ 在点 x_0 处左连续且右连续时，函数在点 x_0 处连续.

如果 $f(x)$ 在开区间 (a,b) 内每一点连续，则称函数 $f(x)$ 是区间 (a,b) 内的**连续函数**. 如果 $f(x)$ 在 (a,b) 内连续，且在 $x=a$ 处右连续，又在 $x=b$ 处左连续，则称函数 $f(x)$ 是闭区间 $[a,b]$ 内的**连续函数**.

连续函数的图像是一条连绵不断的曲线.

二、函数的间断点

如果函数 $f(x)$ 在点 x_0 处不满足连续性的定义，则称 x_0 为函数 $f(x)$ 的**间断点**或**不连续点**.

几种常见函数的间断点.

(1) 如果函数 $f(x)$ 在点 x_0 处的左极限 $f(x_0-0)$ 和右极限 $f(x_0+0)$ 存在但不相等，则称 x_0 为函数 $f(x)$ 的**跳跃间断点**.

【例 3.42】　观察函数

$$f(x)=\begin{cases}x+2 & (x<0)\\ x-2 & (x>0)\end{cases},$$

如图 3.9 所示，在 $x=0$ 处，左极限 $f(0-0)=\lim\limits_{x\to 0^-}(x+2)=2$，右极限 $f(0+0)=\lim\limits_{x\to 0^+}(x-2)=-2$. 所以 $f(0-0)\neq f(0+0)$，即 $x=0$ 是函数 $f(x)$ 的跳跃间断点.

(2) 如果函数 $f(x)$ 在点 x_0 处的左右极限存在且相等，但不等于 $f(x_0)$ 或 $f(x_0)$ 无定义，则称 x_0 为函数 $f(x)$ 的**可去间断点**.

【例 3.43】 观察函数(图 3.10)

$$f(x)=\begin{cases}\dfrac{x^2-1}{x-1} & (x\neq 1)\\ 0 & (x=1)\end{cases},$$

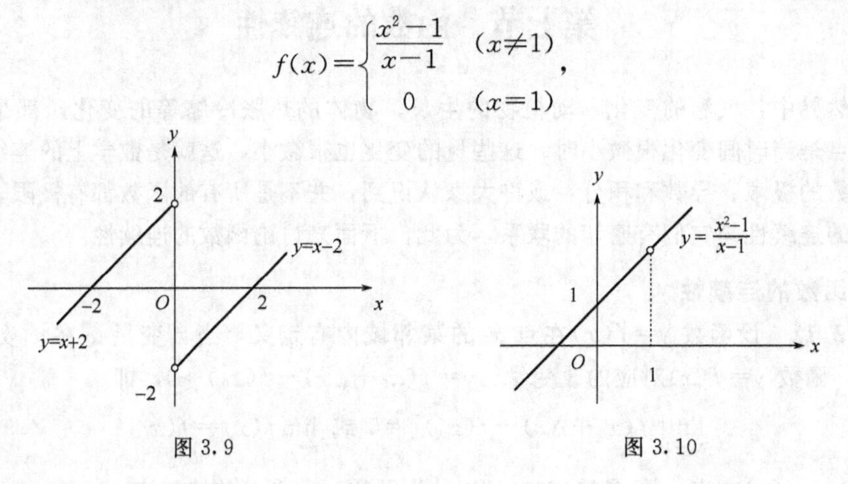

图 3.9 图 3.10

在 $x=1$ 处，$\lim\limits_{x\to 1}f(x)=\lim\limits_{x\to 1}(x+1)=2\neq f(1)=0$，所以 $x=1$ 是函数 $f(x)$ 的可去间断点. 如果，补充定义 $f(1)=2$，即函数

$$F(x)=\begin{cases}\dfrac{x^2-1}{x-1} & (x\neq 1)\\ 2 & (x=1)\end{cases}$$

$$=x+1,$$

这时，$x=1$ 是函数 $F(x)$ 的连续点.

(3)如果函数 $f(x)$ 在点 x_0 处的左极限 $f(x_0-0)$ 和右极限 $f(x_0+0)$ 至少一个不存在，则称 x_0 为函数 $f(x)$ 的**第二类间断点**. 跳跃间断点和可去间断点统称为**第一类间断点**.

【例 3.44】 观察函数 $f(x)=e^{\frac{1}{x}}$. 在 $x=0$ 处，$f(0-0)=\lim\limits_{x\to 0^-}e^{\frac{1}{x}}=0$，但 $f(0+0)$ 不存在，所以 $x=0$ 是函数 $f(x)$ 的第二类间断点.

三、初等函数的连续性

可以证明：

(1)基本初等函数在其定义域内是连续的；

(2)两个连续函数的加、减、乘或除运算所得的函数在其定义域内仍然是连续的；

(3)连续函数的复合函数在其定义域内也是连续的.

因此，初等函数在其定义域内是连续的. 另外，单调函数的反函数在其定义域内仍然是连续的.

由于初等函数在其定义域内是连续的，所以对于初等函数 $y=f(x)$ 定义域内的任意点 x_0，总有 $\lim\limits_{x\to x_0}f(x)=f(x_0)$.

这表明，求初等函数 $f(x)$ 定义域内某点 x_0 处的极限就是求这点的函数值 $f(x_0)$.

【例 3.45】 求下列函数的极限.

(1)$\lim\limits_{x\to 1}\dfrac{\sqrt{x^3+x+7}}{x+2}$； (2)$\lim\limits_{x\to\frac{\pi}{2}}\ln\sin x$.

【解】 (1) 因函数 $\dfrac{\sqrt{x^3+x+7}}{x+2}$ 在点 $x=1$ 有定义，

故

$$\lim_{x\to 1}\frac{\sqrt{x^3+x+7}}{x+2}=\frac{\sqrt{1^3+1+7}}{1+2}=1$$

(2)因函数 $\ln\sin x$ 在点 $x=\frac{\pi}{2}$ 有定义，

故

$$\lim_{x\to\frac{\pi}{2}}\ln\sin x=\ln\sin\frac{\pi}{2}=\ln 1=0.$$

由于连续函数的复合函数仍然是连续的，即如果函数 $\lim\limits_{x\to x_0}u=\varphi(x)$，$\lim\limits_{u\to u_0}y=f(u_0)$，且 $u_0=\varphi(x_0)$，则

$$\lim_{x\to x_0}f(\varphi(x))=f(\varphi(x_0))=f(\lim_{x\to x_0}\varphi(x))$$

这表明，极限符号的位置可以和连续函数的函数符号互换．这为极限计算提供了新的方法．

【例 3.46】 求下列函数的极限．

(1) $\lim\limits_{x\to\infty}(\sin\frac{1}{x})^{\sqrt{3}}$；　　(2) $\lim\limits_{x\to+\infty}\ln\arctan x$；

(3) $\lim\limits_{x\to 0}e^{\sqrt{\cos x}}$；　　(4) $\lim\limits_{x\to 0}\tan(\cos^2 x+1)$．

【解】 (1) $\lim\limits_{x\to\infty}(\sin\frac{1}{x})^{\sqrt{3}}=\left(\lim\limits_{x\to\infty}\sin\frac{1}{x}\right)^{\sqrt{3}}=\left(\sin\lim\limits_{x\to\infty}\frac{1}{x}\right)^{\sqrt{3}}=(\sin 0)^{\sqrt{3}}=0$；

(2) $\lim\limits_{x\to+\infty}\ln\arctan x=\ln\lim\limits_{x\to+\infty}\arctan x=\ln\frac{\pi}{2}$；

(3) $\lim\limits_{x\to 0}e^{\sqrt{\cos x}}=e^{\lim\limits_{x\to 0}\sqrt{\cos x}}=e^{\sqrt{\lim\limits_{x\to 0}\cos x}}=e$；

(4) $\lim\limits_{x\to 0}\tan(\cos^2 x-1)=\tan(\lim\limits_{x\to 0}(\cos^2 x-1))$

$=\tan((\lim\limits_{x\to 0}\cos x)^2-1)=\tan(1-1)=0.$

学习指引

函数的连续性是一个很重要的概念，有很多很好的性质．在实际问题中，变量之间的关系常常是连续的，利用函数的连续性可以得出很多很好的结论．这为我们解决了许多实际问题，利用连续性求函数极限是其中之一．

习　题　3-7

1. 画出下列函数的图像，并讨论下列函数的连续性．

(1) $y=\begin{cases}x^2 & 0\leqslant x\leqslant 1\\ 2-x & 1<x\leqslant 2\end{cases}$；　(2) $y=\begin{cases}x & -1\leqslant x\leqslant 1\\ 1 & x<-1 \text{ 或 } x>1\end{cases}$．

2. 讨论下列函数的连续性，若有间断点，说明其类型，对可去间断点，补充定义使其连续．

(1) $y=\frac{1}{x-2}$；　(2) $y=\frac{3x^3-2x}{2x}$；　(3) $y=e^{\frac{1}{x}}$．

3. a 为何值时，函数

$$y=\begin{cases}1-e^x & x<0\\ a+x & x\geqslant 0\end{cases}$$

在其定义域内连续.

4. 求下列函数的极限.

(1) $\lim\limits_{x\to\sqrt{2}}\dfrac{x^2-3}{x^2-2x+2}$； (2) $\lim\limits_{x\to\frac{1}{2}}\ln\arcsin x$；

(3) $\lim\limits_{x\to-1}e^{\frac{x^2-1}{x+1}}$； (4) $\lim\limits_{x\to1}\sin^4\arctan x$.

第八节 连续函数的性质

一、闭区间上连续函数的性质

下面介绍闭区间上连续函数的一些重要性质，但并不给出严格的证明.

定理 3.4 如果函数 $f(x)$在$[a,b]$上连续，且 $f(a)\cdot f(b)<0$，则必存在 $\xi\in(a,b)$，使得 $f(\xi)=0$.

这个定理在几何上是显然的. 如图 3.11 所示，点 $A(a,f(a))$和点 $B(b,f(b))$分别位于 x 轴的两侧，则连续曲线 $y=f(x)$与 x 轴至少有一个交点.

【例 3.47】 验证方程 $4x=2^x$在 0 与$\dfrac{1}{2}$之间必有一根.

验证 设 $f(x)=4x-2^x$，则 $f(x)$在$\left[0,\ \dfrac{1}{2}\right]$上连续，且 $f(0)=-1<0$，$f\left(\dfrac{1}{2}\right)=2-\sqrt{2}>0$. 由定理 3.4 知，必有 $\xi\in\left(0,\ \dfrac{1}{2}\right)$，使得 $f(\xi)=0$. 即 $4\xi=2^\xi$. 所以，方程 $4x=2^x$在 0 与$\dfrac{1}{2}$之间必有一根.

一般地，有介值定理：

定理 3.5 如果函数 $f(x)$在$[a,b]$上连续，且 $f(a)\neq f(b)$，则对于介于 $f(a)$与 $f(b)$的任意常数 C，必有 $\xi\in(a,b)$，使得 $f(\xi)=C$.

定理在几何上是显然的，如图 3.12 和图 3.13 所示.

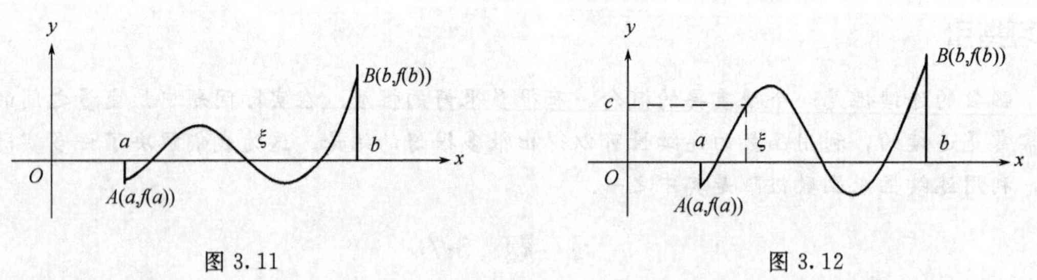

图 3.11 图 3.12

定理 3.6 在$[a,b]$上连续的函数 $f(x)$必定在$[a,b]$上达到最大值和最小值.

注意 上述三定理中的结论对于开区间内的连续函数和闭区间上有间断点的函数不一定正确. 例如，函数 $f(x)=\dfrac{1}{x}$在$(0,1)$内连续，但在$(0,1)$内不存在最大值和最小值. 又如函数

$$f(x)=\begin{cases}x+2 & -1\leqslant x<0\\ 1 & x=0\\ x-2 & 0<x\leqslant 1\end{cases}$$

如图 3.14 所示，在闭区间$[-1,1]$上有间断点 $x=0$，且 $f(-1)=1$，$f(1)=-1$，但对常数 $C(-1<C<1)$，无法找到 $\xi\in(-1,1)$，使得 $f(\xi)=C$.

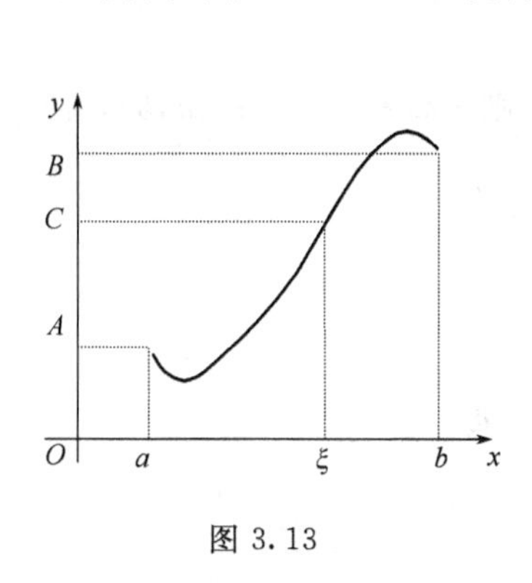

图 3.13

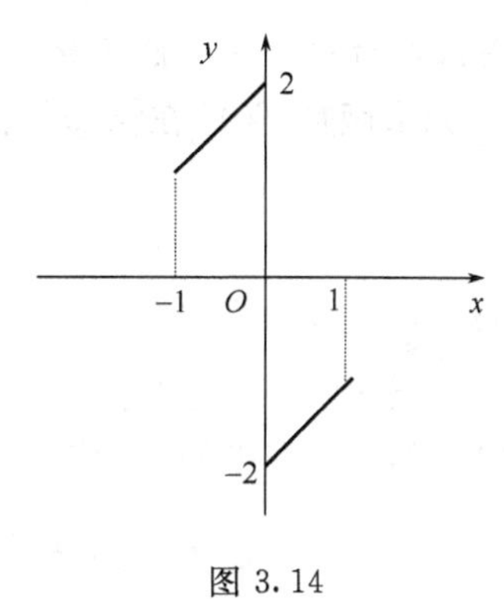

图 3.14

二、连续函数的可导性

定理 3.7　函数 $y=f(x)$在 x_0处可导，则 $f(x)$在 x_0处必定连续.

证明　因为 $y=f(x)$在 x_0处可导，所以有

$$\lim_{x\to x_0}\frac{\Delta y}{\Delta x}=f'(x_0)$$

于是

$$\lim_{\Delta x\to 0}\Delta y=\lim_{\Delta x\to 0}\left(\frac{\Delta y}{\Delta x}\cdot\Delta x\right)=f'(x_0)\lim_{\Delta x\to 0}\Delta x=0$$

即 $y=f(x)$在 x_0处连续.

但反过来并不成立. 例 3.48 可说明这个问题.

【例 3.48】　讨论函数 $y=|x|$在 $x=0$ 处的连续性和可导性(如图 3.15 所示).

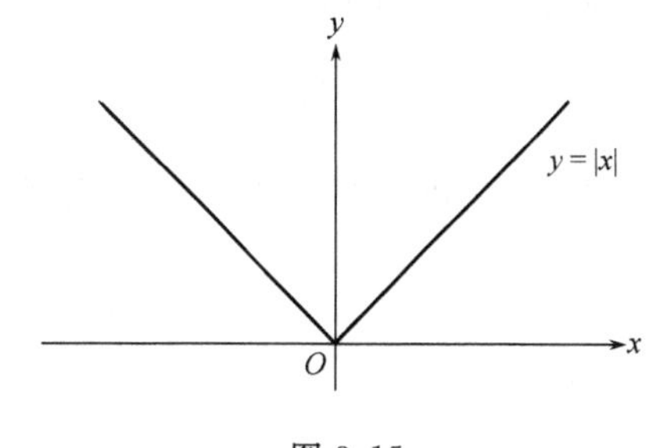

图 3.15

【解】

$$\lim_{\Delta x\to 0}\Delta y=\lim_{\Delta x\to 0}[f(0+\Delta x)-f(0)]=\lim_{\Delta x\to 0}|\Delta x|=0$$

故 $y=|x|$在 $x=0$ 处的连续. 因为

$$\lim_{\Delta x\to 0^+}\frac{\Delta y}{\Delta x}=\lim_{\Delta x\to 0^+}\frac{|\Delta x|}{\Delta x}=\lim_{\Delta x\to 0^+}\frac{\Delta x}{\Delta x}=1,$$

$$\lim_{\Delta x\to 0^-}\frac{\Delta y}{\Delta x}=\lim_{\Delta x\to 0^-}\frac{|\Delta x|}{\Delta x}=\lim_{\Delta x\to 0^-}\frac{-\Delta x}{\Delta x}=-1$$

故$\lim\limits_{\Delta x\to 0}\frac{\Delta y}{\Delta x}$不存在，即 $y=|x|$在 $x=0$ 处不可导.

三、连续函数的可积性

定理 3.8 和定理 3.9 的证明很复杂，这里不给出证明.

定理 3.8　如果函数 $f(x)$在$[a,b]$上连续，则 $\int_a^b f(x)\mathrm{d}x$ 存在.

定理 3.9　如果函数 $f(x)$在$[a,b]$上只有可去间断点或跳跃间断点，则定积分 $\int_a^b f(x)\mathrm{d}x$

存在.

注意 由于定义在$[a,b]$上的绝大部分常用函数为初等函数或分段函数，故上述两定理基本解决了常用函数的积分存在性问题.

定理 3.10 如果函数 $f(x)$在$[a,b]$上连续，则至少有一个$\xi\in(a,b)$，使

$$\int_a^b f(x)\mathrm{d}x = f(\xi)(b-a).$$

证明 记 $m=\min\limits_{a\leqslant x\leqslant b}\{f(x)\}$，$M=\max\limits_{a\leqslant x\leqslant b}\{f(x)\}$，

(1)若 $m=M$，定理 3.10 显然正确.

(2)当 $m<M$ 时，由第四节中的定积分性质 6 得：

$$m(b-a)\leqslant\int_a^b f(x)\mathrm{d}x\leqslant M(b-a),$$

即
$$m\leqslant\frac{1}{b-a}\int_a^b f(x)\mathrm{d}x\leqslant M.$$

由定理 3.6 知，存在 $x_1,x_2\in[a,b]$，使 $f(x_1)=m,f(x_2)=M$. 由定理 3.5 知，必有 $\xi\in(x_1,x_2)\subseteq(a,b)$或$\xi\in(x_2,x_1)\subseteq(a,b)$，使得 $f(\xi)=\frac{1}{b-a}\int_a^b f(x)\mathrm{d}x$. 即

$$\int_a^b f(x)\mathrm{d}x = f(\xi)(b-a).$$

定理 3.11 如果函数 $f(x)$在$[a, b]$上连续，则积分上限函数 $\Phi(x)=\int_a^x f(t)\mathrm{d}t$ 在(a, b)内可导，且 $\Phi'(x)=f(x)$.

证明： 当在上限 x 处任意取一个很小的改变量 Δx 时，函数 $\Phi(x)$的改变量

$$\Delta\Phi=\Phi(x+\Delta x)-\Phi(x)=\int_a^{x+\Delta x}f(t)\mathrm{d}t-\int_a^x f(t)\mathrm{d}t=\int_x^{x+\Delta x}f(t)\mathrm{d}t$$

由定理 3.10 知，在 x 和 $x+\Delta x$ 之间至少存在一点ξ，使

$$\Delta\Phi=\int_x^{x+\Delta x}f(t)dt=f(\xi)\Delta x$$

于是有

$$\lim_{\Delta x\to 0}\frac{\Delta\Phi}{\Delta x}=\lim_{\Delta x\to 0}f(\xi)=\lim_{\xi\to x}f(\xi)=f(x)$$

即
$$\Phi'(x)=f(x)$$

积分上限函数在概率论中出现较多，尤其是积分下限为$-\infty$的情形.

【例 3.49】 求函数 $\Phi(x)=\int_{0.5}^{x^2}\ln x\mathrm{d}x$ 在 $x=1$ 处的导数.

【解】 因为，$\Phi'(x)=\left(\int_{0.5}^{x^2}\ln x\mathrm{d}x\right)'_{x^2}(x^2)'=2x\ln x^2$，所以，

$$\Phi'(1)=2\times1\times\ln1^2=0.$$

定理 3.11 说明，在$[a, b]$上连续的函数 $f(x)$必定有原函数. 另外，根据定理 3.11，可以证明比定理 3.3 更广的微积分基本定理(或牛顿-莱布尼茨公式).

定理 3.12(微积分基本定理) 设 $f(x)$是$[a, b]$上的连续函数，函数 $F(x)$是 $f(x)$在$[a,$

$b]$上的任一原函数，则

$$\int_a^b f(x)dx = F(b) - F(a) = F(x)\Big|_a^b.$$

证明上述公式要用到结论：$f(x)\equiv C \Leftrightarrow f'(x)\equiv 0$. 这个结论很直观，证明也不难，但现有知识尚不足，这里不予证明，但我们下面引用这个结论.

证明　因为$f(x)$是$[a,b]$上的连续函数，由定理3.11知，$\Phi(x)=\int_a^x f(t)\mathrm{d}t$是$f(x)$在$[a,b]$上的原函数，所以$(\Phi(x)-F(x))'=f(x)-f(x)\equiv 0$. 因而$\Phi(x)$与$F(x)$相差一个常数，即$\int_a^x f(t)\mathrm{d}t - F(x) = C$. 令$x=a$，得$C=-F(a)$. 再令$x=b$，得

$$\int_a^b f(t)\mathrm{d}t = F(b) - F(a).$$

资料

柯西在《概论》(1823)中对定积分作了系统的开创性的工作，他把连续函数的定积分作为后来称作黎曼和的极限来定义，但他关于连续函数可积性的证明是不严格的. 1854年，黎曼修正了积分定义中的不严格的内容，将积分定义推广到区间上的有界函数，并给出了有界函数黎曼可积的充分必要条件.

后来达布(Darboux)进一步完善了黎曼的方法，更为重要的是他证明了有界函数可积当且仅当函数的不连续点组成一个测度为零的集合. 粗略地说，它在区间上的间断点不占有任何一点长度. 测度是长度概念的延拓，它的引入使得可以考虑一般实数集的“长度”，从而可以考虑一般实数集定义的函数的积分. 这是积分概念的一个飞跃，完成这项积分概念延拓的是数学家勒贝格的工作，因此称这类积分为**勒贝格积分**. 这是20世纪数学的一个伟大的成就.

学习指引

对于在闭区间上连续的函数，我们应该理解并记住上面得出的几个主要结论：

(1)在闭区间上连续的函数必在闭区间上达到最大值和最小值；

(2)在闭区间上连续的函数必有原函数；

(3)在闭区间上连续的函数可积；

(4)可导函数必定连续，但是连续函数未必可导.

习　题　3-8

1. 证明方程$x^5-3x-1=0$在(1，2)内至少有一根.

2. 求下列函数的导数.

(1)$\Phi(x)=\int_1^x t\cos^2 t\mathrm{d}t$,求$\Phi'(1),\Phi'(\frac{\pi}{2}),\Phi'(\pi)$；

(2)$\Phi(x)=\int_0^x t\mathrm{e}^{-t^2}\mathrm{d}t$,求$\Phi'(x)$；

(3)$\Phi(x)=\int_x^{-1}\sqrt[3]{t}\ln(t^2+1)\mathrm{d}t$,求$\Phi'(x)$；

(4)$\Phi(x)=\int_{-\infty}^x \frac{1}{\sqrt{2\pi}}\mathrm{e}^{-\frac{t^2}{2}}\mathrm{d}t$,求$\Phi'(x)$.

第四章　函数导数的应用

微分学是17世纪为了解决当时的一些科学问题而产生的. 除了第三章提到的求变速直线运动物体的瞬时速度和求曲线的切线等问题外，这一章将以导数为工具，研究函数的最值及其他的一些应用.

第一节　利用导数求极限

在第二章第三节曾经介绍过函数极限及其运算法则，在第三章第六节介绍了利用连续函数及其性质求极限，现在介绍利用导数求一类非常常见的函数极限问题. 在函数极限的四则运算法则中，关于商的运算法则要求两个极限 $\lim f(x)$ 与 $\lim g(x)$ 都存在，并且 $\lim g(x)\neq 0$，才有

$$\lim\frac{f(x)}{g(x)}=\frac{\lim f(x)}{\lim g(x)}.$$

如果 $\lim g(x)=0$，且 $\lim f(x)\neq 0$ 或 $\lim f(x)$ 不存在，则不难知道 $\lim\frac{f(x)}{g(x)}$ 不存在. 对 $\lim g(x)=0$ 同时 $\lim f(x)=0$ 和 $\lim g(x)=\infty$ 同时 $\lim f(x)=\infty$ 的情形，求极限 $\lim\frac{f(x)}{g(x)}$ 是很常见的，为此还赋予其专门称谓，分别称它们的极限 $\lim\frac{f(x)}{g(x)}$ 为 $\frac{0}{0}$ 型**未定型**和 $\frac{\infty}{\infty}$ 型**未定型**. 下面介绍求这类极限的非常有效的方法.

定理 4.1（洛必达法则） 设函数 $f(x)$ 与 $g(x)$ 满足下列条件：

(1) $\lim\limits_{x\to x_0}f(x)=0$ 且 $\lim\limits_{x\to x_0}g(x)=0$ [或 $\lim\limits_{x\to x_0}f(x)=\infty$ 且 $\lim\limits_{x\to x_0}g(x)=\infty$]；

(2) 在点 x_0 的某个去心邻域上，$f'(x)$ 和 $g'(x)$ 都存在，并且 $g'(x)\neq 0$；

(3) $\lim\limits_{x\to x_0}\frac{f'(x)}{g'(x)}=A$（或$\infty$）.

则

$$\lim_{x\to x_0}\frac{f(x)}{g(x)}=\lim_{x\to x_0}\frac{f'(x)}{g'(x)}=A(\text{或}\infty).$$

在定理4.1中，如果将 $x\to x_0$ 改成自变量 x 的任意一个变化过程，例如 $x\to x_0^-$，$x\to x_0^+$ 及 $x\to+\infty$ 等，定理结论依然成立.

【例 4.1】 求极限 $\lim\limits_{x\to 0}\frac{\sin x}{x}$.

［分析］ 当 $x\to 0$ 时，$\sin x\to 0$，所以 $\lim\limits_{x\to 0}\frac{\sin x}{x}$ 是一个 $\frac{0}{0}$ 型的未定型，且有极限

$$\lim_{x\to 0}\frac{(\sin x)'}{x'}=\lim_{x\to 0}\frac{\cos x}{1}=\cos 0=1,$$

所以可以使用洛必达法则求极限.

【解】 $\lim\limits_{x\to 0}\frac{\sin x}{x}$是一个$\frac{0}{0}$型未定型，使用洛必达法则，得

$$\lim_{x\to 0}\frac{\sin x}{x}=\lim_{x\to 0}\frac{(\sin x)'}{x'}=\lim_{x\to 0}\frac{\cos x}{1}=\cos 0=1.$$

注释：在许多教科书中，常有“两个重要极限”之说，极限$\lim\limits_{x\to 0}\frac{\sin x}{x}=1$就是其中之一.

【例 4.2】 求$\lim\limits_{x\to 0}\frac{e^{ax}-1}{x}\quad(a\neq 0)$.

[分析] 当$x\to 0$时，$e^{ax}-1\to 0$，所以$\lim\limits_{x\to 0}\frac{e^{ax}-1}{x}$是一个$\frac{0}{0}$型未定型，且有极限

$$\lim_{x\to 0}\frac{(e^{ax}-1)'}{x'}=\lim_{x\to 0}ae^{ax}=a,$$

所以可使用洛必达法则求极限.

【解】 $\lim\limits_{x\to 0}\frac{e^{ax}-1}{x}$是一个$\frac{0}{0}$型未定型，使用洛必达法则，得

$$\lim_{x\to 0}\frac{e^{ax}-1}{x}=\lim_{x\to 0}\frac{(e^{ax}-1)'}{x'}=\lim_{x\to 0}ae^{ax}=a.$$

【例 4.3】 求$\lim\limits_{x\to 1}\frac{\ln x}{(x-1)^2}$.

【解】 $\lim\limits_{x\to 1}\frac{\ln x}{(x-1)^2}$是一个$\frac{0}{0}$型未定型，使用洛必达法则，得

$$\lim_{x\to 1}\frac{\ln x}{(x-1)^2}=\lim_{x\to 1}\frac{\frac{1}{x}}{2(x-1)}=\lim_{x\to 1}\frac{1}{2x(x-1)}=\infty.$$

【例 4.4】 求$\lim\limits_{x\to 0}\frac{\int_{\cos x}^{1}e^{-t^2}\,dt}{x^2}$.

【解】 此极限式是$\frac{0}{0}$型未定式，使用洛必达法则，得

$$\lim_{x\to 0}\frac{\int_{\cos x}^{1}e^{-t^2}\,dt}{x^2}=\lim_{x\to 0}\frac{-\int_{1}^{\cos x}e^{-t^2}\,dt}{x^2}=\lim_{x\to 0}\frac{\sin x e^{-\cos^2 x}}{2x}=\frac{1}{2e}$$

【例 4.5】 求$\lim\limits_{x\to 0}\frac{x-\sin x}{x^3}$.

[分析] 因为$\lim\limits_{x\to 0}\frac{x-\sin x}{x^3}$是一个$\frac{0}{0}$型未定型，使用洛必达法则，得

$$\lim_{x\to 0}\frac{x-\sin x}{x^3}=\lim_{x\to 0}\frac{(x-\sin x)'}{(x^3)'}=\lim_{x\to 0}\frac{1-\cos x}{3x^2},$$

这仍是一个$\frac{0}{0}$型未定型，再用洛必达法则，得

$$\lim_{x\to 0}\frac{1-\cos x}{3x^2}=\lim_{x\to 0}\frac{\sin x}{6x},$$

这还是一个$\frac{0}{0}$型未定型，再用洛必达法则，得

$$\lim_{x\to 0}\frac{\sin x}{6x}=\lim_{x\to 0}\frac{\cos x}{6}=\frac{1}{6}.$$

【解】 $\lim\limits_{x\to 0}\frac{x-\sin x}{x^3}$是一个$\frac{0}{0}$型未定型，多次使用洛必达法则，得

$$\lim_{x\to 0}\frac{x-\sin x}{x^3}=\lim_{x\to 0}\frac{(x-\sin x)'}{(x^3)'}=\lim_{x\to 0}\frac{1-\cos x}{3x^2}$$

$$=\lim_{x\to 0}\frac{\sin x}{6x}=\lim_{x\to 0}\frac{\cos x}{6}=\frac{1}{6}.$$

【例 4.6】 求$\lim\limits_{x\to +\infty}\frac{3x^2+1}{5x^2-3x+2}$.

【解】 $\lim\limits_{x\to +\infty}\frac{3x^2+1}{5x^2-3x+2}$是$\frac{\infty}{\infty}$型未定型，由洛必达法则，得

$$\lim_{x\to +\infty}\frac{3x^2+1}{5x^2-3x+2}=\lim_{x\to +\infty}\frac{6x}{10x-3}=\lim_{x\to +\infty}\frac{6}{10}=\frac{3}{5}.$$

【例 4.7】 求$\lim\limits_{x\to +\infty}\frac{2^x}{x^3}$.

【解】 $\lim\limits_{x\to +\infty}\frac{2^x}{x^3}$是$\frac{\infty}{\infty}$型未定型，由洛必达法则，得

$$\lim_{x\to +\infty}\frac{2^x}{x^3}=\lim_{x\to +\infty}\frac{(2^x)'}{(x^3)'}=\lim_{x\to +\infty}\frac{2^x\ln 2}{3x^2}$$

$$=\lim_{x\to +\infty}\frac{(2^x\ln 2)'}{(3x^2)'}=\lim_{x\to +\infty}\frac{2^x\ln^2 2}{6x}$$

$$=\lim_{x\to +\infty}\frac{(2^x\ln^2 2)'}{(6x)'}=\lim_{x\to +\infty}\frac{2^x\ln^3 2}{6}=+\infty.$$

【例 4.8】 求$\lim\limits_{x\to 0^+}\frac{\ln\sin x}{\ln x}$.

【解】 当$x\to 0^+$时，$\ln x\to\infty$，$\sin x\to 0^+$，故$\ln\sin x\to\infty$，因此$\lim\limits_{x\to 0^+}\frac{\ln\sin x}{\ln x}$是一个$\frac{\infty}{\infty}$型未定型，由洛必达法则，得

$$\lim_{x\to 0^+}\frac{\ln\sin x}{\ln x}=\lim_{x\to 0^+}\frac{(\ln\sin x)'}{(\ln x)'}=\lim_{x\to 0^+}\frac{x\cos x}{\sin x}$$

$$=(\lim_{x\to 0^+}\cos x)\lim_{x\to 0^+}\frac{x}{\sin x}=1\cdot\lim_{x\to 0^+}\frac{1}{\cos x}=1.$$

未定型除$\frac{0}{0}$型和$\frac{\infty}{\infty}$型外，还有$0\cdot\infty$、$\infty-\infty$、0^0、1^∞、∞^0等几种变型．计算这些极限可用变形或代换先化为$\frac{0}{0}$型或$\frac{\infty}{\infty}$型，再利用洛必达法则来求极限．下面通过例子来说明．

【例 4.9】 求$\lim\limits_{x\to 0^+}x\ln x$.

【解】 $\lim\limits_{x\to 0^+}x\ln x$是一个$0\cdot\infty$型未定型，将其变型为$\frac{\infty}{\infty}$型未定型，得

$$\lim_{x\to 0^+}x\ln x=\lim_{x\to 0^+}\frac{\ln x}{\frac{1}{x}}=\lim_{x\to 0^+}\frac{(\ln x)'}{\left(\frac{1}{x}\right)'}=\lim_{x\to 0^+}(-x)=0.$$

【例 4.10】 求$\lim\limits_{x\to\infty}\left(1+\frac{1}{x}\right)^x$.

[分析] $\lim\limits_{x\to\infty}\left(1+\frac{1}{x}\right)^x$是一个$1^\infty$型未定型，令$y=\left(1+\frac{1}{x}\right)^x$，则

$$\lim_{x\to\infty}\ln y=\lim_{x\to\infty}x\ln\left(1+\frac{1}{x}\right)=\lim_{x\to\infty}\frac{\ln\left(1+\frac{1}{x}\right)}{\frac{1}{x}}$$

为$\frac{0}{0}$型未定型.

【解】 这是一个 1^{∞} 型未定型，令 $y=\left(1+\frac{1}{x}\right)^{x}$，由洛必达法则，得

$$\lim_{x\to\infty}\ln y=\lim_{x\to\infty}x\ln\left(1+\frac{1}{x}\right)=\lim_{x\to\infty}\frac{\ln\left(1+\frac{1}{x}\right)}{\frac{1}{x}}=\lim_{x\to\infty}\frac{x}{1+x}=\lim_{x\to\infty}\frac{1}{1}=1,$$

所以，$\lim\limits_{x\to\infty}\left(1+\frac{1}{x}\right)^{x}=\lim\limits_{x\to\infty}e^{\ln y}=e^{\lim\limits_{x\to\infty}\ln y}=e^{1}=e.$

所谓“两个重要极限”的另一个就是$\lim\limits_{x\to\infty}\left(1+\frac{1}{x}\right)^{x}=e.$

洛必达法则为未定型的极限提供了一个非常有效的求解方法，但是，使用洛必达法则求极限时，应当注意以下两个问题.

(1) 只有$\frac{0}{0}$型或者$\frac{\infty}{\infty}$型未定型，才能直接用洛必达法则求极限，如果不是未定型，则不能用洛必达法则.

例如，考察极限$\lim\limits_{x\to 0}\frac{x}{\cos x}$. 当 $x\to 0$ 时，$\cos x\to 1$，所以这个极限值等于零. 如果不适当地使用洛必达法则，将会得到错误的结果.

$$\lim_{x\to 0}\frac{x}{\cos x}=\lim_{x\to 0}\frac{x'}{(\cos x)'}=\lim_{x\to 0}\frac{1}{-\sin x}=\infty.$$

再如极限$\lim\limits_{x\to 0}\frac{1+\cos x}{1-\cos x}=\infty$，但是使用洛必达法则，则

$$\lim_{x\to 0}\frac{1+\cos x}{1-\cos x}=\lim_{x\to 0}\frac{-\sin x}{\sin x}=-1,$$

这也是一个错误的结果.

(2) 洛必达法则的核心是极限 $\lim\frac{f'(x)}{g'(x)}=A$(或$\infty$)才可以推出 $\lim\frac{f(x)}{g(x)}=A$ (或∞). 但是极限 $\lim\frac{f'(x)}{g'(x)}$不存在，并且不是∞，不能断定极限 $\lim\frac{f(x)}{g(x)}$也不存在$\left[\lim\frac{f'(x)}{g'(x)}=\infty\right.$除外$\left.\right]$，这时应当使用其他方法研究极限的存在性.

在实际计算过程中，我们开始并不考虑极限 $\lim\frac{f'(x)}{g'(x)}$是否存在或为∞，而是假定极限 $\lim\frac{f'(x)}{g'(x)}$存在或为∞，如果计算到最后的极限确实存在或者是∞，则表明我们的假定是正确的，这一连串的计算也是正确的. 否则，应该使用其他方法.

【例 4.11】 求极限 $\lim\limits_{x\to+\infty}\frac{x+\sin x}{x}$.

使用洛必达法则，则

$$\lim_{x\to+\infty}\frac{(x+\sin x)'}{x'}=\lim_{x\to+\infty}(1+\cos x)$$

不存在.

【解】 $\lim\limits_{x\to+\infty}\frac{x+\sin x}{x}=\lim\limits_{x\to+\infty}\left(1+\frac{\sin x}{x}\right)=1.$

值得注意的是，洛必达法则虽然不能解决所有的函数求极限问题，但是，如果和连续函数的性质结合使用，可以解决绝大部分常见的函数求极限问题.

学习指引

我们已学过的求函数极限的主要方法有：利用函数的连续性求极限；利用洛必达法则求极限；利用无穷小量性质求极限. 这三种方法可以解决我们日常学习和工作中遇到的几乎所有问题. 这些问题，使用 Mathematica 软件的 Limit 来计算，就变得如使用计算器计算一样简单.

习 题 4-1

1. 回答问题.

（1）怎么样的问题可以用洛必达法则解决？

（2）设自变量 x 在某个变化过程中，$\lim\frac{f(x)}{g(x)}$是未定型，如果 $\lim\frac{f'(x)}{g'(x)}$不存在，是否能断定极限 $\lim\frac{f(x)}{g(x)}$也不存在？

2. 下列极限是否存在？能否使用洛必达法则求这些极限？

（1）$\lim\limits_{x\to0}\frac{x^2\sin\frac{1}{x}}{\sin x}$；（2）$\lim\limits_{x\to0}\frac{x+\cos x}{x-\cos x}$；（3）$\lim\limits_{x\to0}\frac{\cos x}{x-1}$.

3. 求下列函数极限.

（1）$\lim\limits_{x\to0}\frac{1-\cos x}{x^2}$；（2）$\lim\limits_{x\to+\infty}\frac{\ln x}{\sqrt{x}}$；

（3）$\lim\limits_{x\to1}\frac{x^{10}-1}{x^3-1}$；（4）$\lim\limits_{x\to0}\frac{\ln\cos x}{x}$；

（5）$\lim\limits_{x\to0}\frac{e^x-e^{-x}}{\sin x}$；（6）$\lim\limits_{x\to0}\frac{3^x-2^x}{x}$；

（7）$\lim\limits_{x\to0}\frac{x^2-\sin x}{x^6}$；（8）$\lim\limits_{x\to\infty}x\sin\frac{2}{x}$；

（9）$\lim\limits_{x\to0}x\cos x$；（10）$\lim\limits_{x\to+\infty}x^2\left(1-\cos\frac{1}{x}\right)$；

（11）$\lim\limits_{x\to+\infty}x^3\left(\sin\frac{1}{x}-\frac{1}{2}\sin\frac{2}{x}\right)$；（12）$\lim\limits_{x\to0}\left(\frac{1}{x}\cot x-\frac{1}{x^2}\right)$；

（13）$\lim\limits_{x\to1}\left(\frac{1}{\ln x}-\frac{x}{\ln x}\right)$；（14）$\lim\limits_{x\to1^-}\ln x\ln(1-x)$；

（15）$\lim\limits_{x\to0}e^{\frac{\sin x}{x}}$；（16）$\lim\limits_{x\to0}\frac{e^x-e^{-x}-2x}{x-\sin x}$.

（17）$\lim\limits_{x\to0}\frac{\int_0^x\cos t^2\,dt}{x}$（18）$\lim\limits_{x\to0}\frac{\int_0^x\arctan t\,dt}{x^2}$.

第二节 利用导数判断函数的单调性和凹凸性

一、函数单调性的判定

函数 $f(x)$在区间$[a,b]$上连续，在(a,b)内可导，由图 4.1 和图 4.2 可以看出，如果函

数 $f(x)$在区间$[a,b]$上单调增加，那么它的图像是一条沿 x 轴正向上升的曲线，其中每一点处切线的斜率为正，即 $f'(x)>0$(个别点处可为零)；如果函数 $f(x)$在区间$[a,b]$上单调减少，那么它的图像是一条沿 x 轴正向下降的曲线，其中每一点处切线的斜率为负，即 $f'(x)<0$(个别点处可为零). 可见，函数的单调性与导数的符号有着密切的联系.

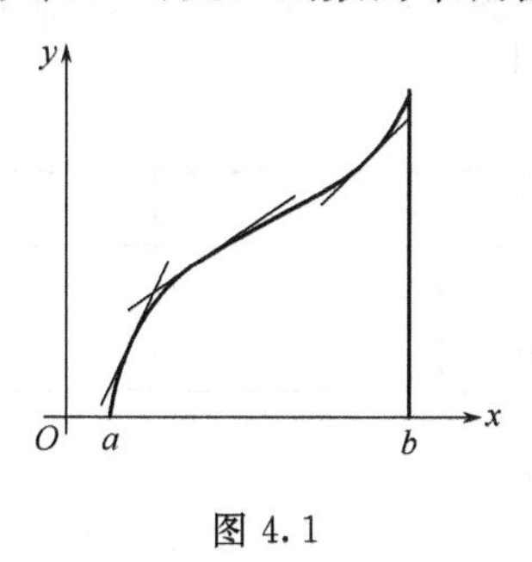

图 4.1

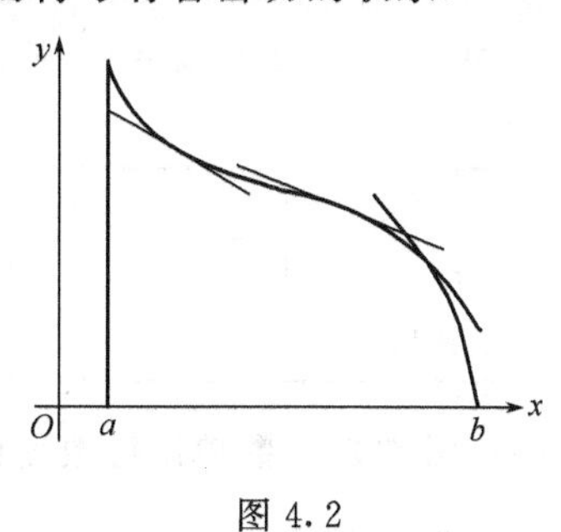

图 4.2

一般地，有**函数单调性判别法**.

定理 4.2 设函数 $f(x)$在区间$[a,b]$上连续，在(a,b)内可导，则

(1) 如果在(a,b)内 $f'(x)>0$，则函数 $f(x)$在区间$[a,b]$上单调增加；

(2) 如果在(a,b)内 $f'(x)<0$，则函数 $f(x)$在区间$[a,b]$上单调减少.

有时，函数在整个定义域上并不具有单调性，但在某一子区间上却具有单调性，如图 4.3 所示，函数 $f(x)$在区间$[a,x_1]$，$[x_2,b]$上单调增加，在$[x_1,x_2]$上单调减少. 另外，由图 4.3 可知，对于可导函数来说，这些单调区间的分界点处的导数值应为零，即

$$f'(x_1)=f'(x_2)=0.$$

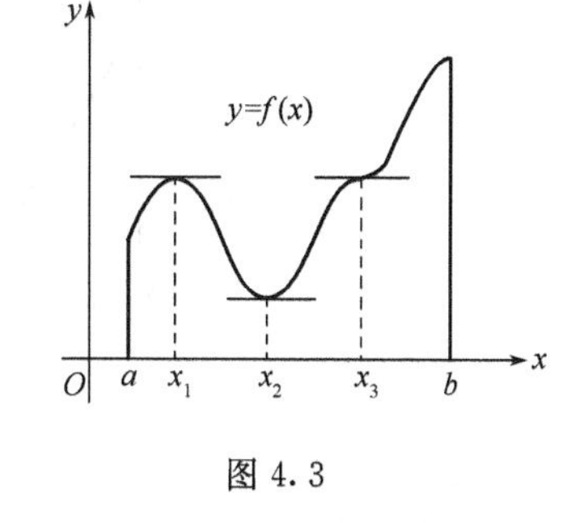

图 4.3

因此，要确定可导函数 $f(x)$的单调区间，应先求出满足方程 $f'(x)=0$ 的一切 x 值，用它们将定义域分为若干子区间，然后再用定理 4.2 判断函数在每一个子区间上的单调性.

需要说明的是，在区间$[a,b]$上 $f'(x)>0$ 只是单调增加的充分条件，而不是必要条件. 例如，函数 $f(x)=x^3$ 在$(-\infty,+\infty)$上是单调增加的，但是在$(-\infty,+\infty)$上并不总是 $f'(x)>0$. 在点 $x=0$ 处，有

$$f'(0)=3x^2\big|_{x=0}=0.$$

【例 4.12】 讨论函数 $y=1+x-\sin x$ 在$[0,2\pi]$上的单调性.

【解】 在$(0,2\pi)$内，$y'=1-\cos x>0$，由定理 4.2 可知，函数 $y=1+x-\sin x$ 在$[0,2\pi]$上是单调增加的.

【例 4.13】 讨论函数 $f(x)=x^3-3x^2-9x+1$ 的单调性.

[分析] 函数 $f(x)$的定义域是$(-\infty,+\infty)$，

$$f'(x)=3x^2-6x-9=3(x+1)(x-3),$$

令 $f'(x)=0$，得 $x=-1$，$x=3$. 这两个点将函数定义域$(-\infty,+\infty)$分成三个区间$(-\infty,-1)$，$(-1,3)$，$(3,+\infty)$. 下面分别讨论函数在这三个区间上的单调性.

(1) 在$(-\infty,-1)$内，$f'(x)=3(x+1)(x-3)>0$，所以 $f(x)$在$(-\infty,-1)$内是单调增加的；

(2) 在$(-1,3)$内，$f'(x)=3(x+1)(x-3)<0$，所以 $f(x)$在$(-1,3)$内是单调减少的；

(3) 在$(3,+\infty)$内，$f'(x)=3(x+1)(x-3)>0$，所以 $f(x)$在$(3,+\infty)$内是单调增加的.

【解】 $f(x)$的定义域是$(-\infty,+\infty)$，且

$$f'(x)=3x^2-6x-9=3(x+1)(x-3).$$

令 $f'(x)=0$ 得，$x=-1$ 或 $x=3$，从而得表 4.1.

表 4.1

x	$(-\infty,-1)$	-1	$(-1,3)$	3	$(3,+\infty)$
y'	$+$	0	$-$	0	$+$
y	单调增加		单调减少		单调增加

$f'(x)=0$ 的点常常是函数单调性改变的分界点.

二、函数凹凸性的判定

定义 4.1 若曲线弧位于其每一点处切线的上方，那么称曲线弧是向下**凹的**(简称凹的). 如图 4.4(a)所示. 若曲线弧位于其每一点处切线的下方，那么称曲线弧是向上**凸的**(简称凸的)，如图 4.4(b)所示. 曲线凹凸的分界点称为**拐点**.

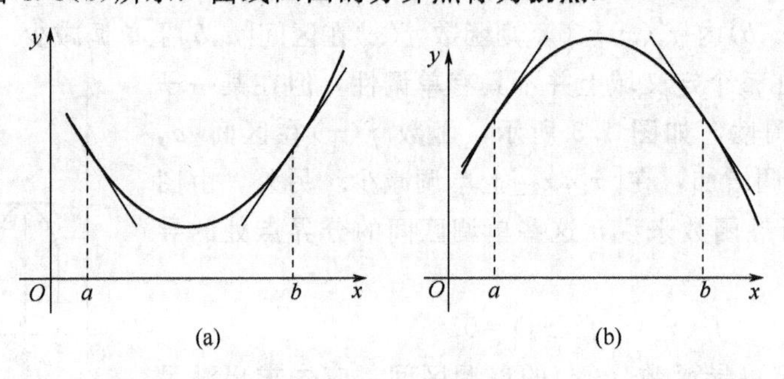

图 4.4

设函数 $f(x)$在(a,b)内具有二阶导数，从图 4.5 中可以看到，当曲线为凹的时，曲线 $y=f(x)$的切线斜率 $f'(x)=\tan\alpha$ 随 x 的增加而增加，即 $f'(x)$是个增函数，因此 $f''(x)\geqslant 0$；同样，从图 4.6 中可以看到，当曲线为凸的时，曲线 $y=f(x)$的切线斜率 $f'(x)=\tan\alpha$ 随 x 的增加而减少，即 $f'(x)$是个减函数，因此 $f''(x)\leqslant 0$.

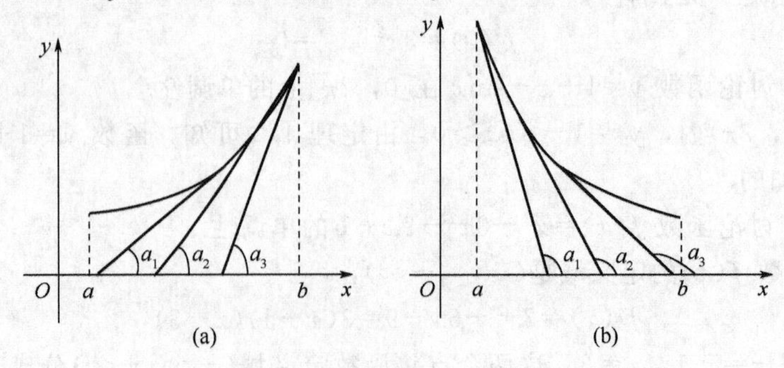

图 4.5

一般地，有曲线凹凸的判别法.

定理 4.3 设函数 $f(x)$在(a,b)内具有二阶导数，则在(a,b)内，

(1) 当 $f''(x)>0$ 时，曲线弧 $y=f(x)$是凹的；

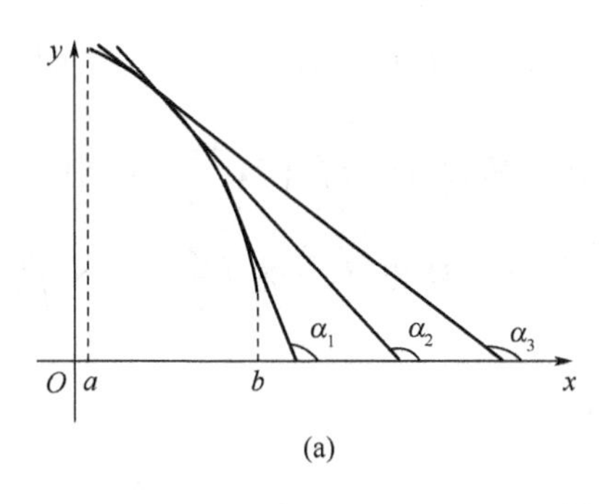

(a)

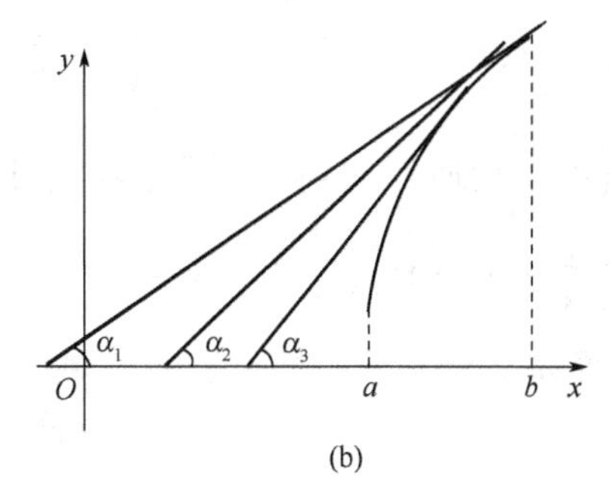

(b)

图 4.6

(2) 当 $f''(x)<0$ 时，曲线弧 $y=f(x)$ 是凸的.

【例 4.14】 判断曲线 $y=\ln x$ 的凹凸.

【解】 函数 $y=\ln x$ 的定义域为 $(0,+\infty)$，求导得

$$y'=\frac{1}{x},\quad y''=-\frac{1}{x^2}.$$

当 $x\in(0,+\infty)$ 时，$y''<0$，所以曲线在整个定义域内是凸的.

【例 4.15】 判断曲线 $y=x^3$ 的凹凸.

［分析］ 函数 $y=x^3$ 的定义域为 $(-\infty,+\infty)$，求导得

$$y'=3x^2,y''=6x.$$

当 $x\in(-\infty,0)$ 时，$y''<0$，故曲线是凸的；当 $x\in(0,+\infty)$ 时，$y''>0$，故曲线是凹的. 即点 $x=0$ 将 $(-\infty,+\infty)$ 分为 $(-\infty,0)$ 及 $(0,+\infty)$ 两部分，曲线在 $(-\infty,0)$ 内为凸的，在 $(0,+\infty)$ 内为凹的.

【解】 函数 $y=x^3$ 的定义域为 $(-\infty,+\infty)$，

$$y'=3x^2,y''=6x.$$

令 $y''=0$，得 $x=0$，从而得表 4.2.

表 4.2

x	$(-\infty,0)$	0	$(0,+\infty)$
y''	$-$	0	$+$
y	凸的	拐点	凹的

$x=0$ 是曲线凹凸的分界点，也是 $y''=0$ 的点. 与判断函数的增减性相仿，要确定可导函数 $f(x)$ 的凹凸区间，可以先求出满足 $f''(x)=0$ 的一切 x 值，用它们将定义域分为若干个小区间，然后利用定理 4.3 判定函数在每一个小区间上的凹凸性. 同样，在区间 $[a,b]$ 内，$f''(x)>0$ 只是 $f(x)$ 在区间 $[a,b]$ 内凹的充分非必要条件.

【例 4.16】 求曲线 $y=3x^4-4x^3+1$ 的凹凸区间.

［分析］ 函数 $y=f(x)$ 的定义域是 $(-\infty,+\infty)$，

$$f'(x)=12x^3-12x^2,f''(x)=36x^2-24x=36x\left(x-\frac{2}{3}\right).$$

令 $f''(x)=0$，得 $x=0$，$x=\frac{2}{3}$. 这两个点将函数的定义域 $(-\infty,+\infty)$ 分成三个部分：$(-\infty,0)$，$\left(0,\frac{2}{3}\right)$，$\left(\frac{2}{3},+\infty\right)$. 下面分别讨论函数在这三个区间上的凹凸性：

(1) 在$(-\infty,0)$内，$f''(x)=36x\left(x-\frac{2}{3}\right)>0$，所以$f(x)$在$(-\infty,0)$是凹的；

(2) 在$\left(0,\frac{2}{3}\right)$内，$f''(x)=36x\left(x-\frac{2}{3}\right)<0$，所以$f(x)$在$\left(0,\frac{2}{3}\right)$是凸的；

(3) 在$\left(\frac{2}{3},+\infty\right)$内，$f''(x)=36x\left(x-\frac{2}{3}\right)>0$，所以$f(x)$在$\left(\frac{2}{3},+\infty\right)$是凹的.

【解】 函数$y=3x^4-4x^3+1$的定义域是$(-\infty,+\infty)$，

$$f'(x)=12x^3-12x^2,$$

$$f''(x)=36x^2-24x=36x\left(x-\frac{2}{3}\right).$$

令$f''(x)=0$，得$x=0$，$x=\frac{2}{3}$. 于是得表4.3.

表4.3

x	$(-\infty,0)$	0	$\left(0,\frac{2}{3}\right)$	$\frac{2}{3}$	$\left(\frac{2}{3},+\infty\right)$
y''	+	0	−	0	+
y	凹的	拐点	凸的	拐点	凹的

学习指引

理解函数的单调性和凹凸性，能熟练运用函数的单调性判别法和凹凸性判别法来判别函数的单调性和凹凸性.

习 题 4-2

1. 试用拉格朗日中值定理证明定理4.2.

拉格朗日中值定理：如果函数$f(x)$在$[a,b]$上连续，在(a,b)内可导，则存在$\xi\in(a,b)$，使得$f(b)-f(a)=f'(\xi)(b-a)$.

2. 如何用函数的导数来判定函数的单调性和凹凸性？

3. 单调增加(减少)函数的导数是否也是单调增加(减少)？试举例说明.

4. 如果$f(x)$的导数$f'(x)$在区间$[a,b]$上是单调增加，那么$f(x)$在区间$[a,b]$上是否也单调增加？试举例说明.

5. 确定下列函数的单调区间.

(1) $f(x)=12-12x+2x^2$； (2) $f(x)=x-\ln(1+x)$；

(3) $f(x)=x-e^x$； (4) $f(x)=(x^2-2x)e^x$.

6. 求下列函数的凹凸区间.

(1) $y=x^4-12x^3+48x^2-50$； (2) $y=(x+1)^4+e^x$；

(3) $y=\ln(x^2+1)$； (4) $y=e^{-x^2}$.

第三节 利用导数求函数的最值

观察图4.7，函数$f(x)$在区间$[x_1,x_2]$内是减函数，在区间$[x_2,x_3]$内是增函数，$f(x)$在$x=x_2$邻近的值均不小于$f(x_2)$[即$f(x)\geqslant f(x_2)$]，则函数值$f(x_2)$称为函数的**极小值**，$x=x_2$点称为函数的**极小值点**；函数$f(x)$在区间(a,x_1)内是增函数，在区间$[x_1,x_2]$内是减

函数，$f(x)$在 $x=x_1$ 邻近的值均不大于 $f(x_1)$[即 $f(x)\leqslant f(x_1)$]，则函数值 $f(x_1)$称为函数的**极大值**，$x=x_1$ 点称为函数的**极大值点**，极小值和极大值统称为**极值**，极小值点和极大值点统称为**极值点**. 事实上，如果 $f(x)$在极值点的邻近可导，则在极值点的导数一定为零或不存在(证明略).

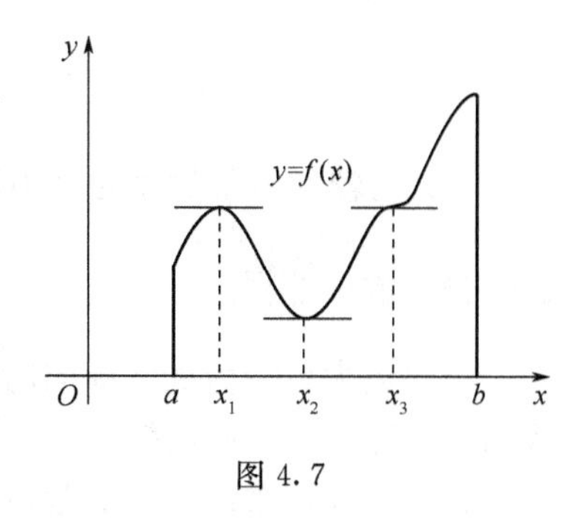

图 4.7

值得注意的是，函数极值的概念是局部性的概念，函数最值的概念是整体性的概念. 函数在点 $x=x_0$ 处的极大值是指对点 $x=x_0$ 的某个(局部性)邻域内的一切 $x, f(x)\leqslant f(x_0)$；函数在点 $x=x_0$ 处的极小值是指对点 $x=x_0$ 的某个(局部性)邻域内的一切 $x, f(x)\geqslant f(x_0)$. 函数的最大值是指对某个固定的区间内的一切 $x, f(x)\leqslant f(x_0)$；函数的最小值是指对某个固定的区间内的一切 $x, f(x)\geqslant f(x_0)$.

例如，在图 4.7 中，$f(x_1)$为函数的极大值，但最大值为 $f(b)$. 在一个区间上，函数的极大(小)值可以有多个，但最大(小)值只有一个.

根据第二章内容，在闭区间$[a,b]$上连续的函数在$[a,b]$上必定达到最大值和最小值. 最大(小)值在怎样的点达到呢？有三种可能：

(1) 在区间端点 $x=a$ 或 $x=b$，如图 4.7 中的点 $x=b$；

(2) 在极值点，如图 4.7 中的点 $x=x_2$；

(3) 在导数不存在的点，如图 4.8 中的点 $x=0$.

于是，求连续函数 $f(x)$在闭区间$[a,b]$上的最大(小)值的思路：

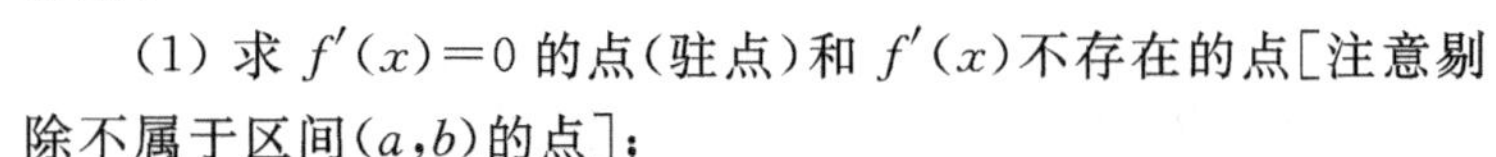

(1) 求 $f'(x)=0$ 的点(驻点)和 $f'(x)$不存在的点[注意剔除不属于区间(a,b)的点]；

(2) 计算上述各点的函数值 $f(x)$，$f(a)$和 $f(b)$；

(3) 在所有这些函数值中，最大的函数值为 $f(x)$在$[a,b]$上的最大值；最小的函数值为 $f(x)$在$[a,b]$上的最小值.

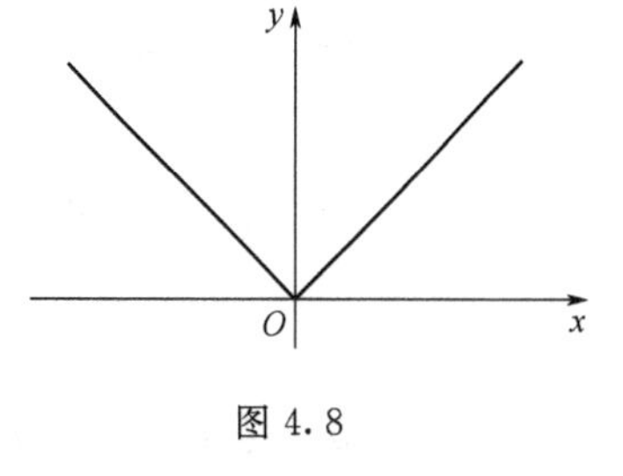

图 4.8

【例 4.17】 求函数 $f(x)=2x^3+3x^2-12x+14$ 在$[-3，4]$上的最大值和最小值.

【解】 因为 $f(x)=2x^3+3x^2-12x+14$，所以

(1) $f'(x)=6x^2+6x-12=6(x+2)(x-1)$，令 $f'(x)=0$ 得，

$x_1=-2$，$x_2=1$；

(2) 计算 $f'(x)=0$ 的点及区间端点的函数值.

$$f(-2)=34, f(1)=7, f(-3)=23, f(4)=142;$$

(3) 比较这些函数值的大小可知，函数 $f(x)$在 $x=4$ 处取得最大值 142，在 $x=1$ 处取得最小值 7.

【例 4.18】 求函数 $f(x)=3x(x-1)^{\frac{1}{3}}$在$[-2，2]$上的最大值和最小值.

【解】 对 $f(x)$求导数，得

(1) $f'(x)=3(x-1)^{\frac{1}{3}}+x(x-1)^{-\frac{2}{3}}=\dfrac{4x-3}{\sqrt[3]{(x-1)^2}}$.

显然，函数在 $x=1$ 处导数不存在，令 $f'(x)=0$ 得 $x=\dfrac{3}{4}$.

(2) 计算点 $x=1$、$x=\dfrac{3}{4}$及区间端点的函数值.

$$f(-2)=6\sqrt[3]{3},f\left(\frac{3}{4}\right)=-\frac{9}{8}\sqrt[3]{2},\quad f(1)=0,\quad f(2)=6.$$

(3) 比较这些函数值的大小可知，函数 $f(x)$在 $x=-2$ 处取得最大值 $6\sqrt[3]{3}$，在 $x=\frac{3}{4}$处取得最小值$-\frac{9}{8}\sqrt[3]{2}$.

求解最大(小)值的实际问题时，先要把实际问题转化成数学问题，建立函数关系式(称为**目标函数**)，并确定其定义域，然后按照求函数最值的方法求最值.

在实际问题求解时，通常可根据实际意义直接判断目标函数是否有最值，而不必通过数学计算来进行判断，尤其是只有唯一可能的极值点时，更是如此. 因为实际问题中的目标函数常常是具有连续导数的初等函数.

定理 4.4 设函数 $f(x)$在区间$[a,b]$上连续，在(a,b)内可导，且 $x_0\in(a,b)$是函数的唯一驻点，则当 x_0 为 $f(x)$的极大(小)值点时，$f(x_0)$必为 $f(x)$的最大(小)值.

注意：定理中的区间$[a,b]$改为其他形式的区间时，定理的结论仍然成立.

【例 4.19】 铁路线上的 AB 段的距离为 100km，工厂 C 距 A 处为 20km，AC 垂直于 AB(图 4.9)，今要在 AB 线上选定一点 D 向工厂修筑一条公路，已知铁路每千米货运的运费与公路上每千米货运的费用之比为 3∶5，为了使货物从供应站 B 运到工厂C 的运费最少，问 D 点应选在何处?

【解】 设 $AD=x$(km)，则 $BD=100-x$，$CD=\sqrt{20^2+x^2}$，公路每千米的运费为 $5k$，则铁路上每公里的运费为 $3k$，用 S 表示总运费，则

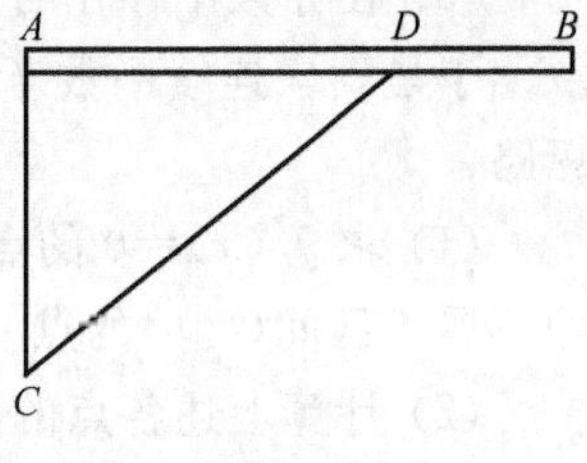

$$S=5k\sqrt{400+x^2}+3k(100-x)\ (0\leqslant x\leqslant 100),$$

$$S'=\frac{5kx}{\sqrt{400+x^2}}-3k.$$

图 4.9

令 $S'=0$，得 $x_1=15$，$x_2=-15$(舍去).

因为 $x_1=15$ 是区间[0，100]上唯一的可能极值点，所以当 D 选在距 A 点 15km 处时，总运费最省.

【例 4.20】 已知某商品的需求函数 $Q=1000-100p$，总成本函数 $C=1000+3Q$，求使总利润最大的价格 p.

【解】 设总收入为 $R(p)$，总利润为 $L(p)$，则

$$R(p)=Qp=(1000-100p)p,$$

$$L(p)=R(p)-C=-4000+1300p-100p^2.$$

由 $L'(p)=1300-200p=0$ 得唯一驻点 $p=6.5$，所以，当商品价格 $p=6.5$ 时，总利润最大.

【例 4.21】 某厂生产的产品年销售量为 100 万件，假设：分若干批生产，每批需生产准备费 1000 元(与批量大小无关)；产品均匀销售(即产品平均库存为批量的一半)，每件产品的年库存费用为 0.05 元. 试求经济批量(即使每年的生产准备费用与库存费用之和最小的生产批量).

【解】 设每批产量为 q，每年的生产准备费用与存费用之和为$C=C(q)$，则

$$C=C(q)=1000\times\frac{1000000}{q}+0.05\times\frac{q}{2}=\frac{10^9}{q}+\frac{q}{40}.$$

由 $C'=\frac{1}{40}-\frac{10^9}{q^2}=0$ 得唯一驻点 $q=200000$，所以，经济批量为$q=200000$.

【例 4.22】 某房地产公司有 50 套公寓要出租，当租金定为每月 1800 元时，公寓能全部租出去．当租金每月增加 100 元时，就有一套公寓租不出去，而租出去的房子每月需花费 200 元的整修维护费．试问房租定为多少可获得最大收入？

【解】 设房租为每月 x 元，租出去的房子有 $50-\left(\frac{x-1800}{100}\right)$套，每月总收入为

$$R(x)=(x-200)\left(50-\frac{x-1800}{100}\right)=(x-200)\left(68-\frac{x}{100}\right),$$

$R'(x)=\left(68-\frac{x}{100}\right)+(x-200)\left(-\frac{1}{100}\right)=70-\frac{x}{50}$，解 $R'(x)=0$，得 $x=3500$(唯一驻点).

故每月每套租金为 3500 元时收入最高．最大收入为 $R(3500)=108900$(元).

【例 4.23】 有一边长为 48cm 的正方形铁皮，四角各截去一个大小相同的正方形，然后将四边折起做成一个方形无盖容器，问截去的小正方形的边长为多大时，所得容器的容积最大？最大容积为多少？

【解】 如图 4.10 所示，设截下的小正方形的边长为 x(cm)，则正方形容器的底边长为 $48-2x$，高为 x，于是容积为：

$$V=V(x)=(48-2x)^2\cdot x\ (0<x<24),$$

$$V'=(48-2x)(48-6x).$$

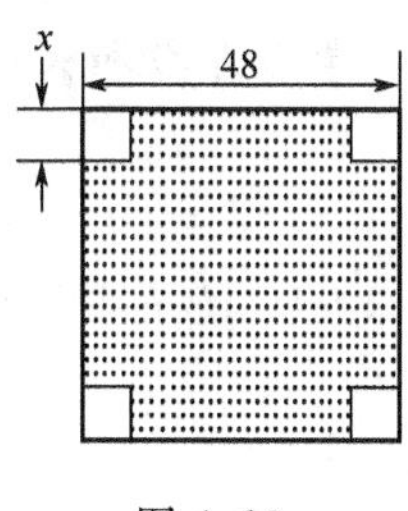

图 4.10

令 $V'=0$ 得 $x_1=8$，$x_2=24$(不在定义域内，舍去)．因为 $x_1=8$ 是区间(0，24)上唯一的可能极值点，所以被截去的小正方形边长等于 8cm 时，容器容积最大，最大容积为

$$V(8)=(48-16)^2\times 8=8192\text{cm}^3.$$

【例 4.24】 横截面为矩形的梁，它的强度与矩形的宽及高的平方的乘积成正比．现在要把直径为 d 的圆柱形木材加工成横截面为矩形的梁，若要使梁有最大的强度，问矩形的高与宽之比应是多少？(图 4.11).

【解】 设梁的横截面的宽为 x，高为 y，梁的强度为 η，则

$$\eta=kxy^2\quad(k\text{ 为比例系数}).$$

因为 $y^2=d^2-x^2(0<x<d)$，代入上式得

$$\eta=kx(d^2-x^2),\eta'=k(d^2-3x^2).$$

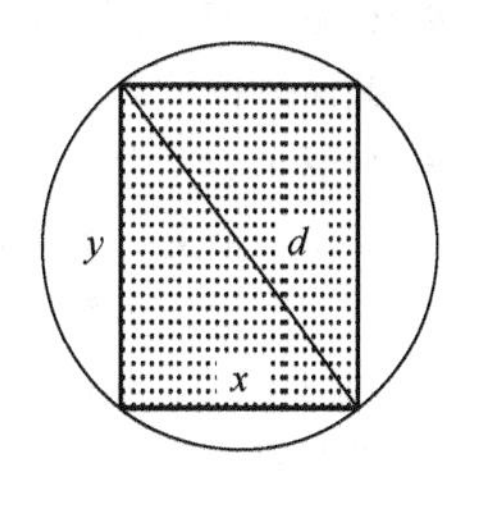

图 4.11

令 $\eta'=0$ 得 $x_1=\frac{d}{\sqrt{3}}$，$x_2=-\frac{d}{\sqrt{3}}$(不合题意，舍去).

由于梁的最大强度一定存在，且在(0，d)内取得，所以当 $x=\sqrt{\frac{1}{3}}d$时，η 的值最大，这时，$y=\sqrt{\frac{2}{3}}d$，所以 $y:x=\sqrt{2}:1$，

即当矩形横截面的高与宽之比为$\sqrt{2}:1$ 时，梁的强度最大.

从例 4.24 看出，若目标函数有多于一个未知变量时，在求导之前应先利用问题的已知条件，消去多余的变量.

【例 4.25】 设在电路中(图 4.12)，电源电动势为 E(常量)，内电阻为 r(常量)．问负载电阻 R 多大时，输出功率 P 最大？

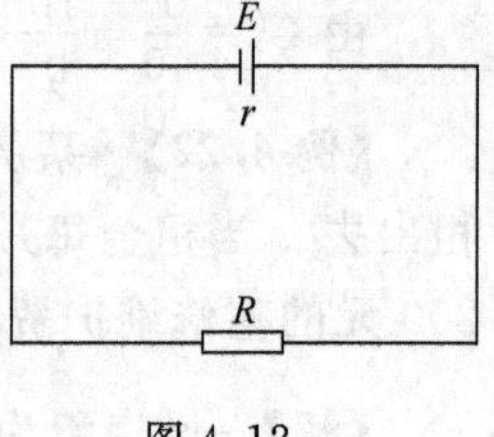

图 4.12

【解】 由电学知，消耗在负载电阻 R 上的功率 $P=I^2R$(I 为回路中的电流)，由欧姆定律知，$I=\dfrac{E}{R+r}$，所以

$$P=\frac{E^2R}{(R+r)^2},R\in(0,+\infty),$$

$$\frac{\mathrm{d}P}{\mathrm{d}R}=\frac{E^2(r-R)}{(R+r)^3}.$$

令 $\dfrac{\mathrm{d}P}{\mathrm{d}R}=0$，得 $R=r$.

依题意，在 $(0,+\infty)$ 内，功率 P 的最大值存在且唯一．因此，当 $R=r$ 时，功率 P 最大.

学习指引

理解极值的概念，掌握极值与最值之间的关系．必须熟练掌握求解现实问题中的最值问题，学习导数和极值不是我们的最终目的，我们的最终目的是运用它们来解决现实问题.

习 题 4-3

1. 求下列函数在指定区间上的最大值和最小值.

(1) $f(x)=(x-1)(x-2)^2$，$x\in\left[0,\dfrac{5}{2}\right]$；　　(2) $f(x)=x-x^2$，$x\in[0,1]$；

(3) $f(x)=\dfrac{x-1}{x+1}$，$x\in[0,4]$；　　(4) $f(x)=\sqrt{x}\ln x$，$x\in\left[\dfrac{1}{4},1\right]$；

(5) $f(x)=x^2\mathrm{e}^{-x}$，$x\in[-4,4]$；　　(6) $f(x)=\dfrac{x}{1+x^2}$，$x\in(-\infty,+\infty)$.

2. 一扇形面积为 $25\mathrm{cm}^2$，问当半径 r 为多少时，扇形周长最小？

3. 某车间靠墙盖一间长方形小屋，现存材料只够围成 20m 长的墙壁，问应围成怎样的长方形，才能使小屋的面积最大？

4. 如图 4.13，用三块长度一样，宽为 a 的木板，做成一横截面为等腰梯形的水槽，问如何安装，水槽的横截面面积最大？

5. 如图 4.14，高窗子的形状为矩形加半圆，周界长度为 15m，求底宽 x 为多少时，窗子通过的光线最多？

6. 制作一个上、下均有底的圆柱形容器，要求容积为定值 v，问底半径 r 为多少时，容器的表面积最小？并求出此最小面积.

7. 如图 4.15，某矿务局拟从 A 处掘一巷道至 C 处，设 AB 长为 600m，BC 长 200m，若沿水平 AB 方向掘进费用 5 元/米，水平面以下是岩石，掘进费用 13 元/米，问怎样掘法使费用最省？并求此费用.

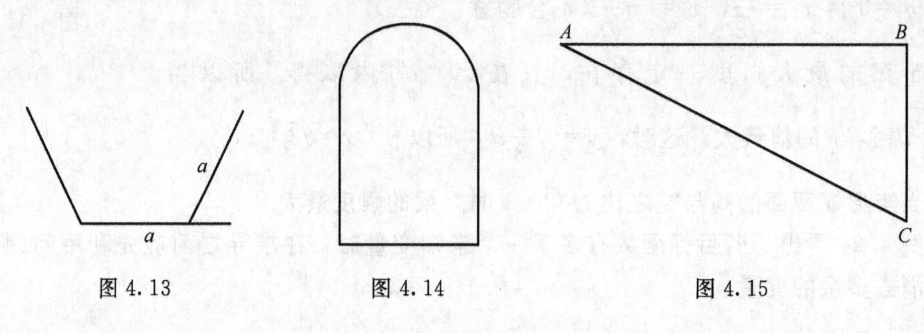

图 4.13　　图 4.14　　图 4.15

8. 某个体户以每条 10 元的进价购进一批牛仔裤，设该牛仔裤的需求量为 $Q=40-2p$，问牛仔裤定价多少时获利最大？

9. 设某厂生产某种产品 x 个单位时，其销售收入为 $R(x)=3\sqrt{x}$，成本函数为 $C(x)=\frac{1}{4}x^2+1$，求总利润达到最大的产量 x.

10. 某人利用原材料每天要制作 5 个储藏橱．假设外来木材的运送成本为 6000 元，而储存每个单位材料的成本为 8 元．为使他在两次运送期间的制作周期内平均每天的成本最小，每次他应该订多少原材料以及多长时间订一次货？

第四节　导数在经济上的应用

一、边际与边际分析

边际是经济学中的一个重要概念，通常指经济变量的变化率．边际分析是利用导数研究经济变量的边际变化的方法，是经济理论中的一个重要分析方法．

1. 边际成本

设某产品产量为 x 单位时所需的总成本为 $C=C(x)$，称 $C(x)$为总成本函数，简称成本函数．当产量由 x 变为 $x+\Delta x$ 时，总成本函数的改变量为 $\Delta C=C(x+\Delta x)-C(x)$，这时总成本函数的平均变化率为$\frac{\Delta C}{\Delta x}=\frac{C(x+\Delta x)-C(x)}{\Delta x}$，这表明产量由 x 变为 $x+\Delta x$ 时的平均边际成本．总成本函数 $C(x)$可导时，其变化率为$\lim\limits_{\Delta x\to 0}\frac{\Delta C}{\Delta x}=\lim\limits_{\Delta x\to 0}\frac{C(x+\Delta x)-C(x)}{\Delta x}=C'(x)$.

在边际分析中，认为 $C'(x)$即是产品产量为 x 时的边际成本，但与经济意义下的边际成本定义是稍有差异的．在经济学中，边际成本定义为产量增加一个单位时所增加的总成本．因此，$C'(x)$近似等于经济意义下的边际成本，即 $C'(x)$近似等于产量为 x 时，再生产一个单位产品所需增加的成本，这是因为

$$C(x+1)-C(x)=\Delta C\approx C'(x).$$

2. 边际收入

设某产品销售量为 x 单位时的总收入为 $R=R(x)$，称 $R(x)$为总收入函数，简称收入函数．当销售量由 x 变为 $x+\Delta x$ 时，总收入函数的改变量为 $\Delta R=R(x+\Delta x)-R(x)$，这时总收入函数的平均变化率为$\frac{\Delta R}{\Delta x}=\frac{R(x+\Delta x)-R(x)}{\Delta x}$，这表明销售量由 x 变为 $x+\Delta x$ 时的平均边际收入．总收入函数 $R(x)$可导时，其变化率为$\lim\limits_{\Delta x\to 0}\frac{\Delta R}{\Delta x}=\lim\limits_{\Delta x\to 0}\frac{R(x+\Delta x)-R(x)}{\Delta x}=R'(x)$.

在边际分析中，认为 $R'(x)$即是销量为 x 时的边际收入，但与经济意义下的边际收入定义同样是稍有差异的．在经济学中，边际收入定义为销量增加一个单位时所增加的总收入．因此，$R'(x)$近似等于经济意义下的边际收入，$R'(x)$近似等于销量为 x 时，再销售一个单位产品所需增加的收入，这是因为

$$R(x+1)-R(x)=\Delta R\approx R'(x).$$

3. 边际利润

记某产品销售量为 x 单位时的总利润为 $L=L(x)$，称 $L(x)$为利润函数．当 $L(x)$可导时，称 $L'(x)$为销售量为 x 单位时的边际利润，$L'(x)$近似等于销量为 x 时，再销售一个单

位产品所增加或减少的利润.

当销售收入函数$R(x)$和产品成本函数$C(x)$都可导时，因为$L(x)=R(x)-C(x)$，所以$L'(x)=R'(x)-C'(x)$. 即边际利润等于边际收入与边际成本之差.

【例 4.26】 设某厂每月生产产品的固定成本为1000(元)，生产x单位产品的可变成本为$0.01x^2+10x$(元). 如果每单位产品的售价为30元，试求：(1)边际成本；(2)利润函数；(3)边际利润为零时的产量.

【解】 因为总成本是固定成本与变动成本之和，即成本函数$C(x)=0.01x^2+10x+1000$，所以，

(1) 边际成本函数为

$$C'(x)=0.02x+10.$$

(2) 利润函数：

因为总收入函数为$R(x)=px=30x$，所以总利润函数为

$$L(x)=R(x)-C(x)=-0.01x^2+20x-1000.$$

(3) 边际利润为零时的产量：

因为总利润函数为$L(x)=-0.01x^2+20x-1000$，所以边际利润函数为

$$L'(x)=-0.02x+20=-0.02(x-1000).$$

可见，当$x=1000$时边际利润为零.

【例 4.27】 设某产品的总成本$C(x)$(千元)是产量(百件)的函数$C(x)=\frac{x^2}{800}+100$，试问当生产水平为100(百件)时，从降低产品成本角度看，继续提高产量是否恰当？

【解】 当生产水平为100(百件)时，总成本为

$$C(100)=\frac{100^2}{800}+110=125(\text{千元}),$$

这时每件产品的平均成本(记作A_c)为

$$A_c=\frac{C(100)}{100}=\frac{122.5\times1000}{100\times100}=12.5(\text{元/件}).$$

而生产水平为100(百件)时的边际成本(记作M_c)为

$$M_c=C'(100)=\left(\frac{x^2}{800}+110\right)'\bigg|_{x=100}=\frac{x}{400}\bigg|_{x=100}$$

$$=\frac{100\times1000}{400\times100}=2.5(\text{元/件}).$$

因为当生产水平为100(百件)时，每件产品的平均成本为12.5元，而边际成本，即增产一件产品的增加成本仅为2.5元，所以从降低产品成本角度看，继续提高产量是恰当的.

【例 4.28】 设某产品的需求函数为$x=100-5p$，其中p为价格，x为需求量. 求边际收入函数，以及$x=20$，50和70时的边际收入，并解释所得结果的经济意义.

【解】 因为$x=100-5p$，所以$p=\frac{1}{5}(100-x)$，于是总收入函数为

$$R(x)=px=\frac{1}{5}(100-x)x=\frac{1}{5}(100x-x^2).$$

从而，边际收入函数为$R'(x)=\frac{2}{5}(50-x)$. 这样便得

$$R'(20)=12,R'(50)=0,R'(70)=-8.$$

由所得结果可知，

(1) 当销售量即需求量为 20 个单位时，因为 $R'(20)>0$，所以增加销量可以使总收入增加. 例如，当销售量为 20 个单位时，增加销售一个单位时可以使总收入增加约 12 单位.

(2) 当销售量即需求量为 50 个单位时，因为 $R'(50)=0$，所以增加销量不可以使总收入增加，但总收入达到最大值.

(3) 当销售量即需求量为 70 个单位时，因为 $R'(70)<0$，所以增加销量反而会使总收入减少. 例如，当销售量为 70 个单位时，增加销售一个单位时将使总收入减少约 8 单位.

4. 收益递减点

每投入一元钱所产生的收益率(边际收益)，边际收益越大，意味着单位收益越高，这些是经营者非常关心的问题. 任何确定投入资金规模以便获得最大收益，同样是经营者非常关心的问题. 在边际收益递增的规模里，可以考虑扩大投资规模；在边际收益递减的规模里，可以考虑缩减投资规模. 在经济上，边际收益递增与递减的临界点称为**收益递减点**. 在数学上，边际收益递增与递减的临界点就是收益函数的拐点.

【例 4.29】 调查发现，投入某产品的广告费 x 与相应增加的销售收入 y 之间的关系是 $y=27x^2-x^3$ 求广告费增加的收益递减点.

【解】 $y'=54x-3x^2$，$y''=54-6x=-6(x-9)$.

令 $y''=0$ 得，$x=9$.

当 $0<x<9$ 时，$y''>0$，即此时 y 为凹的；当 $9<x$ 时，$y''<0$，即此时 y 为凸的. 所以 $x=9$ 是拐点，即为收益递减点.

二、弹性与弹性分析

弹性是经济学中的另一个重要概念，用来定量地描述一个经济变量变化对另一个经济变量的反应程度. 换言之，一个经济变量变动百分之一会导致另一个经济变量变动百分之几.

1. 一般函数的弹性定义

定义 4.2 设函数 $y=f(x)$ 在点 $x_0(x_0\neq 0)$ 的某邻域内有定义，且 $f(x_0)\neq 0$. 如果极限

$$\lim_{\Delta x\to 0}\frac{\dfrac{\Delta y}{f(x_0)}}{\dfrac{\Delta x}{x_0}}=\lim_{\Delta x\to 0}\frac{\dfrac{f(x_0+\Delta x)-f(x_0)}{f(x_0)}}{\dfrac{\Delta x}{x_0}}$$

存在，则称此极限值为函数 $y=f(x)$ 在点 x_0 处的**点弹性**，记作 $\left.\dfrac{Ey}{Ex}\right|_{x=x_0}$；而称比值

$$\frac{\dfrac{\Delta y}{f(x_0)}}{\dfrac{\Delta x}{x_0}}=\frac{f(x_0+\Delta x)-f(x_0)}{\Delta x}\cdot\frac{x_0}{f(x_0)}$$

为函数在点 x_0 与点 $x_0+\Delta x$ 之间的**弧弹性**.

由定义可知：

(1) $\left.\dfrac{Ey}{Ex}\right|_{x=x_0}=\dfrac{x_0}{f(x_0)}\cdot\left.\dfrac{dy}{dx}\right|_{x=x_0}$，且当 $|x|$ 很少时，有 $\left.\dfrac{Ey}{Ex}\right|_{x=x_0}\approx\dfrac{\dfrac{\Delta y}{f(x_0)}}{\dfrac{\Delta x}{x_0}}$. 如果函数 $y=f(x)$ 在区间 (a,b) 内可导且 $f(x)\neq 0$，则称 $\dfrac{Ey}{Ex}=\dfrac{x}{f(x)}\cdot f'(x)$ 为函数 $y=f(x)$ 在区间 (a,b)

内的点弹性函数，简称为**弹性函数**；

(2) 函数的弹性(点弹性与弧弹性)与各有关变量所用的计量单位无关. 这使弹性概念在经济学中得到了广泛的应用，这是因为经济中各种商品的计量单位是不尽相同的，比较不同商品的弹性时，可不受计量单位的限制.

2. 需求函数的弹性定义

定义 4.3 设某商品的需求量为 Q，价格为 p，需求函数 $Q=Q(p)$ 可导，则称 $\frac{EQ}{Ep}=\frac{p}{Q(p)}\times\frac{dQ}{dp}$ 为商品的需求弹性，常记作 ε_p，即 $\varepsilon_p=\frac{EQ}{Ep}=\frac{p}{Q(p)}\times\frac{dQ}{dp}$.

需求弹性 ε_p 表示某商品的需求量 Q 对价格 p 变动的反应程度. 由于需求函数为价格函数的减函数，故需求函数的弧弹性为负值，从而当 $\Delta x\to0$ 时，需求弹性的极限一般为负值，即需求弹性 ε_p 一般为负值. 这表明，当某商品的价格上涨(下跌)1%时，其需求量将减少(或增加)约 $|\varepsilon_p|$%.

在经济学中，商品需求弹性的大小比较是指弹性的绝对值 $|\varepsilon_p|$ 的大小比较. 当我们说某商品的需求弹性大时，是指其绝对值大.

(1) 当 $\varepsilon_p=-1$(即 $|\varepsilon_p|=1$)时，称该需求弹性为单位弹性，此时商品需求量变动百分比与价格变动的百分比相等.

(2) 当 $\varepsilon_p<-1$(即 $|\varepsilon_p|>1$)时，称该需求弹性为高弹性，此时商品需求量变动百分比高于价格变动的百分比，价格变动对需求量的影响较大.

(3) 当 $0>\varepsilon_p>-1$(即 $|\varepsilon_p|<1$)时，称该需求弹性为低弹性，此时商品需求量变动百分比低于价格变动的百分比，价格变动对需求量的影响较小.

在经济活动中，商品经营者关心的是提价($\Delta p>0$)或降价($\Delta p<0$)对总收益的影响. 利用需求弹性的概念，可以得出价格变动如何影响销售收益的结论.

由 $\varepsilon_p=\frac{p}{Q(p)}\frac{dQ}{dp}$ 或 $p\,dQ=\varepsilon_p Q\,dp$ 可知，价格 p 的微小变化($|\Delta p|$ 很小时)而引起的销售收益 $R=Qp$ 的改变量为

$$\Delta R=\Delta(Qp)\approx(Qp)'dp=(1+\varepsilon_p)Q\,dp.$$

由 $\varepsilon_p<0$ 知，$\varepsilon_p=-|\varepsilon_p|$，所以

$$\Delta R\approx(1-|\varepsilon_p|)Q\,dp=(1-|\varepsilon_p|)Q\Delta p.$$

由此可知，

(1) 当 $|\varepsilon_p|>1$(高弹性)时，降价($\Delta p<0$)可使总收益增加($\Delta R>0$)，薄利多销多收益；提价($\Delta p>0$)，将使总收益($\Delta R<0$)减少.

(2) 当 $|\varepsilon_p|<1$(低弹性)时，降价($\Delta p<0$)将使总收益($\Delta R<0$)减少；提价($\Delta p>0$)才可使总收益增加($\Delta R>0$).

(3) 当 $|\varepsilon_p|=1$(单位弹性)时，提价与降价对总收益没有明显的影响.

【例 4.30】 设某商品的需求函数为 $Q=400-100p$，求 $p=1$，2，3 时的需求弹性，并给以适当的经济解释.

【解】 由 $\frac{dQ}{dp}=-100$，可得 $\varepsilon_p=\frac{p}{Q}\frac{dQ}{dp}=\frac{-100p}{400-100p}$.

当 $p=1$ 时，$|\varepsilon_p|=\frac{1}{3}<1$，属于低弹性，此时提价将使总收益增加，降价反而会使总

收益减少.

当 $p=2$ 时，$|\varepsilon_p|=1$，属于单位弹性，此时提价或降价对总收益没有明显影响.

当 $p=3$ 时，$|\varepsilon_p|=3>1$，属于高弹性，此时降价将使总收益增加，提价反而会使总收益减少.

【例 4.31】 设某商品的市场需求量为 Q(件)，价格为 p(元)，且 $Q=1600(0.25)^p$，问：当商品的价格 $p=10$(元)时，再增加 1%，该商品的需求量变化如何？

【解】 由需求弹性公式，

$$\varepsilon_p=\frac{p}{Q}\frac{dQ}{dp}=\frac{p}{1600(0.25)^p}[1600(0.25)^p]'=-p\ln4\approx-1.39p.$$

当商品的价格 $p=10$(元)时，$|\varepsilon_p|\approx13.9>1$，属于高弹性需求弹性，所以此时再增加 1%，该商品的需求量将减少 13.9%.

【例 4.32】 已知某企业的某种产品的需求弹性在 1.3～2.1 之间，如果该企业准备明年将价格降低 10%，问这种商品的销量预期会增加多少？总收益预期会增加多少？

【解】 $\varepsilon_p=\frac{p}{Q}\frac{dQ}{dp}$ 和 $\Delta R\approx(1+\varepsilon_p)Qdp$，所以有

$$\frac{\Delta Q}{Q}\approx\varepsilon_p\frac{\Delta p}{p} \text{ 和 } \frac{\Delta R}{R}\approx\frac{(1-|\varepsilon_p|)Q\Delta p}{Qp}=(1-|\varepsilon_p|)\frac{\Delta p}{p}.$$

当 $|\varepsilon_p|\approx1.3$，$\frac{\Delta p}{p}=-10\%$时，

$$\frac{\Delta Q}{Q}\approx\varepsilon_p\frac{\Delta p}{p}=-1.3\times(-10\%)=13\%,$$

$$\frac{\Delta R}{R}\approx(1-|\varepsilon_p|)\frac{\Delta p}{p}=-0.3\times(-10\%)=3\%.$$

当 $|\varepsilon_p|\approx2.1$，$\frac{\Delta p}{p}=-10\%$时，

$$\frac{\Delta Q}{Q}\approx\varepsilon_p\frac{\Delta p}{p}=-2.1\times(-10\%)=21\%,$$

$$\frac{\Delta R}{R}\approx(1-|\varepsilon_p|)\frac{\Delta p}{p}=-1.1\times(-10\%)=11\%.$$

可见，如果企业准备明年将价格降低 10%，这种商品的销量预期会增加 13%～21%，总收益预期会增加 3%～11%.

学习指引

经济类专业学生必须熟练掌握的内容.

习　题　4-4

1. 已知生产某种商品的总成本 C(千元)与产量的函数关系为 $C=C(x)=100+\frac{x^2}{800}$，求生产 900 个单位时的总成本，单位成本和边际成本.

2. 设某产品的需求方程和总成本函数分别为 $p+0.1x=80$，$C(x)=5000+20x$，其中 x 为销售量，p 为价格，求边际利润函数，并计算 $x=150$ 和 $x=400$ 时的边际利润，解释所得结果的经济意义.

3. 设公司的收益函数和成本函数分别为$R(x)=\dfrac{240x}{400+x^2}$，$C(x)=0.2x+1$，求最大利润.

4. 某产品在制造过程中，次品数 y 与日产量 $x(x<100)$有如下关系：

$$y=\frac{x}{100-x}.$$

若出一件正品获利 1500 元，出一件次品损失 315 元. 问日产量定为多少时，盈利最大？

5. 求收益函数 $R(x)=\dfrac{4}{27}(x^3-33x^2+120x-845)$，$0\leqslant x\leqslant 20$ 的收益递减点(即边际收益开始减少的点)，其中，x 是投入在广告上的费用(单位：10 万元).

6. 电影院有 1000 个座位. 若放映一部电影时票价定为 p，则能售出的票的估计数为 $Q(p)=\dfrac{5000}{p}-250$. 求：(1)$\varepsilon(p)$；(2)对于 5 元的票价，需求是高弹性的还是低弹性的？(3) 求票价是 5 元时的边际收益，为了增加收益，此时是提高还是降低票价？

7. 设每天从甲地到乙地的飞机票的需求量 Q 与票价 p 的关系是

$$Q(p)=4000\sqrt{1500-p},$$

求：(1) 需求弹性；(2) 试求票价 p 的高弹性区域.

8. 某市目前对当地的餐饮业征收 5%的税. 经济学家估计每天到餐馆的人数

$$Q(x)=\sqrt[3]{700-3x^3},$$

其中 x%是税率. 求需求弹性.

9. 指出下列需求关系中，价格 p 取何值时，需求是高弹性的？是低弹性的？(1)$x=100(2-\sqrt{p})$；(2)$p=\sqrt{a-bx}$ $(a,b>0)$.

10. 设某商品的需求量 Q 与价格 p 的关系为 $Q=Q(p)=1500\left(\dfrac{1}{3}\right)^p$，当商品的价格 $p=12$(元)时，再增加 1%，求该商品的需求量的变化情况.

第五章　定积分的应用

前一章介绍了导数的应用，由本节开始介绍定积分的应用．定积分的概念和理论是在解决实际问题的过程中产生和发展起来的，它有着非常广泛的应用．例如，本章将介绍的运用定积分(微元法)求平面图形的面积、旋转体的体积、变速直线运动物体的运动距离以及变力所做的功等．事实上，定积分的概念也正是在研究上述问题的过程中才出现的．

第一节　利用微元法求面积

在第三章第四节中定义的定积分是一个实数，为何选用这么复杂的式子 $\int_a^b f(x)\mathrm{d}x$ 表示呢？事实上，定积分的基本思想主要包括两方面的内容，一是将区间细分成若干个子区间(指闭子区间，以下同)，在每个子区间$[x_i,\ x_{i+1}]$上，以子区间上任一点 ξ_i 的不变的函数值 $f(\xi_i)$替代整个子区间的变化函数值 $f(x)$，即**以不变代变**；二是将区间无限细分下去，对从各子区间上选取的不变函数值 $f(\xi_i)$与相应的区间长度 Δx_i 的乘积 $f(\xi_i)\Delta x_i$ 的和求极限，以便使估计误差消失，即**无限求和**．参见图 5.1.

对在$[a,b]$上的可积函数 $y=f(x)$(例如连续函数)，其对应的定积分 $\int_a^b f(x)\mathrm{d}x$ 必然存在．由极限的唯一性，我们可以在每个子区间$[x_i,x_{i+1}]$上选择左端点的函数值 $f(x_i)$替代 $f(\xi_i)$，参见图 5.2．这样，定义定积分的式子

$$\int_a^b f(x)\mathrm{d}x=\lim_{\lambda\to 0}\sum_{i=1}^{n} f(\xi_i)\Delta x_i$$

可以简化为

$$\int_a^b f(x)\mathrm{d}x=\lim_{\lambda\to 0}\sum_{i=1}^{n} f(x_i)\Delta x_i.$$

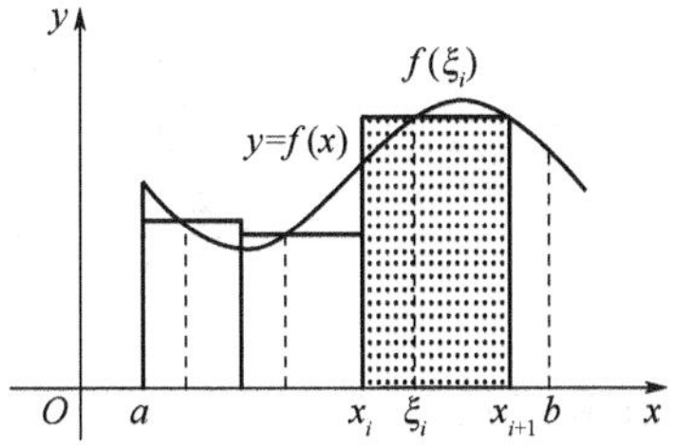

图 5.1

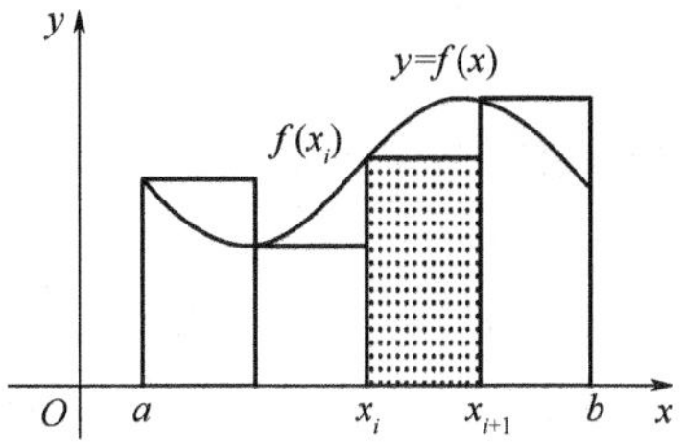

图 5.2

本质上，$\lim\limits_{\lambda\to 0}\sum\limits_{i=1}^{n} f(x_i)\Delta x_i$ 中的下标 i 只是个序号，并不反映什么实质性的东西．如果将原先细分的若干子区间中的任一子区间$[x_i,x_{i+1}]$用$[x,x+\mathrm{d}x]$表示，参见图 5.3．则 $\lim\limits_{\lambda\to 0}\sum\limits_{i=1}^{n} f(x_i)\Delta x_i$ 又可以简写为$\lim\limits_{\lambda\to 0}\Sigma f(x)\mathrm{d}x$，即

$$\int_a^b f(x)\mathrm{d}x = \lim_{\lambda\to 0}\sum f(x)\mathrm{d}x,$$

这样，从形式上看，记号“$\int_a^b$”就是“$\lim\limits_{\lambda\to 0}\sum$”，即所谓的“无限求和”或“求连续和”．因此，定积分的基本思想可以简述如下．

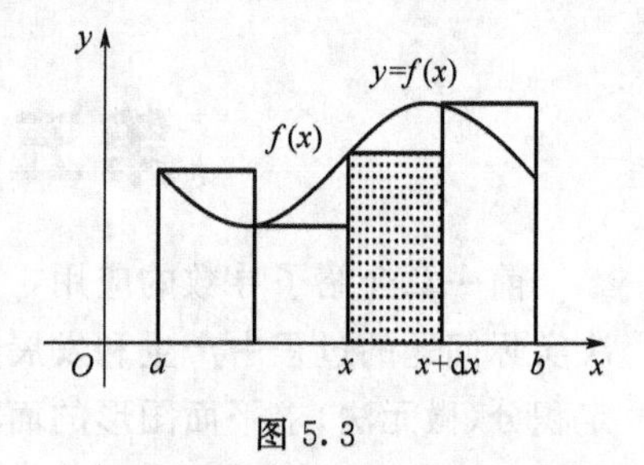

图 5.3

(1) **细分**．将$[a,b]$分成若干个子区间，在任意子区间$[x,x+\mathrm{d}x]$上，

$$\mathrm{d}A=f(x)\mathrm{d}x,$$

即以不变的左端点 x 的函数值 $f(x)$代替在子区间$[x, x+\mathrm{d}x]$上变化的函数值 $f(t)$ $(t\in[x, x+\mathrm{d}x])$，并称 $\mathrm{d}A=f(x)\mathrm{d}x$ 为 A 的**微元**．

(2) **无限求和**．将 $\mathrm{d}A=f(x)\mathrm{d}x$ 从 a 无限求和到 b，得

$$A=\int_a^b \mathrm{d}A=\int_a^b f(x)\mathrm{d}x,$$

即将所有子区间上的微元 $\mathrm{d}A=f(x)\mathrm{d}x$ 相加并通过无限细分来消除 $\mathrm{d}A$ 与 ΔA 间的误差．

通俗地说，记号“$\int_a^b$”具有“求和$\sum$”和“求极限$\lim\limits_{\lambda\to 0}$”双重功能，即将 $\mathrm{d}A=f(x)\mathrm{d}x$ 从 a 无限求和到 b，得

$$A=\int_a^b \mathrm{d}A=\int_a^b f(x)\mathrm{d}x.$$

应用以上简述的“细分”和“无限求和”两步解决问题的方法称为**微元法或元素法**．

微元法是一种既反映了微积分思想的本质又简化了处理过程的方法．这种简化了的运用定积分解决实际问题的方法非常实用，但使用它的前提是该定积分存在．事实上，在实际问题中，判断定积分是否存在并不困难．由第三章的内容可知，闭区间上的连续函数的定积分是必定存在的，换言之，如果实际问题中的各变量间的变化是连续不断的，则相关的定积分是必定存在的．通常，实际问题中的各变量间的变化是连续不断的．因此，求解实际问题时，一般并不特别提及定积分是否存在的推断．

【例 5.1】 求由曲线 $y=x^2$ 与 $y=2x-x^2$ 所围成图形的面积．

【解】 由$\begin{cases}y=x^2\\ y=2x-x^2\end{cases}$求得交点为(0, 0)与(1, 1)，如图 5.4 所示．

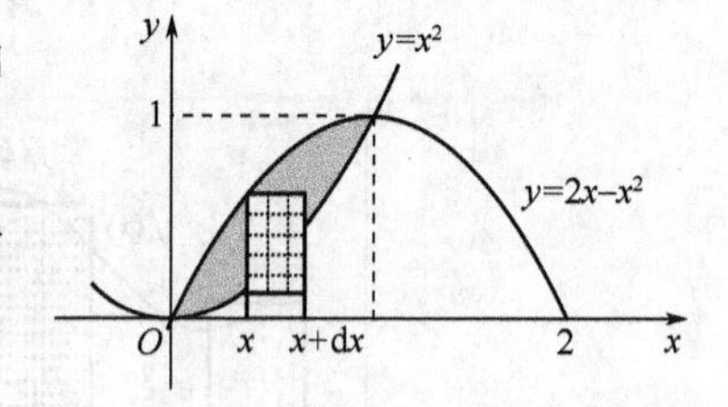

图 5.4

(1) 细分．细分[0, 1]，任一子区间$[x, x+\mathrm{d}x]$上的面积微元为

$$\mathrm{d}A=[(2x-x^2)-x^2]\mathrm{d}x=(2x-2x^2)\mathrm{d}x.$$

(2) 无限求和．将 $\mathrm{d}A=(2x-2x^2)\mathrm{d}x$ 从 0 无限求和到 1，得所求图形的面积为

$$A=\int_0^1 \mathrm{d}A=\int_0^1 (2x-2x^2)\mathrm{d}x=\left[x^2-\frac{2}{3}x^3\right]_0^1=\frac{1}{3}.$$

【例 5.2】 求由曲线 $y=x^2-2x+3$ 与直线 $y=x+3$ 所围成的平面图形的面积．

【解】 由$\begin{cases}y=x^2-2x+3\\ y=x+3\end{cases}$求得交点为(0,3)与(3,6)，如图 5.5 所示．

(1) 细分．细分[0, 3]，任一子区间$[x, x+\mathrm{d}x]$上的面积微元为

$$dA=[(x+3)-(x^2-2x+3)]dx=(-x^2+3x)dx.$$

(2) 无限求和. 将 $dA=(-x^2+3x)dx$ 从 0 无限求和到 3，得所求图形的面积为

$$A=\int_0^3(-x^2+3x)dx=\left[-\frac{1}{3}x^3+\frac{3}{2}x^2\right]_0^3=\frac{9}{2}.$$

【例 5.3】 求由曲线 $y=x^2$，$y=(x-2)^2$ 与 x 轴所围成的平面图形的面积.

【解】 由 $\begin{cases}y=x^2\\y=0\end{cases}$，$\begin{cases}y=x^2\\y=(x-2)^2\end{cases}$ 和 $\begin{cases}y=0\\y=(x-2)^2\end{cases}$ 求得交点为(0,0)，(1,1)与(2,0)，如图 5.6 所示.

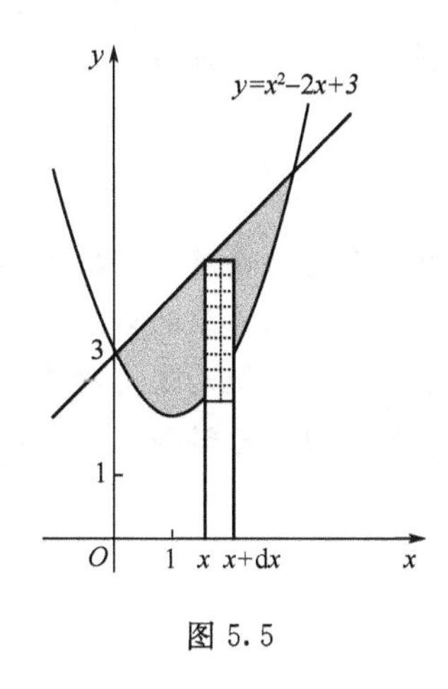

图 5.5

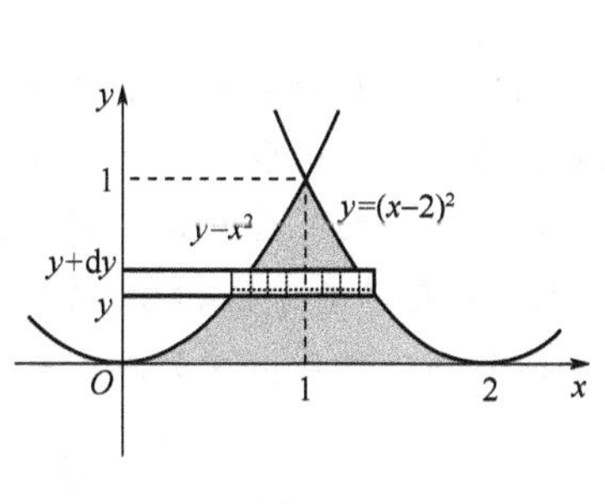

图 5.6

(1) 细分. 细分[0, 1]，在任一子区间[y, $y+dy$]上的面积微元为

$$dA=[(-\sqrt{y}+2)-\sqrt{y}]dy.$$

(2) 无限求和. 将 dA 从 0 无限求和到 2，得所求图形的面积为

$$A=\int_0^1 dA=\int_0^1(2-2\sqrt{y})dy=\left[2y-\frac{4}{3}y^{\frac{3}{2}}\right]_0^1=\frac{2}{3}.$$

【例 5.4】 求由曲线 $y^2=4+x$ 与直线 $x+2y=4$ 所围成的平面图形的面积.

[分析] 如图 5.7 所示，如果选择垂直于 x 轴取面积微元，那么在 $x<0$ 部分，面积微元中小矩形的长应该是曲线的上半部分与下半部分之差，即 $dA_1=[\sqrt{4+x}-(-\sqrt{4+x})]dx$；在 $x>0$ 部分，面积微元中小矩形的长度应该是由直线的纵坐标与曲线的纵坐标之差，即 $dA_2=\left[\frac{1}{2}(4-x)-\sqrt{4+x}\right]dx$. 这样求面积微元既复杂又容易出错. 事实上，定积分的本质是在细分的子区间上以不变代变和无限求和，积分区间在 x 轴还是在 y 轴并无本质区别，可以选择垂直于 x 轴取面积微元，也可以选择垂直于 y 轴取面积微元.

在这里，如果选择垂直于 y 轴取面积微元，则每个小矩形面积微元的长都是直线的横坐标与曲线的横坐标之差，宽都是 dy，即 $dA=[(4-2y)-(y^2-4)]dy$，这样，既方便又简洁.

【解】 由 $\begin{cases}y^2=4+x\\x+2y=4\end{cases}$ 求得交点为(0, 2)与(12, −4)，如图 5.7 所示.

(1) 细分. 细分[−4, 2]，在任一子区间[y, $y+dy$]上的面积微元为

$$dA=[(4-2y)-(y^2-4)]dy=(8-2y-y^2)dy.$$

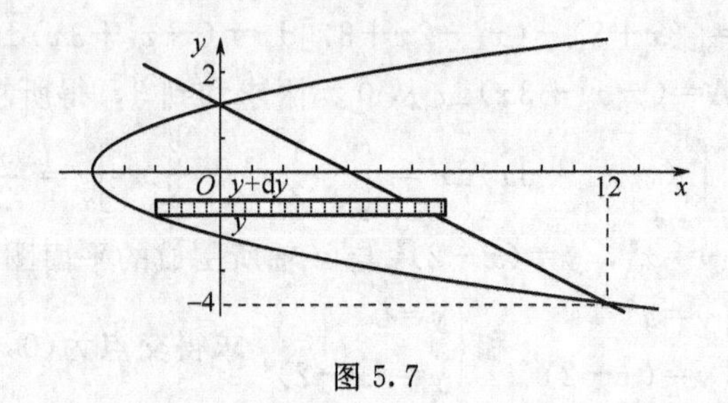

图 5.7

(2) 无限求和. 将 $dA=(8-2y-y^2)dy$ 从 -4 无限求和到 2，得所求图形的面积为

$$A=\int_{-4}^{2}(8-2y-y^2)dy=\left[8y-y^2-\frac{1}{3}y^3\right]_{-4}^{2}=36.$$

学习指引

微元法是我们学习微积分的最主要的目的，是微积分思想的精髓，其功能极其强大，我们必须达到能非常熟练运用的程度. 为了达到这个目的，我们在本章的六节运用它来解决实际问题，这只是我们熟悉的一些方面. 在今后，你们还要会运用微元法解决更多更专业的问题. “学会了微元法就是学会了微积分”的说法是有点夸张，但这句话却较准确地表述了微元法极其强大的功能和其在微积分中的核心地位.

习 题 5-1

1. 求图 5.8 中阴影部分的面积.

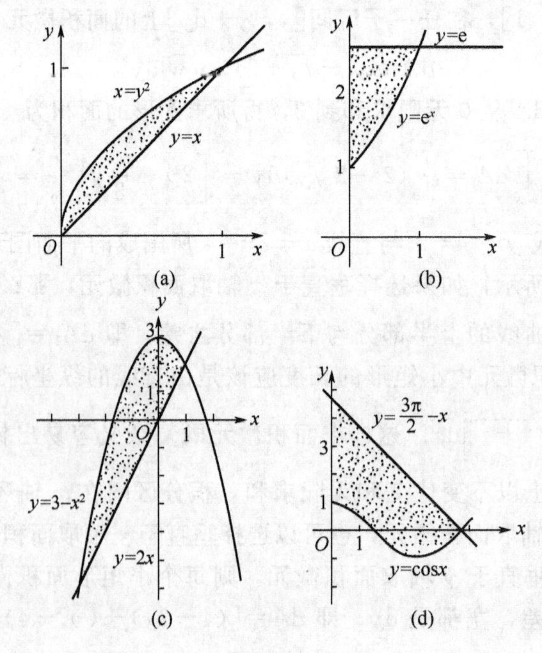

图 5.8

2. 求下列各曲线所围成的平面图形的面积.

(1) $y=2x^2$，$y=x^2$ 与 $y=1$；

(2) $y=x$，$y=2x$ 与 $y=2$；

(3) $y=2\pi-x$ 与 $y=\sin x$，$(0\leqslant x\leqslant 2\pi)$；

(4) $xy=1$，$y=x$ 与 $y=2$.

3. 求椭圆 $\frac{x^2}{a^2}+\frac{y^2}{b^2}=1$ 的面积.

第二节　利用微元法求体积

上一节介绍了如何利用微元法求面积，本节介绍利用微元法计算物体的体积.

一、求旋转体的体积

旋转体是指平面图形绕平面上某一条轴旋转而成的空间体. 下面讨论由曲线 $y=f(x)$，直线 $x=a$，$x=b$ 及 x 轴所围成的曲边梯形，绕 x 轴旋转而成的旋转体的体积，如图 5.9 所示.

(1) **细分**. 细分区间$[a,b]$，使区间$[a,b]$上的曲边梯形绕 x 轴旋转的旋转体，可以看成是$[a,b]$的各个子区间上的小曲边梯形绕 x 轴旋转的小旋转体拼积而组成. 在任意一个子区间$[x,x+dx]$上的小旋转体，以图 5.9 底面半径为 $y=f(x)$，高为 dx 的小圆柱体近似替代小旋转体. 故小旋转体的体积近似为

$$dv=\pi y^2dx=\pi[f(x)]^2dx.$$

(2) **无限求和**. 将 $dv=\pi[f(x)]^2dx$ 从 a 无限求和到 b 可得旋转体体积

$$v=\int_a^b dv=\pi\int_a^b[f(x)]^2dx.$$

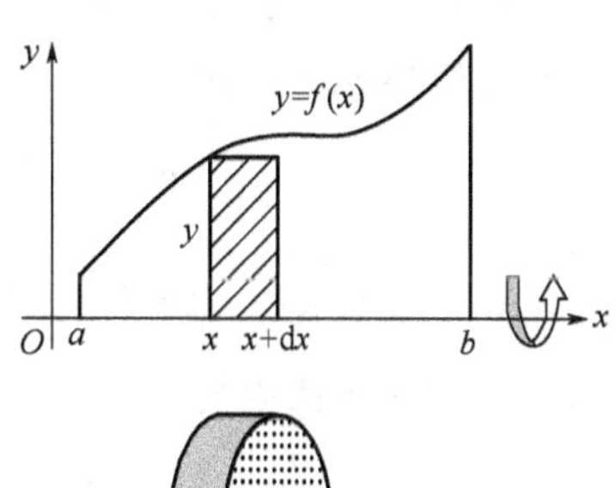

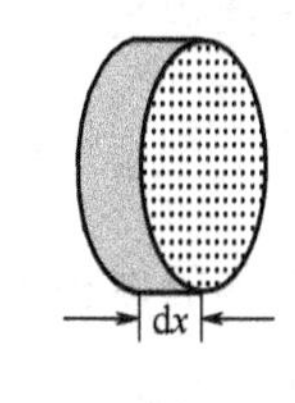

图 5.9

【例 5.5】 求两条抛物线 $y=x^2$，$y=\sqrt{x}$所围成的图形绕 x 轴旋转所形成的旋转体的体积.

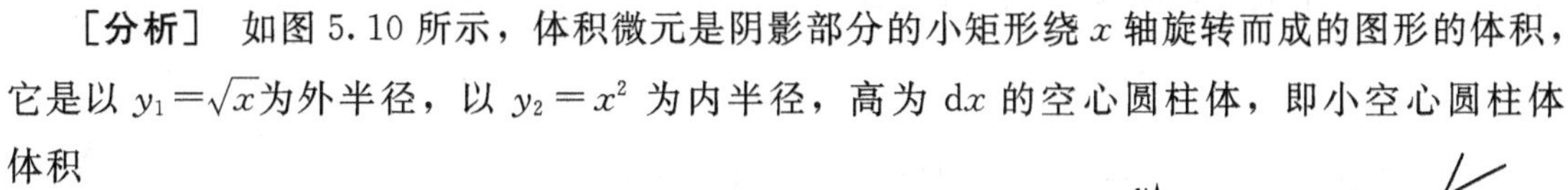

[分析] 如图 5.10 所示，体积微元是阴影部分的小矩形绕 x 轴旋转而成的图形的体积，它是以 $y_1=\sqrt{x}$为外半径，以 $y_2=x^2$ 为内半径，高为 dx 的空心圆柱体，即小空心圆柱体体积

$$dv=\pi y_1^2dx-\pi y_2^2dx=\pi(x-x^4)dx,$$

再对体积微元两边求定积分就可计算出旋转体的体积.

【解】 如图 5.10 所示，由$\begin{cases}y=x^2\\x=y^2\end{cases}$得交点(0, 0)和(1, 1).

(1) 细分. 细分[0, 1]，任一子区间$[x, x+dx]$上的小空心圆柱体体积微元为

$$dv=\pi y_1^2dx-\pi y_2^2dx=\pi(x-x^4)dx.$$

(2) 无限求和. 将 $dv=\pi(x-x^4)dx$ 从 0 无限求和到 1，得所求旋转体体积为

$$v=\int_0^1 dv=\pi\int_0^1(x-x^4)dx=\pi\left[\frac{1}{2}x^2-\frac{1}{5}x^5\right]_0^1=\frac{3}{10}\pi,$$

即所求旋转体的体积为$\frac{3}{10}\pi$.

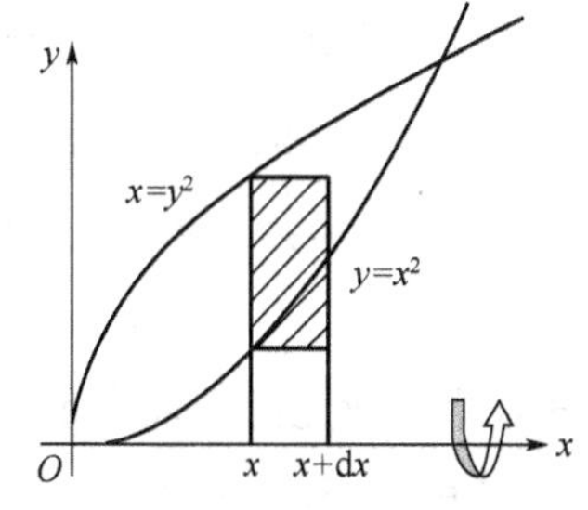

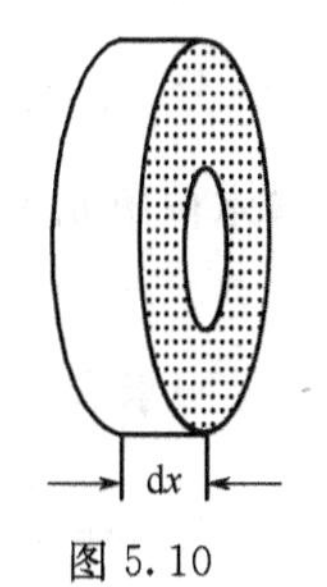

图 5.10

【例 5.6】 计算底面半径为 r，高为 h 的圆锥体体积.

[分析] 如图 5.11 所示建立坐标系，所求圆锥体可看成由直线 $y=\frac{r}{h}x$，$y=0$，$x=h$ 所围成的直角三角形绕 x 轴旋转所形成的旋转体. 以 x 为积分变量，对于 x 的变化区间$[0, h]$上的任一小区间$[x, x+\mathrm{d}x]$，其对应于圆锥体中的薄片近似于底面半径为$\frac{r}{h}x$，高为 $\mathrm{d}x$ 的圆柱体. 因此，体积微元为

$$\mathrm{d}v=\pi\left(\frac{r}{h}x\right)^2\mathrm{d}x,$$

再对体积微元两边求定积分就可计算出旋转体的体积.

【解】 如图 5.11 所示建立坐标系.

(1) 细分. 细分$[0, h]$，任一子区间$[x, x+\mathrm{d}x]$上的小圆柱体体积微元为

$$\mathrm{d}v=\pi\left(\frac{r}{h}x\right)^2\mathrm{d}x.$$

(2) 无限求和. 将 $\mathrm{d}v=\pi\left(\frac{r}{h}x\right)^2\mathrm{d}x$ 从 0 无限求和到 h，得所求旋转体体积为

$$v=\int_0^h \mathrm{d}v=\int_0^h \pi\left(\frac{r}{h}x\right)^2\mathrm{d}x=\pi\cdot\frac{r^2}{h^2}\cdot\frac{1}{3}x^3\Big|_0^h=\frac{\pi}{3}r^2h,$$

即所求的旋转体的体积为$\frac{\pi}{3}r^2h$.

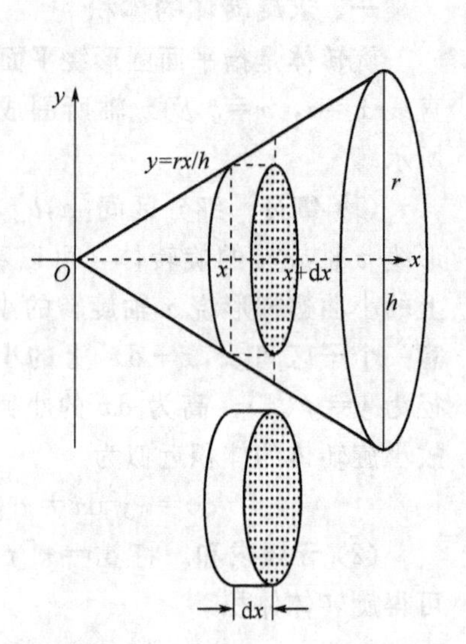

图 5.11

【例 5.7】 内侧半径为 r 的半球形容器盛满了水，轻轻把容器倾斜 30°，试问容器内还剩多少水？

[分析] 如图 5.12 所示建立坐标系，容器内剩有的水的体积，就是由曲边 ΔABC 绕 x 轴旋转一周所形成的旋转体体积，曲边 BC 的方程是 $y^2=r^2-x^2$，

$$OA=r\sin 30^\circ=\frac{r}{2}.$$

以 x 为积分变量，对于 x 的变化区间$\left[\frac{r}{2}, r\right]$上的任一小区间$[x, x+\mathrm{d}x]$，其对应于旋转体中的薄片近似于底面半径为$\sqrt{r^2-x^2}$，高为 $\mathrm{d}x$ 的圆柱体. 因此，体积微元为

$$\mathrm{d}v=\pi(\sqrt{r^2-x^2})^2\mathrm{d}x.$$

再对体积微元两边求定积分就可计算出旋转体的体积.

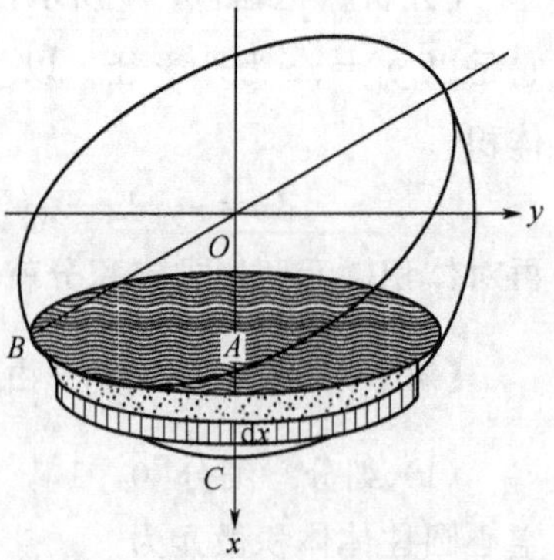

图 5.12

【解】 如图 5.12 所示建立坐标系.

(1) 细分. 细分$\left[\frac{r}{2},r\right]$，任一子区间$[x,x+\mathrm{d}x]$上的小圆柱体体积微元为

$$\mathrm{d}v=\pi(\sqrt{r^2-x^2})^2\mathrm{d}x.$$

(2) 无限求和. 将 $\mathrm{d}v=\pi(\sqrt{r^2-x^2})^2\mathrm{d}x$ 从$\frac{r}{2}$无限求和到 r，得所求旋转体体积为

$$v=\int_{\frac{r}{2}}^r \mathrm{d}v=\int_{\frac{r}{2}}^r \pi(\sqrt{r^2-x^2})^2\mathrm{d}x=\pi\cdot\left(r^2x-\frac{1}{3}x^3\right)\Big|_{\frac{r}{2}}^r=\frac{5\pi}{24}r^3.$$

即容器里剩余水的体积为$\frac{5\pi}{24}r^3$.

类似地，若旋转体是由连续曲线 $x=\psi(y)$，直线 $y=c$，$y=d$ 及 y 轴所围成的曲边梯形，绕 y 轴旋转一周而成(图 5.13)，则旋转体体积为

$$v=\int_c^d \pi[\psi(y)]^2\mathrm{d}y.$$

一般情况下，旋转体绕 x 轴旋转，就以 x 作为积分变量；旋转体绕 y 轴旋转，就以 y 作为积分变量.

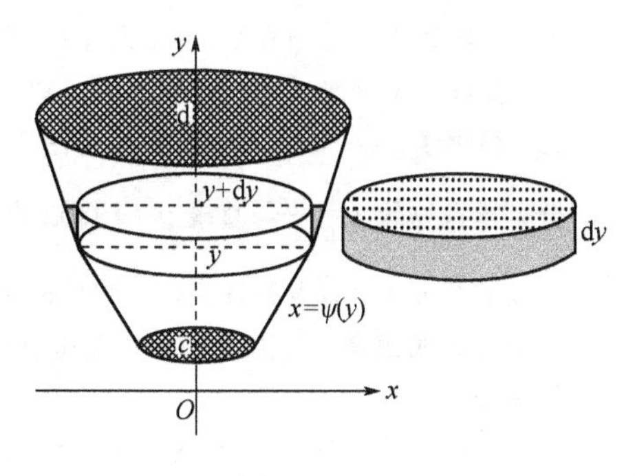

图 5.13

二、求已知截面面积函数的物体体积

在工程设计和后面要讲的二重积分中，往往会碰到这样一类物体，它们可能不属于旋转体，但是，如果选定一轴线，例如 x 轴，如图 5.14 所示，使得垂直于这轴的各截面面积可以求出，则利用定积分的方法求得其体积为

$$v=\int_a^b A(x)\mathrm{d}x.$$

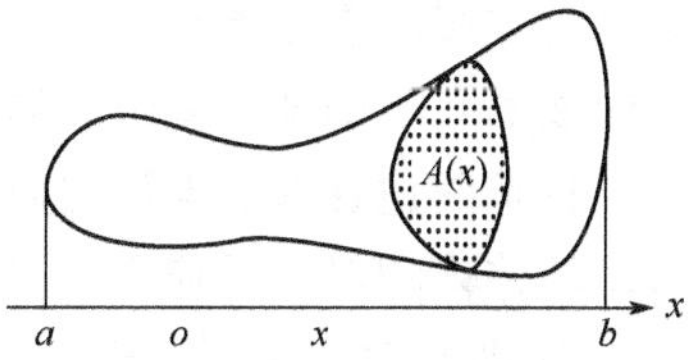

图 5.14

【例 5.8】 设有底面半径为 a 的圆柱体，被过其底面直径 AB 且与底面交角为 α 的平面所截，求截下的楔形的体积(图 5.15).

[分析] 以直径 AB 为数轴 x，底面的中心为原点建立平面直角坐标系. 楔形的截面 PMN 是过直径 AB 上的点 x 且垂直于 x 轴，则截面 PMN 是平面直角三角形. 显然 $|PM|=\sqrt{a^2-x^2}$，$|MN|=\sqrt{a^2-x^2}\tan\alpha$，因此 ΔPMN 的面积为

$$A(x)=\frac{1}{2}(a^2-x^2)\tan\alpha.$$

【解】 如图 5.15 所示建立平面直角坐标系，

(1) 细分. 细分$[-a,a]$，任一子区间$[x,x+\mathrm{d}x]$上的面积函数为

$$A(x)=\frac{1}{2}(a^2-x^2)\tan\alpha,$$

体积微元为

$$\mathrm{d}v=A(x)\mathrm{d}x.$$

(2) 无限求和. 将 $\mathrm{d}v=A(x)\mathrm{d}x$ 从$-a$ 无限求和到 a，得楔形的体积为

$$v=\int_{-a}^{a}A(x)\mathrm{d}x=\int_{-a}^{a}\frac{1}{2}(a^2-x^2)\tan\alpha\mathrm{d}x$$

$$=(a^2x-\frac{1}{3}x^3)\tan\alpha\Big|_0^a=\frac{2}{3}a^3\tan\alpha.$$

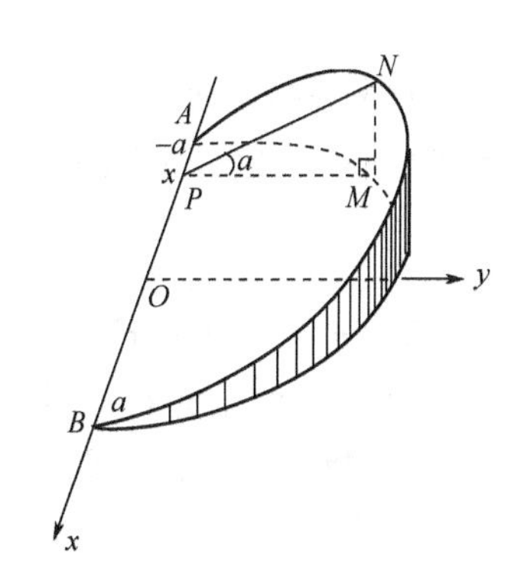

图 5.15

习　题　5-2

1. 求下列曲线所围成的图形绕 x 轴旋转而成的旋转体体积.

(1) 抛物线 $y=x^2$ 与直线 $x=1$，$x=2$ 及 $y=0$ 所围成的图形；

(2) 直线 $y+2x=1$，$x=0$ 及 $y=0$ 所围成的图形；

(3) 抛物线 $y=\sqrt{x}$与直线 $x=4$ 及 $y=0$ 所围成的图形；

(4) 曲线 $a^2y^2+b^2x^2=a^2b^2$ 所围成的图形；

(5) 抛物线 $y=x^2$ 与 $y=1$ 所围成的图形.

2. 分别求抛物线 $y=\dfrac{x^2}{4}$与直线 $y=1$ 围成的图形绕 x 轴和 y 轴旋转一周而成的旋转体体积.

3. 求抛物线 $y=\sqrt{8x}$及其在点(2，4)处的法线和 x 轴所围成图形绕 x 轴旋转一周所成的旋转体的体积.

4. 一立体的底面是半径为 R 的圆，而垂直于底面上某一条固定直径的所有截面都是等边三角形. 计算该立体体积.

5. 有一立体以长半轴 $a=10$，短半轴 $b=5$ 的椭圆为底，而垂直于底面上长轴的所有截面都是正方形，求其体积.

第三节 利用微元法求功

由于公式 $N=FS$ 只能直接用于计算恒力 F 所做的功，而在现实问题中，更多的情形是物体受连续的变力作用，如何计算变力 $F(x)$对物体所做的功，是这一节要解决的问题. 通过前面的几节的学习知道，微元法能够有效地运用简单的计算公式解决复杂的实际问题. 例如，在求曲边梯形的面积时，是应用简单的矩形求面积公式来求复杂的曲边梯形的面积；在求旋转体体积时，是应用简单的求圆柱体体积公式来求复杂的旋转体体积. 对于连续的变力 $F(x)$所做的功，也可以通过应用简单的求恒力 F 做功的公式 $N=FS$ 来求复杂的连续的变力 $F(x)$所做的功.

设受连续的变力 $F(x)$作用的物体沿力的方向作直线运动，求物体从 a 移动到 b 时变力 $F(x)$所做的功.

(1) **细分**. 细分$[a,b]$，在任一个小区间$[x, x+dx]$上，我们用物体在小区间左端点时所受的力 $F(x)$来估计从 x 移动到 $x+dx$ 时变力所做的功，即恒力 $F(x)$所做的功微元为

$$dw=F(x)dx.$$

(2) **无限求和**. 由于变力 $F(x)$是连续变化的，将 $dw=F(x)dx$ 从 a 无限求和到 b，得变力 $F(x)$从 a 到 b 所做的功

$$w=\int_a^b dw=\int_a^b F(x)dx.$$

【例 5.9】 设质量分别为 m_1 和 m_2 的两个质点 A 和 B 相距为 a，将质点 B 沿直线 AB 移至距 A 为 b 的位置 B'，求克服引力所做的功.

［分析］ 如图 5.16 所示建立坐标系. 由物理学知，A 与 B 相距 x 时，两个质点之间引力的大小为

$$F(x)=k\frac{m_1m_2}{x^2},$$

所以 $F(x)$是变力.

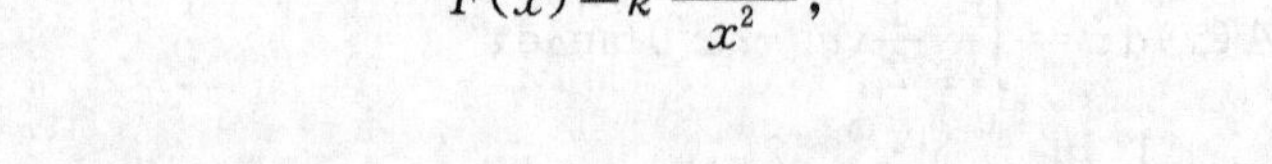

图 5.16

以 x 为积分变量，在其变化区间$[a,b]$上任取一个小区间$[x, x+dx]$，则在这小区间上所做的功近似为

$$dw=F(x)dx=k\frac{m_1m_2}{x^2}dx,$$

这样，对上述微元 $dw=F(x)dx$ 从 a 无限求和到 b 可得所要求的功.

【解】 如图 5.16 所示建立坐标系. 由物理学知，B 在 x 处时，A 与 B 两个质点之间的引力大小为

$$F(x)=k\frac{m_1m_2}{x^2}.$$

(1) 细分. 细分$[a,b]$，在任意一个子区间$[x,\ x+dx]$上，恒力 $F(x)$所做的功微元为

$$dw=F(x)dx=k\frac{m_1m_2}{x^2}dx.$$

(2) 无限求和. 对微元 $dw=k\frac{m_1m_2}{x^2}dx$ 从 a 到 b 无限求和，可得所要求的功为

$$w=\int_a^b k\frac{m_1m_2}{x^2}dx=km_1m_2\left[-\frac{1}{x}\right]_a^b=km_1m_2\left(\frac{1}{a}-\frac{1}{b}\right).$$

若将 B 点沿 AB 移至无穷远处，所做的功就是广义积分

$$w=\int_a^{+\infty}k\frac{m_1m_2}{x^2}dx=\lim_{b\to+\infty}km_1m_2\left(\frac{1}{a}-\frac{1}{b}\right)=\frac{k}{a}m_1m_2.$$

【例 5.10】 一个底面半径为 4m，高为 8m 的倒立圆锥形桶，装了 6m 深的水，要把桶内的水全部抽干，需做多少功？

[分析] 如图 5.17 所示建立坐标系. 圆锥形桶可以看作直线 AB：$y=-\frac{1}{2}x+4$，x 轴和 y 轴所围成的三角形绕 x 轴旋转所产生的旋转体. 水的深度 x 的变化区间是$[2,\ 8]$. 虽然抽水是一个连续过程，但我们可以设想水是一层一层地抽到桶口的，在小区间$[x,\ x+dx]$上取相应的圆柱体水薄片，其水柱重为

$$9.8\rho\pi y^2dx=9.8\rho\pi\left(4-\frac{1}{2}x\right)^2dx,$$

将这圆柱体水薄片提高到桶口的距离为 x，所以，功的微元为

$$dw=9.8\rho\pi\left(4-\frac{1}{2}x\right)^2dx\cdot x=9.8\times10^3\pi x\left(4-\frac{1}{2}x\right)^2dx.$$

这样，对上述微元在区间$[2,\ 8]$上积分可得所要求的功.

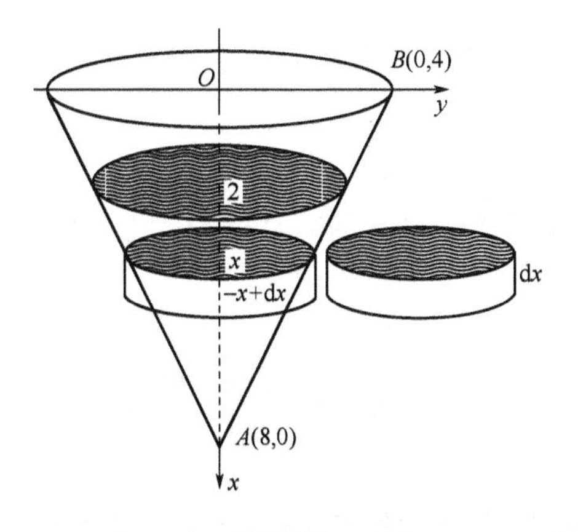

图 5.17

【解】

(1) 细分. 细分$[2, 8]$，在任一子区间$[x, x+dx]$上，功的微元为

$$dw=9.8\rho\pi\left(4-\frac{1}{2}x\right)^2dx\cdot x=9.8\times10^3\pi x\left(4-\frac{1}{2}x\right)^2dx.$$

(2) 无限求和. 对微元$dw=9.8\times10^3\pi x\left(4-\frac{1}{2}x\right)^2dx$从2到8无限求和，可得所要求的功为

$$w=\int_2^8 9.8\times10^3\pi x\left(4-\frac{1}{2}x\right)^2dx=9.8\times10^3\pi\cdot\frac{1}{4}\cdot\int_2^8 x(8-x)^2dx$$

$$=\frac{9.8}{4}\times10^3\pi\left[32x^2-\frac{16}{3}x^3+\frac{1}{4}x^4\right]_2^8=1.94\times10^6(\text{J}).$$

习 题 5-3

1. 由胡克定律知，弹簧伸长量与受到的力的大小成正比. 如果把弹簧伸长6cm，需做多少功？
2. 如果1N的力能使弹簧伸长0.01m，现要使弹簧伸长0.1m，问需做多少功.
3. 弹簧长1m，把它伸长1cm所用力为5g，求把它从80cm压缩到60cm所做的功？
4. 设有一长度为L的铝棒，已知把棒从L拉长到$L+x$时所需的力为kx/L，求把棒从L拉长到$a(a>L)$时所做的功.
5. 把长为10m，宽为6m，高为5m的储水池内盛满的水全部吸出去，需做多少功？
6. 半径为r，高为h的圆柱形水桶盛满水，如果将水桶内的水全部吸出需做多少功？
7. 半径为3m的半球形水池盛满水，如果将其中的水全部抽尽，需做多少功？

8*. 相对密度为1，半径为R的球沉入水中并与水面相切，问：将球从水中捞出需要做多少功？

第四节 利用微元法求力

一、引力的计算

【例5.11】 设有一质量均匀分布、长为l而且总质量为M的细直杆，在沿着杆所在的直线上，距杆的一端a处放一质量为m的质点P，试求杆对质点P的引力.

【解】 如图5.18所示建立坐标系.

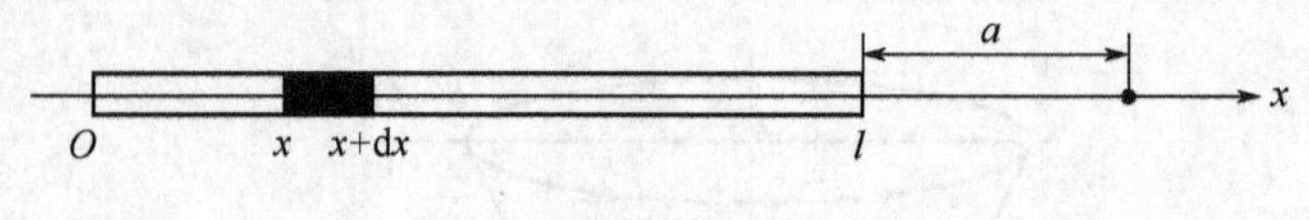

图5.18

(1) 细分. 细分$[0, l]$，在任一子区间$[x, x+dx]$上，估计其质量为

$$\frac{M}{l}dx,$$

所以引力的微元为

$$dF=G\frac{m}{(l+a-x)^2}\frac{M}{l}dx,$$

其中G为万有引力常数.

(2) 无限求和. 对微元dF从0无限求和到l便得整个细杆对质点P的引力为

$$F=G\frac{mM}{l}\int_0^l\frac{dx}{(l+a-x)^2}=G\frac{mM}{a(l+a)}.$$

【例 5.12】 设有一均匀带正电荷的长为 l 的细杆，电荷线密度 ρ(单位长度上的电荷量)为常数，有一单位正电荷位于杆的中垂线上且距杆为 r，试求带电细杆对该点电荷的斥力.

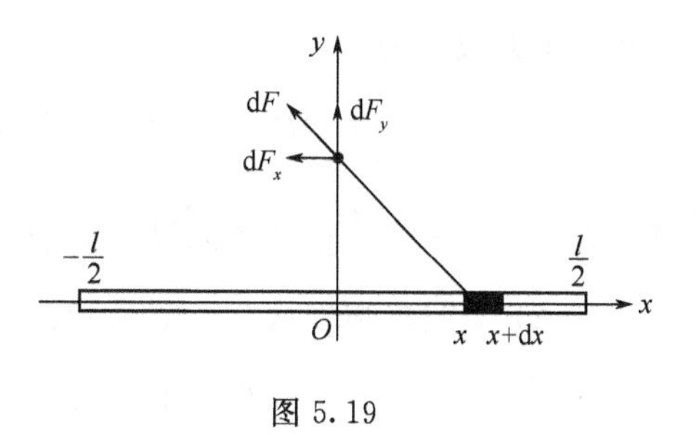

图 5.19

【解】 如图 5.19 所示建立坐标系.

(1) 细分. 细分区间$[-0.5l, 0.5l]$，在任一子区间$[x, x+\mathrm{d}x]$上，其电量为 $\rho\mathrm{d}x$，对单位正电荷的斥力可分解为沿 x 轴方向的分力和沿 y 轴方向的分力，由对称性，总斥力沿 x 轴方向的分力为零，所以只需考虑沿 y 轴方向的分力微元为

$$\mathrm{d}F=k\cdot\frac{1\cdot\rho\mathrm{d}x}{r^2+x^2}\cos\theta=\frac{k\rho r\mathrm{d}x}{\sqrt{(r^2+x^2)^3}}.$$

其中 k 为常数.

(2) 无限求和. 从 $-0.5l$ 无限求和到 $0.5l$，便得整个细杆对单位正电荷的斥力为

$$F=\int_{-0.5l}^{0.5l}\frac{k\rho r\,\mathrm{d}x}{\sqrt{(r^2+x^2)^3}}=\frac{2kl\rho}{r\sqrt{4r^2+l^2}}.$$

二、压力的计算

水深 h 处的水压力强度为 $p=\rho gh$(ρ 为水的密度)，其方向垂直于物体与水的接触面. 如果接触面上各点压强 p 的大小和方向都不变，则接触面受的总的水压力为

$$P=\text{压强 }p\times\text{接触面面积 }S$$

如果将问题作一些改变：设有一形状为曲边梯形的平板，它由曲线 $y=f(x)$，直线 $x=a$，$x=b$ 及 $y=0$ 所围成，垂直地放在密度为 ρ 的液体里，求平板一侧所受的压力 P，如图 5.20 所示，该液面与 y 轴平行.

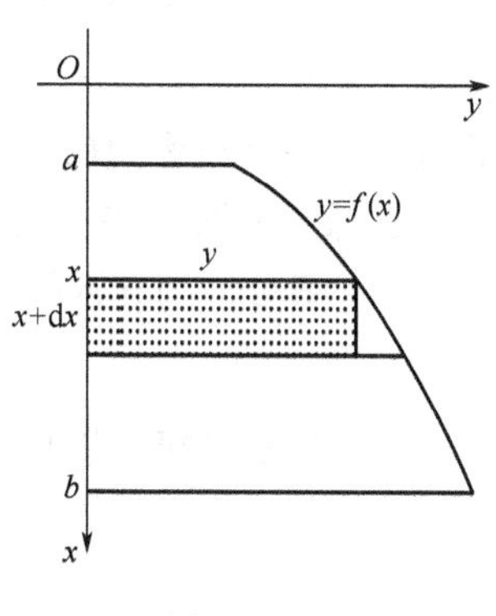

图 5.20

由于平板垂直放置，所以在不同深度所受的压强也不同，于是整个平板所受的压力是一个非均匀连续变化的整体量.

(1) **细分**. 细分$[a,b]$考虑在小区间$[x, x+\mathrm{d}x]$这一小条平板上所受到的压力. 以深度为 x，长度 y，宽度为 $\mathrm{d}x$ 的小条所受的压力作为估计值，因此所求的压力微元为

$$\mathrm{d}P=\rho gxy\mathrm{d}x=\rho gxf(x)\mathrm{d}x.$$

(2) **无限求和**. 如果 $f(x)$连续，则将 $\mathrm{d}P=\rho gxf(x)\mathrm{d}x$ 从 a 无限求和到 b，便得整个平板所受的压力

$$P=\int_a^b\rho gxf(x)\mathrm{d}x.$$

【例 5.13】 一扇水闸的闸门形状是一等腰梯形，上底长是 a，下底长是 $b(a\geqslant b)$，高为 h. 当水面涨到闸门顶部时，求闸门所受的侧压力 P.

【解】 如图 5.21 所示建立坐标系.

(1) 细分. 细分区间$[0, h]$，在任一个子区间$[y, y+\mathrm{d}y]$上，通过相似比得

$$x=\frac{b}{2}+\frac{a-b}{2h}y,$$

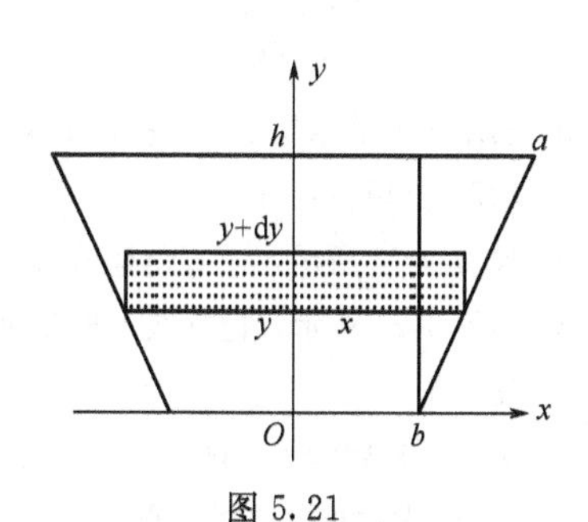

图 5.21

所以压力微元为

$$dP = p ds = p \cdot 2x dy = \rho g(h-y) \cdot 2 \cdot \left(\frac{b}{2}+\frac{a-b}{2h}y\right)dy$$

$$= \rho g(h-y)\left(b+\frac{a-b}{h}y\right)dy.$$

(2) 无限求和. 从 0 无限求和到 h，便得整个闸门所受的压力为

$$P = \int_0^h \rho g(h-y)\left(b+\frac{a-b}{h}y\right)dy$$

$$= \rho g\left[bhy+\frac{1}{2}(a-2b)y^2-\frac{a-b}{3h}y^3\right]_0^h = \frac{1}{6}\rho g(a+2b)h^2.$$

【例 5.14】 一个横放的半径为 r 米的圆柱形水桶，里面盛有半桶水，水的密度为 ρ，计算桶的端面所受的压力.

[分析] 桶的端面是圆板，现在要计算当水面通过圆心时，垂直放置的一个半圆的一侧所受的压力.

如图 5.22 所示. 以 x 为积分变量，它的变化区间为 $[0,r]$，因为圆的方程为 $x^2+y^2=r^2$，对于 $[0,r]$ 上的任一小区间 $[x,x+dx]$，板上相应细条的面积近似于

$$ds = 2\sqrt{r^2-x^2}dx.$$

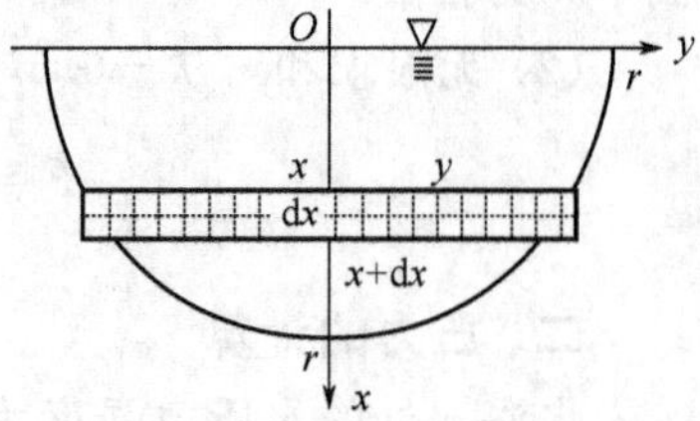

图 5.22

它所受的压力微元为

$$dP = \rho gx \cdot 2y dx = 2\rho gx\sqrt{r^2-x^2}dx.$$

积分可得端面所受到的压力.

【解】 如图 5.22 所示建立坐标系.

(1) 细分. 细分区间 $[0, r]$，在任一小区间 $[x, x+dx]$ 上，它所受的压力微元为

$$dP = \rho gx \cdot 2y dx = 2\rho gx\sqrt{r^2-x^2}dx.$$

(2) 无限求和. 从 0 无限求和到 r 便得端面所受到的压力为

$$P = \int_0^r 2\rho gx\sqrt{r^2-x^2}dx = -9.8\times10^3\int_0^r \sqrt{r^2-x^2}d(r^2-x^2)$$

$$= -9.8\times10^3\left[\frac{2}{3}(r^2-x^2)^{\frac{3}{2}}\right]_0^r = 6.53\times10^3 r^3(\text{N}).$$

习 题 5-4

1. 有一扇闸门，它的形状和尺寸如图 5.23 所示，水面距离闸顶 2m，求闸门上所受的水压力.
2. 一底为 8cm，高为 6cm 的等腰三角形薄片，垂直地沉在水中，顶在上，底在下且与水面平行，而顶离水面 3cm，试求它侧面所受的压力.
3. 洒水车上的水箱是一个横放的椭圆柱体，尺寸如图 5.24 所示，当水箱装满水时，计算它的一端所承受的压力(单位：m).
4. 如图 5.25 所示，一直角梯形板铅直放在水中，求一侧所受的压力.
5. 如图 5.26 所示，抛物线形板铅直放在水中，水面与板上边平行，且在边以下距离 5m 处，求板的一侧所受的压力.
6. 设有一长度为 L，线密度为 ρ 的均匀细直棒，在与棒的一端垂直距离为 a 单位处有一质量为 m 的质点 A，试求这细直棒对质点 A 的引力.

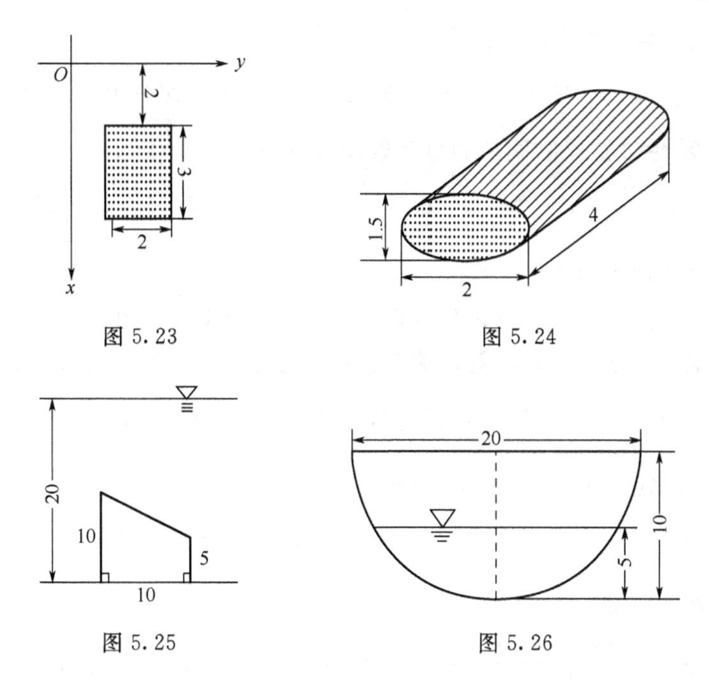

图 5.23　图 5.24

图 5.25　图 5.26

7. 设有一半径为 R 的均匀带正电荷薄圆板，总电荷为 Q，一单位负电荷在过圆心的垂线上，且距圆板 a 处. 求：(1)带电圆板对电荷的引力. (2)当电荷沿垂线由 a 处移动到距圆板 b 处时($b>a>0$)，电荷克服引力所做的功.

第五节　微元法在经济上的应用

一、已知总产量变化率求总产量

已知某产品在 $t=0$ 时刻的总产量为 0，总产量 $Q=Q(t)$ 的变化率是时间 t 的连续函数 $f(t)$,即 $Q'(t)=f(t)$，求该产品的总产量函数 $Q=Q(t)$.

(1) **细分**. 考虑在区间$[0, t]$上的任意一子区间$[x, x+\mathrm{d}x]$上，因为 $Q'(t)=f(t)$是连续函数，因此在时段$[x, x+\mathrm{d}x]$上，所求产品的总产量微元为

$$\mathrm{d}Q=f(x)\mathrm{d}x.$$

(2) **无限求和**. 将 $\mathrm{d}Q=f(x)\mathrm{d}x$ 从 0 无限求和到 t，便得该产品的总产量函数

$$Q=\int_0^t f(x)\mathrm{d}x.$$

如果已知产品在 $t=t_0$ 时刻的总产量为 $Q(t_0)$，则在时段$[t_0, t]$上，该产品的总产量为

$$Q=Q(t)-Q(t_0)=\int_{t_0}^t f(x)\mathrm{d}x,$$

因此，该产品的总产量函数为

$$Q(t)=Q(t_0)+\int_{t_0}^t f(x)\mathrm{d}x,(\text{在时段}[0,t]\text{上}).$$

通常，产品在 $t=0$ 时刻的总产量为 0，即刚投产时的总产量为零.

【例 5.15】 某产品的总产量变化率为

$$f(t)=100+10t-0.45t^2\,(\mathrm{t/h}),$$

求 (1)该产品的总产量函数；(2)从 $t_0=4$ 到 $t=8$ 这段时间内的总产量(增量).

【解】 (1) 该产品的总产量函数为

$$Q(t)=\int_0^t(100+10x-0.45x^2)\mathrm{d}x=100t+5t^2-0.15t^3(\mathrm{t}).$$

(2)从 $t_0=4$ 到 $t=8$ 这段时间内的总产量(增量)为

$$Q=\int_4^8(100+10x-0.45x^2)\mathrm{d}x=[100t+5t^2-0.15t^3]_4^8=572.8(\mathrm{t}).$$

二、已知边际函数求总量

已知边际函数求总量函数，是定积分在经济应用中最典型，最常见的情形．例如，已知边际成本，求总成本；已知边际收益，求总收益；已知边际利润，求总利润等．

【例 5.16】 某工厂生产某产品 xt 的总成本为 $C=C(x)$ 千元，已知边际成本为 $5+\frac{25}{\sqrt{x}}$，求日产量从 64t 增加到 100t 时总成本增加额．

【解】 产品的边际成本是产品总成本关于产量的变化率，即 $C'(x)=5+\frac{25}{\sqrt{x}}$．
故，要求的总成本增加额为

$$\Delta C=\int_{64}^{100}\left(5+\frac{25}{\sqrt{x}}\right)\mathrm{d}x=\left[5x+50\sqrt{x}\right]_{64}^{100}=280(千元).$$

答：日产量从 64t 增加到 100t 时，总成本增加额为 280 千元．

【例 5.17】 某产品生产 x 单位时，总收入 R 的变化率为 $R'(x)=2000-\frac{x}{100}$(元)，

(1) 求生产 50 个单位该产品的总收入；

(2) 如果已经生产了 100 个单位，求再生产 100 个单位时的总收入．

【解】 (1)求生产 50 个单位该产品的总收入 R_1 为

$$R_1=\int_0^{50}\left(2000-\frac{x}{100}\right)\mathrm{d}x=\left[2000x-\frac{x^2}{200}\right]_0^{50}=99987.5(元).$$

(2)再生产 100 个单位时的总收入 R_2 为

$$R_2=\int_{100}^{200}\left(2000-\frac{x}{100}\right)\mathrm{d}x=\left[2000x-\frac{x^2}{200}\right]_{100}^{200}=199850(元).$$

答：生产 50 个单位该产品的总收入为 99987.5 元；如果已经生产了 100 个单位，再生产 100 个单位时的总收入 199850 元．

三、求其他总量

【例 5.18】 (人口统计)某城市居民人口分布密度的数学模型是

$$p(r)=\frac{1}{r^2+2r+5}.$$

其中，r(km)是离开市中心的距离，$p(r)$的单位是 10 万人/km^2．求在离市中心 10km 范围内的人口数．

【解】 由模型知，人口是放射形分布的．如图 5.27 所示．所以人口数微元(密度×面积)是

$$\mathrm{d}P(r)=2\pi rp(r)\mathrm{d}r.$$

因此，在离城市 10km 范围内的人口数是定积分

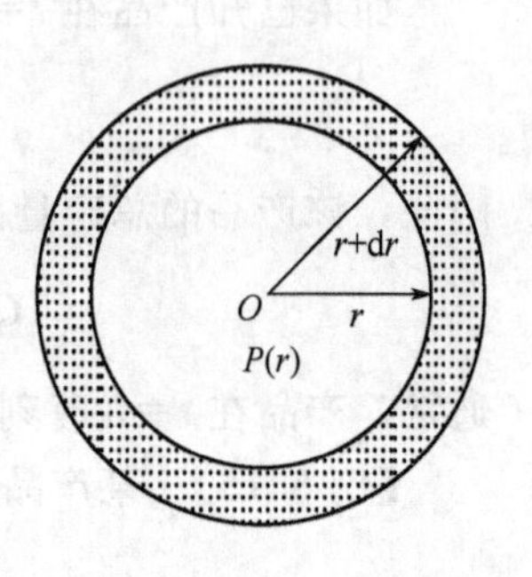

图 5.27

$$P = 2\pi\int_0^{10} rp(r)\mathrm{d}r = 2\pi\int_0^{10} \frac{r}{r^2+2r+5}\mathrm{d}r$$

$$= \pi\left[\ln(r^2+2r+5) - \arctan\frac{r+1}{2}\right]_0^{10} \approx 7.20(10\text{ 万人}).$$

【例 5.19】（产量预测）天然气井初期的产量是递增的，但开采一段时间后，产量会逐渐减少．工程师们在墨西哥湾打出了一口新井，根据试验的资料及以往的经验，他们预测该井第 t 个月的天然气产量是 $p(t)=0.08495te^{-0.02t}$，估计该井第一年的产量．

【解】 产量 $p(t)$ 的曲线见图 5.28．该井第一年的产量是曲线 $p(t)(0\leqslant t\leqslant 12)$ 下的面积．产量微元

$$\mathrm{d}P(t) = p(t)\mathrm{d}t.$$

因此它第一年的产量预测是定积分

$$\int_0^{12}\mathrm{d}P(t) = \int_0^{12}p(t)\mathrm{d}t = \int_0^{12}0.08495te^{-0.02t}\mathrm{d}t$$

$$= -0.08495\times 50[(t+1)e^{-0.02t}]_1^{12}$$

$$\approx 5.22.$$

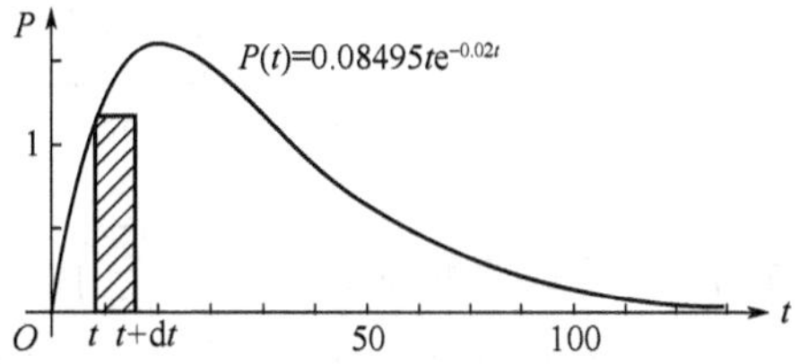

图 5.28

习　题　5-5

1. 已知生产某产品 x 单位(百台)的边际成本函数和边际收益函数分别为

$$C'(x)=3+\frac{1}{3}x, R'(x)=7-x(\text{万元/百台}).$$

(1) 若固定成本 $C(0)=1$(万元)，求总成本函数、总收益函数和总利润函数．

(2) 当产量从 100 台增加到 500 台时，求增加的总成本与总收益．

(3) 产量为多少时，总利润最大？最大总利润为多少？

2. 设某商品销售总成本为 $C=C(x)$元，已知它的边际成本为 $C'(x)=6+\frac{4}{\sqrt{x}}$，求销售量从 100 件增加到 150 件时增加的总成本．

3. 已知生产某商品 x 单位时收入的变化率(边际收入)是 $R'(x)=200-\frac{x}{50}$(元/单位)，试求生产这种产品 100 个单位时的总收入．

4. 已知某产品总产量的变化率是时间(单位：年)的函数 $f(t)=2t+5$．求第一个五年和第二个五年的总产量各是多少？

5. 某产品的生产量为 x 时，边际成本为 $C'(x)=2$，$C(0)=0$，边际收益函数为 $R'(x)=20-0.02x$，求生产量为 800 件时的利润．

第六节　微元法的其他应用

一、平面图形形心的计算

由物理学知识，质点系中各质点对 x 轴(y 轴)的静力矩之和，等于质点系的总重量集中在重心(X, Y)处对 x 轴(y 轴)的静力矩．这不仅对质点系而且对质量分布连续的物体也是适用的．问题在于如何计算质量分布连续的物体对坐标轴的静力矩．现在，主要考虑平面问题．

【例 5.20】 求质量均匀分布的半圆板和半圆弧的重心.

【解】 设圆的半径为 R，上半圆 $\overset{\frown}{AB}$ 的方程为

$$y=\sqrt{R^2-x^2}\quad(-R\leqslant x\leqslant R).$$

(1) 设半圆板的重心 $G_1(X_1, Y_1)$，根据对称性，显然有

$$X_1=0\ .$$

由重心坐标公式得

$$Y_1=\frac{M_x}{m}=\frac{\int_{-R}^{R}(R^2-x^2)\mathrm{d}x}{2\cdot\frac{1}{2}\pi R^2}=\frac{1}{\pi R^2}\left[R^2x-\frac{1}{3}x^3\right]_{-R}^{R}=\frac{4R}{3\pi}.$$

因此，半圆板的重心为 $G_1\left(0,\ \frac{4R}{3\pi}\right)$.

(2) 设半圆弧的线密度为 μ(常数)，其重心 $G_2(X_2, Y_2)$，根据对称性，有 $X_2=0$. 为了求 Y_2，需求 $\overset{\frown}{AB}$ 对 x 轴的静力矩. 这时，取 θ 为积分变量(图 5.29)，在 $[\theta, \theta+\mathrm{d}\theta]$ 上相应的小弧段可简化为一个质点，其质量近似为 $\mathrm{d}m=\mu\cdot$(小弧段的长)$=\mu\cdot R\mathrm{d}\theta$.

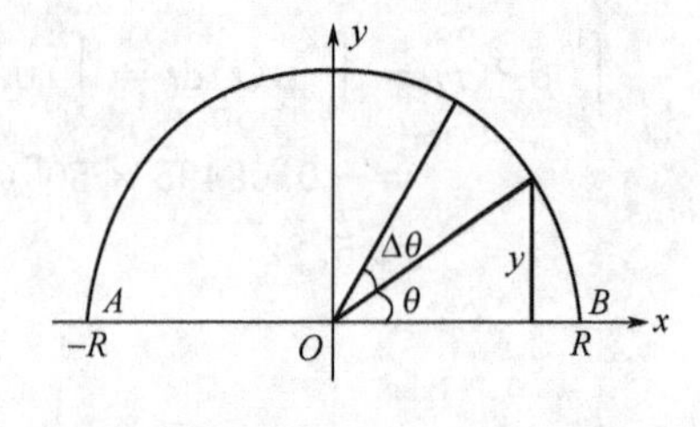

图 5.29

小弧段对 x 轴的静力矩为

$$\mathrm{d}M_x=y\cdot\mathrm{d}m=\mu R^2\sin\theta\cdot\mathrm{d}\theta.$$

由此可得 $\overset{\frown}{AB}$ 对 x 轴的静力矩

$$M_x=2\int_0^{\frac{\pi}{2}}\mu R^2\sin\theta\cdot\mathrm{d}\theta=2\mu R^2.$$

$\overset{\frown}{AB}$ 的总质量为 $m=\mu\pi R$. 由重心坐标公式得

$$Y_2=\frac{M_x}{m}=\frac{2\mu R^2}{\mu\pi R}=\frac{2R}{\pi}.$$

因此，半圆弧的重心为 $G_2\left(0,\ \frac{2R}{\pi}\right)$.

【例 5.21】 设有抛物线形板，质量均匀分布(面密度为 σ)，板的边界线为 $y=1$ 及 $y=x^2$. 求此板的重心 $G(X, Y)$.

【解】 如图 5.30 所示，根据对称性，有 $X=0$.

在 $[x, x+\mathrm{d}x]$ 上的小曲边形板条对 x 轴的静力矩微元为

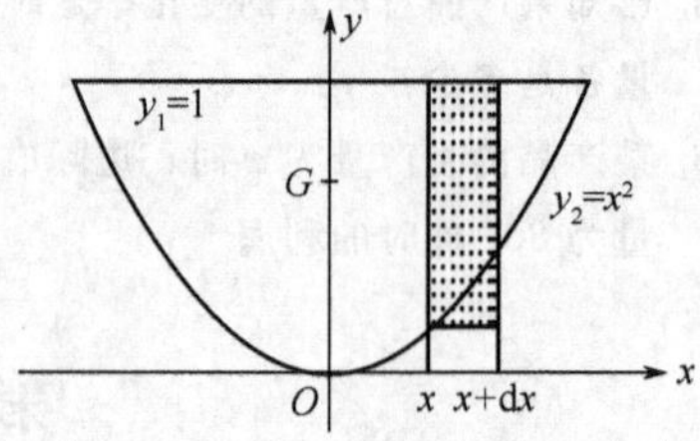

$$\mathrm{d}M_x=\frac{1}{2}(y_1+y_2)\cdot\sigma\cdot(y_1-y_2)\mathrm{d}x=\frac{1}{2}\sigma\cdot(y_1^2-y_2^2)\mathrm{d}x.$$

图 5.30

所以，

$$M_x=\int_{-1}^{1}\frac{1}{2}\sigma\cdot(y_1^2-y_2^2)\mathrm{d}x=\frac{1}{2}\sigma\int_{-1}^{1}(1-x^4)\mathrm{d}x$$

$$=\sigma\left[x-\frac{1}{5}x^5\right]_0^1=\frac{4}{5}\sigma.$$

$$m=\sigma\int_{-1}^{1}(y_1-y_2)\mathrm{d}x=2\sigma\int_0^1(1-x^2)\mathrm{d}x=2\sigma\left[x-\frac{1}{3}x^3\right]_0^1=\frac{4\sigma}{3}.$$

结果得到

$$Y=\frac{M_x}{m}=\frac{4\sigma}{5}\div\frac{4\sigma}{3}=\frac{3}{5}.$$

因此，板的重心为 $G\left(0,\frac{3}{5}\right)$.

求 M_x 时，也可取 y 作积分变量，这时得

$$M_x=2\sigma\int_0^1 2y\sqrt{y}\,\mathrm{d}y=\frac{4\sigma}{5}.$$

图 5.31 是土木工程中“鱼腹梁”的纵断面，其边界曲线为抛物线. 这个梁的重心就是例 5.21 所列类型的重心.

一般地，设曲边梯形 $APQB$(图 5.32)的面密度 σ 为常数，曲线 PQ 的方程为 $y=f(x)$，$(a\leqslant x\leqslant b)$，这时曲边梯形的总质量为

$$m=\sigma\cdot(APQB\text{ 的面积})=\sigma\int_a^b f(x)\mathrm{d}x.$$

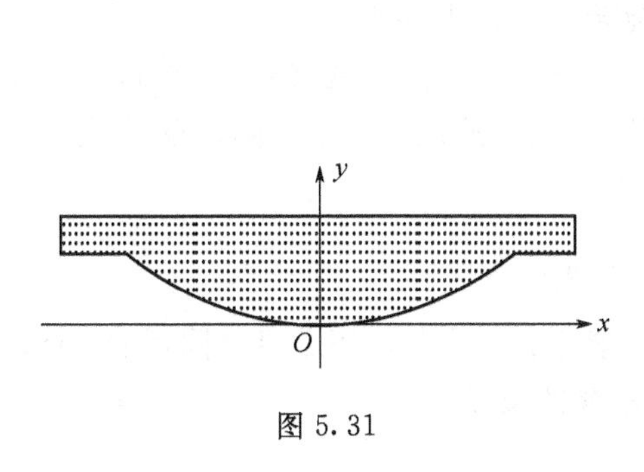

图 5.31

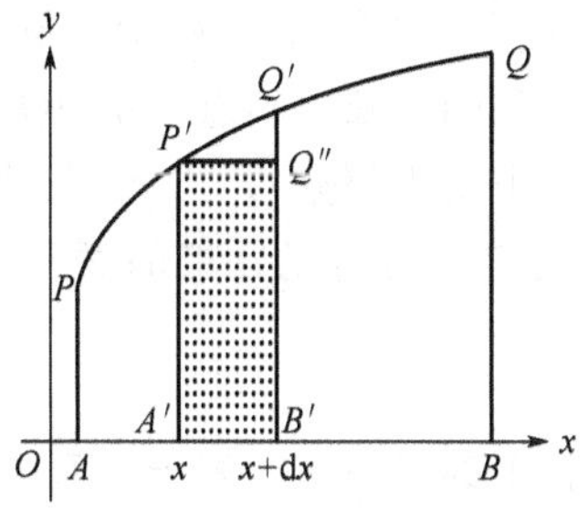

图 5.32

记对 y 轴的总静力矩为 M_y，对 x 轴的总静力矩为 M_x. 将曲边梯形用平行于 y 轴的直线分为若干细长条，在任意一个子区间$[x,\ x+\mathrm{d}x]$上的细长条，可以近似看成细长的矩形. 而质量均匀分布的矩形，其重心为两条对角线的交点 c，由于 $\mathrm{d}x$ 很小，c 点的坐标又可以近似为$\left(x,\ \frac{1}{2}y\right)$. 于是 $A'P'Q'B'$对 x 轴和 y 轴的静力矩微元分别为

$$\mathrm{d}M_x=\frac{y}{2}\cdot(\text{矩形 }A'P'Q'B'\text{的质量})=\frac{1}{2}\sigma y^2\mathrm{d}x=\frac{1}{2}\sigma[f(x)]^2\mathrm{d}x,$$

$$\mathrm{d}M_y=x\cdot(\text{矩形 }A'P'Q'B'\text{的质量})=\sigma xy\mathrm{d}x=\sigma xf(x)\mathrm{d}x.$$

由此得曲边梯形 $APQB$ 对 x 轴和 y 轴的总静力矩为

$$M_x=\frac{1}{2}\sigma\int_a^b[f(x)]^2\mathrm{d}x,M_y=\sigma\int_a^b xf(x)\mathrm{d}x.$$

于是可得重心坐标为

$$X=\frac{M_y}{m}=\frac{\sigma\int_a^b xf(x)\mathrm{d}x}{\sigma\int_a^b f(x)\mathrm{d}x}=\frac{\int_a^b xf(x)\mathrm{d}x}{\int_a^b f(x)\mathrm{d}x},$$

$$Y=\frac{M_x}{m}=\frac{\frac{\sigma}{2}\int_a^b[f(x)]^2\mathrm{d}x}{\sigma\int_a^b f(x)\mathrm{d}x}=\frac{\int_a^b[f(x)]^2\mathrm{d}x}{2\int_a^b f(x)\mathrm{d}x}.$$

可见，质量均匀分布的平面图形(即面密度 σ 为常数)的重心坐标与面密度 σ 无关，只与平面

图形的形状有关．所以这样的重心也叫平面图形的形心．

二、物体动能以及物体的转动惯量的计算

在物理中学过，质量为 m，速度为 v 的运动质点，其动能为

$$E=\frac{1}{2}mv^2.$$

一个用细铁丝做成的圆环（半径为 r，质量 m），以匀角速度 ω 绕中心轴 l 旋转（图 5.33），这时，圆环上各点的线速度皆为 $r\omega$．于是圆环旋转时的动能为

$$E=\frac{1}{2}mr^2\omega^2.$$

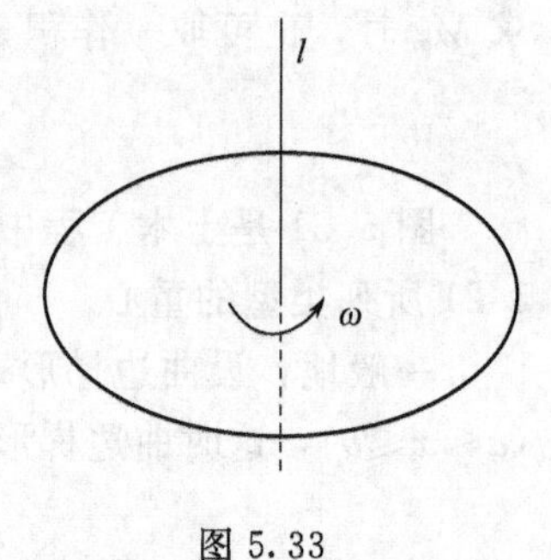

图 5.33

【例 5.22】 设有一个均匀的圆薄板，其半径为 R，面密度为 σ．求圆薄板以角速度 ω 绕中心轴旋转的动能．

[分析] 如图 5.34 所示，圆板绕中心轴旋转时，板上各点的线速度是随点到中心点 o 的距离 r 而变．在 $[r, r+\mathrm{d}r]$ 上，圆板的所有点构成一个圆环（图 5.34 中阴影部分），当 $\mathrm{d}r$ 很小时，该圆环上各点的速度 $v\approx r\omega$，圆环的质量 $\mathrm{d}m=\sigma\cdot 2\pi r\mathrm{d}r$．于是，圆环的动能的微元为

$$\mathrm{d}E=\frac{1}{2}r^2\omega^2\mathrm{d}m=\pi\sigma\omega^2r^3\mathrm{d}r.$$

显然，整个圆板的动能等于一系列同心圆环的动能之和．因此，积分可得圆板的动能．

【解】 如图 5.34 所示．在 $[r, r+\mathrm{d}r]$ 上，动能的微元为

$$\mathrm{d}E=\frac{1}{2}r^2\omega^2\mathrm{d}m=\pi\sigma\omega^2r^3\mathrm{d}r.$$

对动能的微元从 0 到 R 无限求和得

$$E=\int_0^R\pi\sigma\omega^2r^3\mathrm{d}r=\frac{\pi}{4}\sigma\omega^2r^4\Big|_0^R=\frac{\pi}{4}\sigma\omega^2R^4.$$

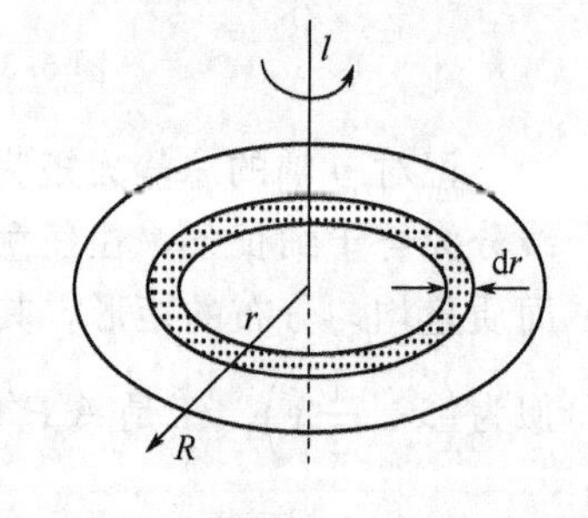

图 5.34

由于圆板总质量 $m=\pi R^2\sigma$，于是，

$$E=\frac{\pi}{4}\sigma\omega^2R^4=\frac{1}{2}\left(\frac{R}{\sqrt{2}}\cdot\omega\right)^2m.$$

这意味着：如果将圆板的质量 m 集中在 $r=\frac{R}{\sqrt{2}}$ 处（注意，不是 $r=\frac{R}{2}$ 处），并将其视为一个质点，则该质点的旋转动能等于圆板的旋转动能．

在物理学中，讨论物体绕轴转动问题时，有一个重要的结论：转动的角加速度 β 与作用在物体上的外力矩 M 成正比，即

$$M=J\beta.$$

其中 J 表示物体的转动惯量．这里 J 的作用，类似于牛顿第二定律 $F=ma$ 中物体质量 m 所起的作用．质量 m 反映物体移动时惯性的大小，而转动惯量 J 则是体现物体转动时惯性的大小．

在物理学中规定，质量为 m 的质点绕轴转动的转动惯量为

$$J=mr^2.$$

其中 r 表示质点 m 到轴的垂直距离．（注意：转动惯量的大小与转动的角速度无关．）

【例 5.23】 求长为 l，线密度 μ 为常数的均匀细杆绕 y 轴转动的转动惯量.

[分析] 如图 5.35 所示建立坐标系. 由于细杆上各点到 o 点的距离是变量，因此不能简单地利用 $J=mr^2$ 求杆的转动惯量. 但是把杆分成很多小段，在$[x, x+\mathrm{d}x]$上的一小段，当 $\mathrm{d}x$ 很小时可以化为一个质点，其质量 $\mathrm{d}m=\mu\mathrm{d}x$，利用公式可以求得转动惯量的微元

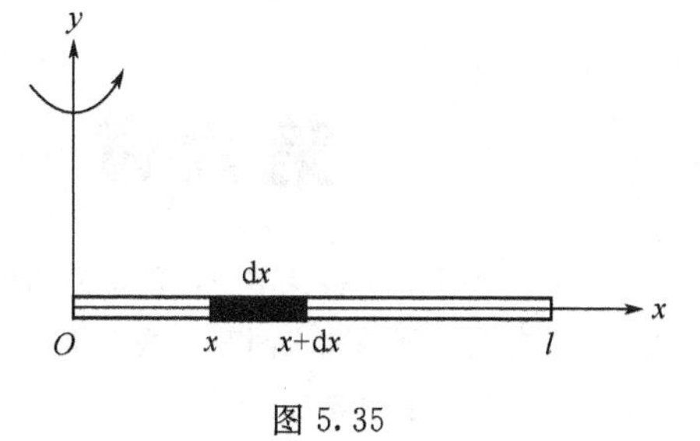

图 5.35

$$\mathrm{d}J=x^2\mathrm{d}m=\mu x^2\mathrm{d}x.$$

积分可得杆的转动惯量.

【解】 如图 5.35 建立坐标系. 在$[x, x+\mathrm{d}x]$上，转动惯量微元为

$$\mathrm{d}J=x^2\mathrm{d}m=\mu x^2\mathrm{d}x.$$

对转动惯量微元从 0 到 l 无限求和得

$$J=\int_0^l \mu x^2\mathrm{d}x=\frac{1}{3}ml^3.$$

其中 m 表示细杆的质量，$m=\mu l$.

【例 5.24】 陀螺(正圆锥体)的底半径为 R，高为 H，体密度(单位体积的质量)μ 为常数，求它绕对称轴转动的转动惯量.

【解】 如图 5.36 建立坐标系. 对称轴是 z 轴，在离开 z 轴的距离为 r 处，由平行线比例线段定理，有

$$\frac{H}{h}=\frac{R}{R-r}.$$

所以，在$[r, r+\mathrm{d}r]$上，转动惯量微元为

$$\mathrm{d}J=r^2\mathrm{d}m=r^2\cdot\mu\cdot 2\pi rh\mathrm{d}r=2\mu\pi r^3H\left(1-\frac{r}{R}\right).$$

于是，陀螺的转动惯量为

$$J=\int_0^R \mathrm{d}J=2\mu\pi H\int_0^R r^3\left(1-\frac{r}{R}\right)\mathrm{d}r=\frac{\mu}{10}\pi HR^4.$$

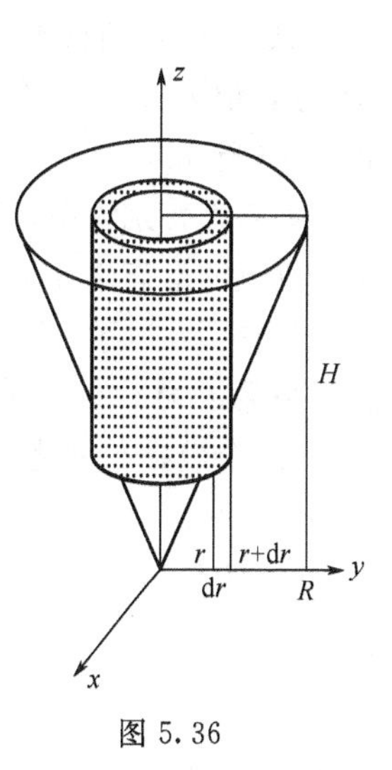

图 5.36

习　题　5-6

1. 设长为 a，宽为 b，质量为 m(均匀分布)的矩形板，绕其长为 a 的一边以等角速度 ω 旋转. 试求其动能和转动惯量.
2. 有一长为 l，质量为 m 的均匀细杆，现将其折成等边三角形，并以等角速度 ω 绕其一边旋转，求其动能和转动惯量.
3. 长方形 $OABC$：$O(0, 0)$，$A(a, 0)$，$B(a,b)$，$C(0, b)$. 设有一抛物线过 O 与 B，且对称轴为 x 轴，此抛物线将长方形分成两部分，分别求这两部分的重心.
4. 设半径为 1 的半圆薄板，其面密度 $\rho=1+r^2$，(r 为半径)，试求其重心.
5. 已知一薄圆板和一薄圆环板(外径是内径的 3 倍)的面积均为 4π，面密度 σ 为常数. (1)试问它们绕中心轴(过圆心与圆板垂直的轴)旋转的转动惯量各为多少？(2)如果旋转的角度为常数 ω，问它们旋转的动能各为多少？
6. 设轮胎形体由圆$(x-b)^2+y^2=a^2(b>a>0)$绕 y 轴旋转而成. 问，假定体密度 ρ 为常数，当该旋转体以等角速度 ω 绕 y 轴旋转时，其旋转时的动能与转动惯量各是多少？

第六章　多元函数的微积分

在自然科学和工程技术中，常常遇到依赖两个或更多个自变量的函数，这种函数统称为多元函数．因为一元函数与二元函数之间有一些实质上的差异，而二元函数与二元以上的多元函数之间没有实质上的差异，因此我们主要讨论二元函数．

第一节　多元函数的概念

一、空间直角坐标系

平面解析几何用实数对(x, y)与平面上的点一一对应起来，将曲线与方程对应起来，从而将平面上的“形”和“数”进行统一．类似地，我们可以将空间上的“形”和“数”统一起来．

给定一点O，自该点引出三条相互垂直的数轴Ox，Oy，Oz建立坐标系，我们称该坐标系为**空间直角坐标系**，记为$Oxyz$. 称点O为**原点**，称数轴Ox，Oy，Oz分别为x**轴**（横轴），y**轴**（纵轴）和z**轴**（竖轴）.

如果无特别说明，数轴Ox，Oy，Oz的次序是以右手的大拇指、食指、中指形成的两两相互垂直的形态次序. 即右手系，如图6.1所示．否则得声明是左手系．

数轴Ox，Oy，Oz两两决定三个互相垂直的平面，统称为**坐标平面**．数轴Ox，Oy决定的平面记为Oxy，数轴Oy，Oz决定的平面记为Oyz，数轴Oz，Ox决定的平面记为Ozx. 三个坐标平面将空间分成八个卦限．如图6.2所示．

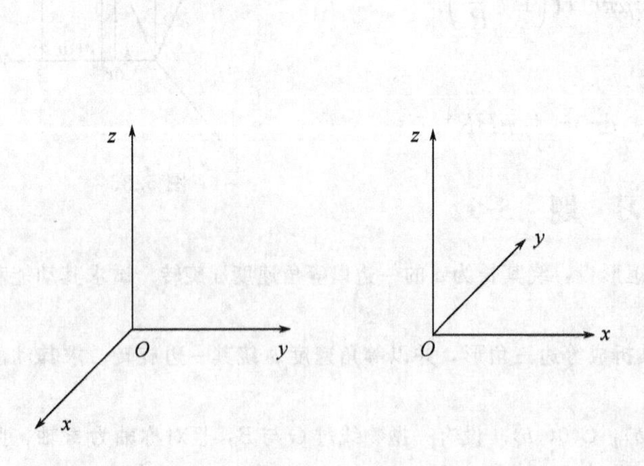

图6.1

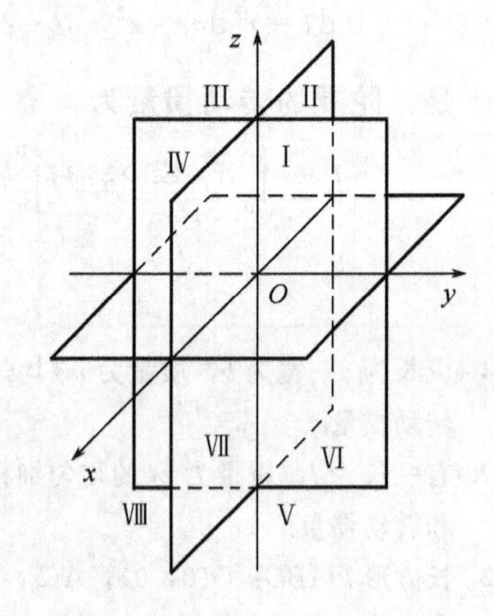

图6.2

对空间的任意一点M(图6.3)，过该点分别作垂直于三坐标轴Ox，Oy，Oz的平面，并依次相交于点A、B、C，记$OA=x$，$OB=y$，$OC=z$，则点M决定了唯一的有序数组x，y，z. 反之，对任意有序数组x，y，z，在坐标轴Ox，Oy，Oz上分别选取三点A，B，C，并使$OA=x$，$OB=y$,$OC=z$. 过A，B，C作平面分别垂直坐标轴Ox，Oy，Oz，则所作三平面必相交于一点M. 这样，就建立了点M与有序数组x，y，z的一一对应关系，称有序数组为该点M的**坐标**，记为$M(x, y, z)$.

二、多元函数的概念

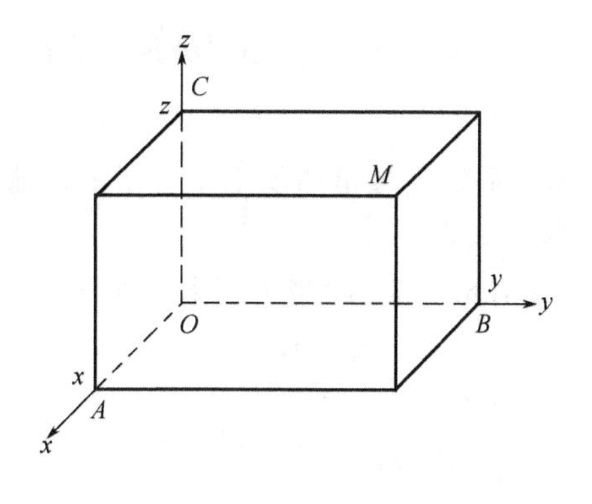

图 6.3

定义 6.1 设有三个变量 x，y，z，如果对变量 x，y 在它们的变化范围内所取的每一对值，变量 z 都按照一定的规则，有一个确定的值与之对应，则称 z 为 x，y 的**二元函数**，记作

$$z=f(x,\ y)\text{或}\ z=z(x,\ y).$$

其中，称 x，y 为**自变量**，称 z 为**函数**(因变量)．称自变量 x，y 的变化范围为函数的**定义域**．

类似地，可以定义三元函数以及三元以上的函数．二元函数以及二元以上的函数统称为**多元函数**．

例如，矩形的面积 $S=xy$(x 为长，y 为宽)．直流电所产生的热量 $Q=0.24UIt$(U 为电压，I 为电流，t 为时间)等．

【例 6.1】 求下列函数的定义域：

(1) $z=\sqrt{1-x^2-y^2}$；

(2) $z=\ln(x+y)$；

(3) $z=\arcsin\dfrac{x}{a}+\arcsin\dfrac{y}{b}(a>0,\ b>0)$；

(4) $z=\dfrac{1}{\sqrt{1-x^2-y^2}}$.

【解】 (1) 显然，自变量 x，y 必须满足不等式

$$x^2+y^2\leqslant 1,$$

即函数的定义域是以原点为圆心，半径为 1 的圆内及圆周上点的全体．如图 6.4 阴影部分所示．

(2) 显然，自变量 x，y 必须满足不等式

$$x+y>0,$$

即函数的定义域是在 Oxy 平面上位于直线 $y=-x$ 上方的半平面，但不含直线本身．如图 6.5 阴影部分所示．

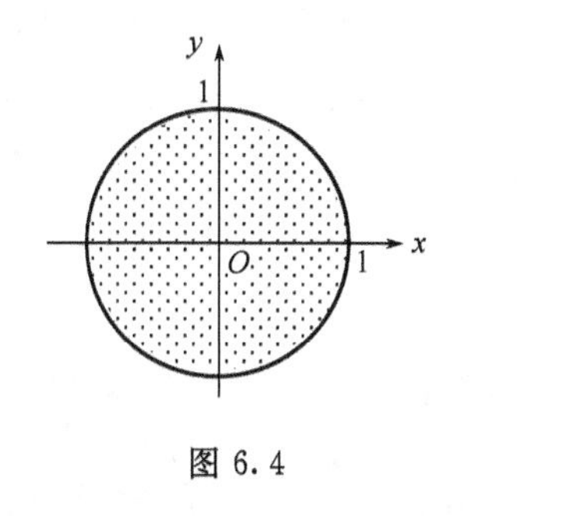

图 6.4

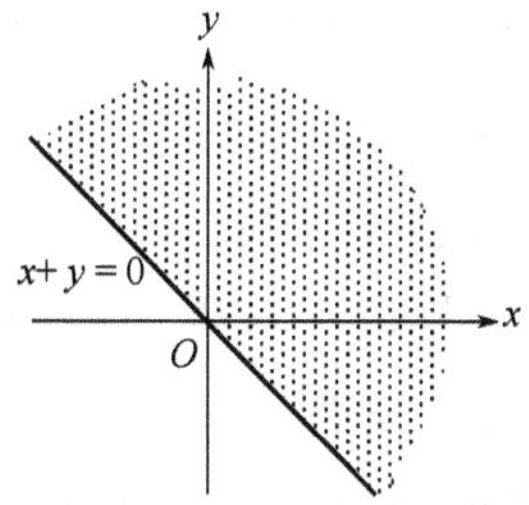

图 6.5

(3) 自变量 x，y 必须满足不等式组

$$|x|\leqslant a,\qquad |y|\leqslant b,$$

即函数的定义域是如图 6.6 所示的矩形阴影部分，并包含边界．

(4) 自变量 x，y 必须满足不等式

$$x^2+y^2<1,$$

即函数的定义域是如图 6.4 所示的阴影部分，但不包括边界.

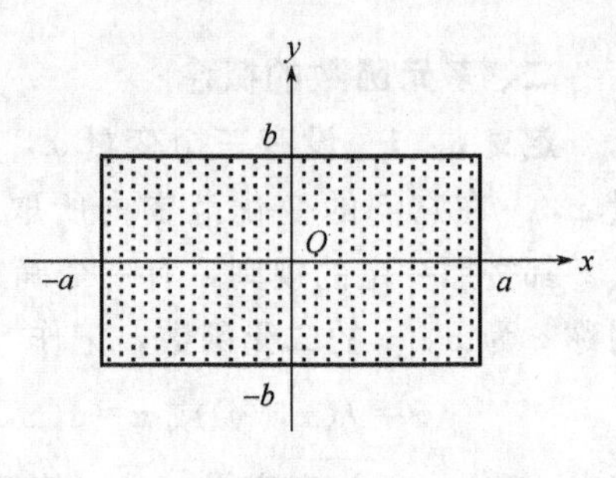

图 6.6

【例 6. 2】 绘制下列函数的图形：

(1) $z=1-x-y$；

(2) $z=x^2+y^2$；

(3) $z=\sqrt{1-x^2-y^2}$.

在平面上绘制二元函数以及二元以上的函数的图形是很不容易的，但这些图形对我们理解这类函数是很有帮助的. 为此，我们只绘制它们的草图，并简单描述具体的绘制过程.

【解】 (1) 函数 $z=1-x-y$ 的图形是一张空间平面. 平面与 x 轴的交点可以令 $z=0$，$y=0$，得 $x=1$，即点(1，0，0). 同理，平面与 y 轴和 z 轴的交点分别为(0，1，0)和(0，0，1)，将这三点两两相连得函数 $z=1-x-y$ 的图形. 如图 6.7 所示.

(2) 函数 $z=x^2+y^2$ 的图形是一张空间曲面(旋转抛物面). 令 $x=0$，函数 $z=x^2+y^2$ 变形为 $z=y^2$，即在 Oyz 平面，函数图形是一条抛物线 $z=y^2$，我们先绘制这条抛物线 $z=y^2$. 显然，空间曲面 $z=x^2+y^2$ 可以看作是抛物线 $z=y^2$ 绕 z 轴旋转所形成的，在 $z=z_0(z_0>0)$ 平面上，空间曲面 $z=x^2+y^2$ 变形为 $x^2+y^2=(\sqrt{z_0})^2$，即以 $\sqrt{z_0}$ 为半径的圆. 如图 6.8 所示.

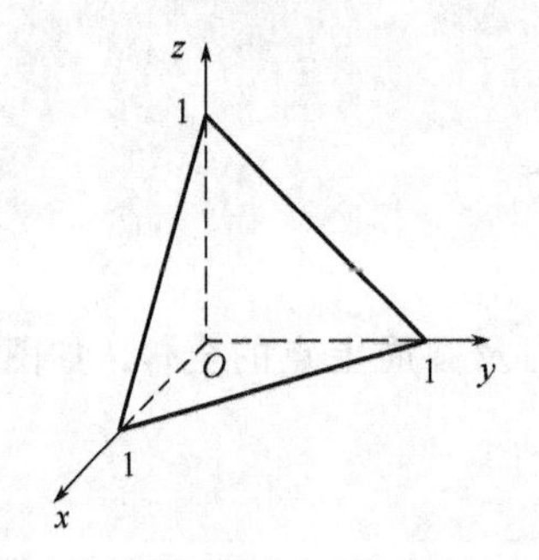

图 6.7

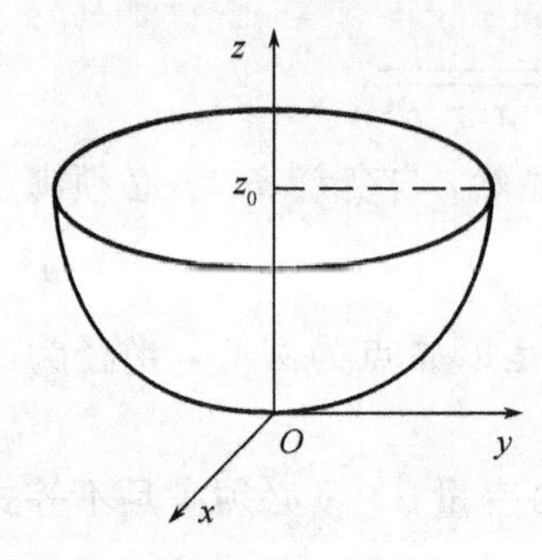

图 6.8

(3) 函数 $z=\sqrt{1-x^2-y^2}$ 的图形也是一张空间曲面(半个球面). 令 $x=0$，函数 $z=\sqrt{1-x^2-y^2}$ 变形为 $z=\sqrt{1-y^2}$，即在 Oyz 平面，函数图形是半个圆，我们先绘制这个半圆 $z=\sqrt{1-y^2}$. 令 $y=0$，函数 $z=\sqrt{1-x^2-y^2}$ 变形为 $z=\sqrt{1-x^2}$，即在 Oxz 平面，函数图形是半个圆，我们再绘制这个半圆 $z=\sqrt{1-x^2}$. 令 $z=0$，函数 $z=\sqrt{1-x^2-y^2}$ 变形为 $x^2+y^2=1$，即在 Oxy 平面，函数图形是圆，我们绘制这个圆 $x^2+y^2=1$. 这样，我们就得到了函数 $z=\sqrt{1-x^2-y^2}$ 的草图. 如图 6.9 所示.

通常，一元函数的图形是一条曲线，二元函数的图形是一个曲面. 设二元函数 $y=f(x,y)$，$P_0(x_0,y_0)$ 为定义域内的任意一点，对应空间中的点 $M_0(x_0,y_0,z_0)$，其中 $z_0=f(x_0,y_0)$. 当点 $P(x,y)$ 在定义域内变动时，对应空间中的点 $M(x,y,z)$ 的轨迹通常是一张曲面. 如图 6.10 所示.

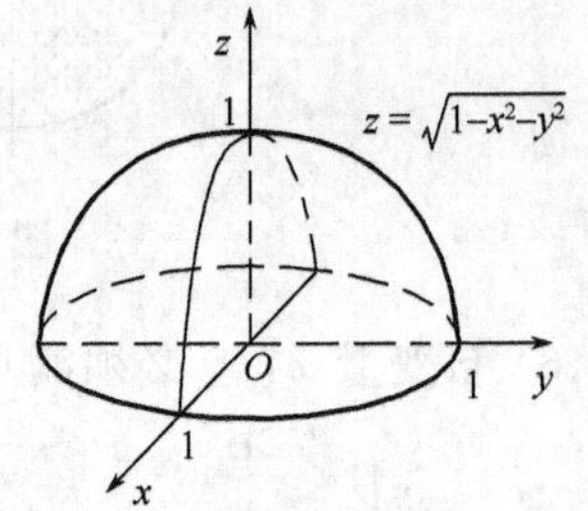

图 6.9

常见的二元隐函数的图形或二次曲面.

（1）**椭球面**：$\frac{x^2}{a^2}+\frac{y^2}{b^2}+\frac{z^2}{c^2}=1$，如图 6.11 所示．

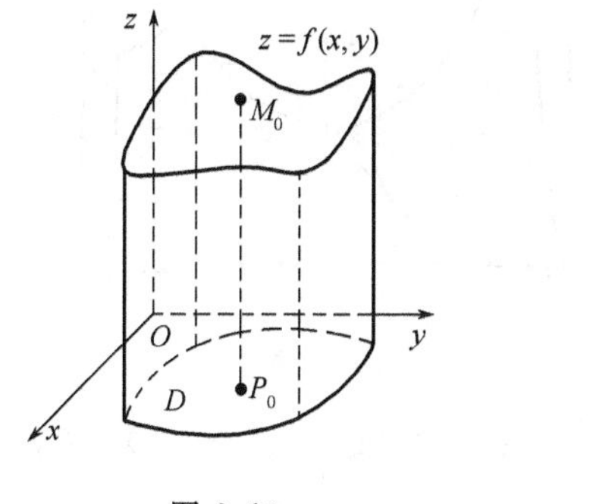

图 6.10

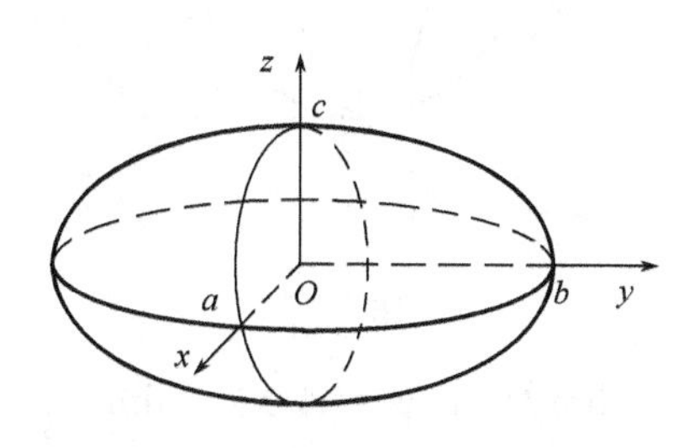

图 6.11

（2）**单叶双曲面**：$\frac{x^2}{a^2}+\frac{y^2}{b^2}-\frac{z^2}{c^2}=1$，如图 6.12 所示．

（3）**双叶双曲面**：$\frac{x^2}{a^2}-\frac{y^2}{b^2}-\frac{z^2}{c^2}=1$，如图 6.13 所示.

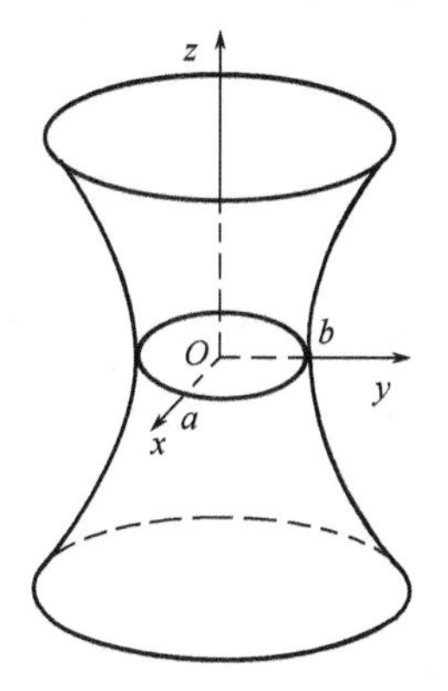

图 6.12

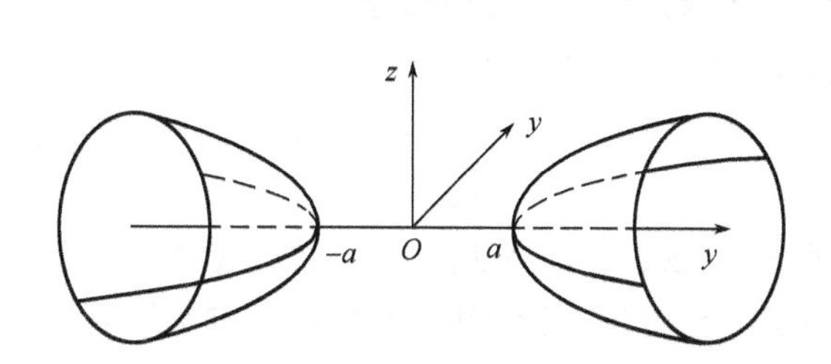

图 6.13

（4）**二次锥面**：$\frac{x^2}{a^2}+\frac{y^2}{b^2}-\frac{z^2}{c^2}=0$，如图 6.14 所示.

（5）**椭圆抛物面**：$\frac{x^2}{2p}+\frac{y^2}{2q}=z(p>0,\ q>0)$，如图 6.15 所示．

（6）**双曲抛物面**：$\frac{x^2}{2p}-\frac{y^2}{2q}=z(p>0,\ q>0)$，如图 6.16 所示.

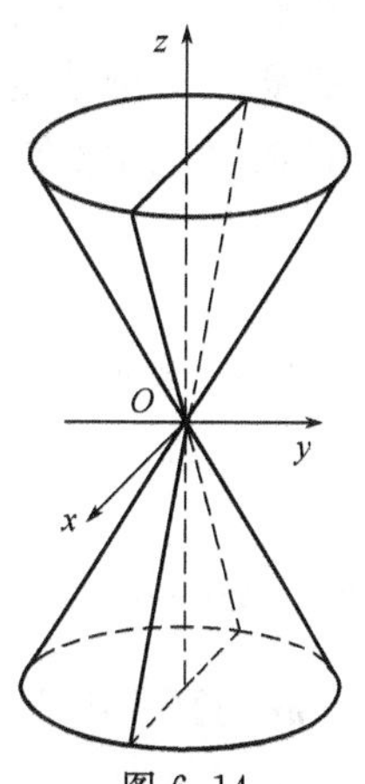

图 6.14

三、二元函数的极限

为了方便叙述，称以点 P_0 为圆心，以 δ 为半径的开圆域为点 $P_0(x_0,\ y_0)$ 的 δ **邻域**（$\delta>0$）. 点集 $\{(x,\ y)\mid 0<\sqrt{(x-x_0)^2+(y-y_0)^2}<\delta\}$ 称为点 $P_0(x_0,\ y_0)$ 的 $\delta(\delta>0)$ **去心邻域**.

定义 6. 2　设函数 $z=f(x,\ y)$ 在点 $P_0(x_0,\ y_0)$ 的某去心 $\delta(\delta>0)$ 邻域内有定义，如果动点 $P(x,\ y)$ 在该邻域内以任意方式无限趋近于定点 $P_0(x_0,\ y_0)$ 时，函数值 $z=f(x,\ y)$ 无限趋近于一个确定数 A，则称 A 为函数 $z=f(x,\ y)$ 当 $x\to x_0$，$y\to y_0$ 时的**极限**，记作

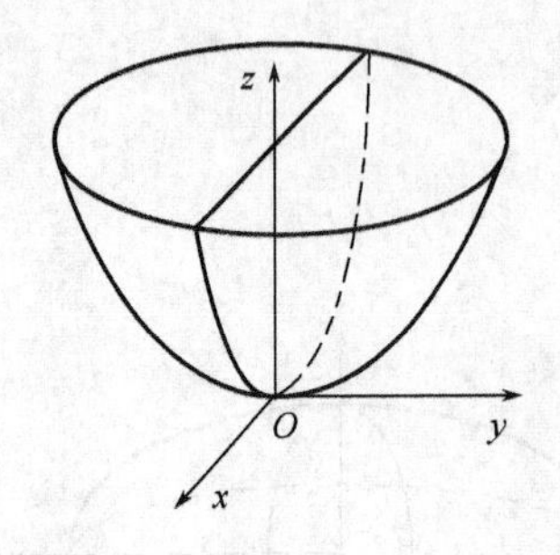

图 6.15

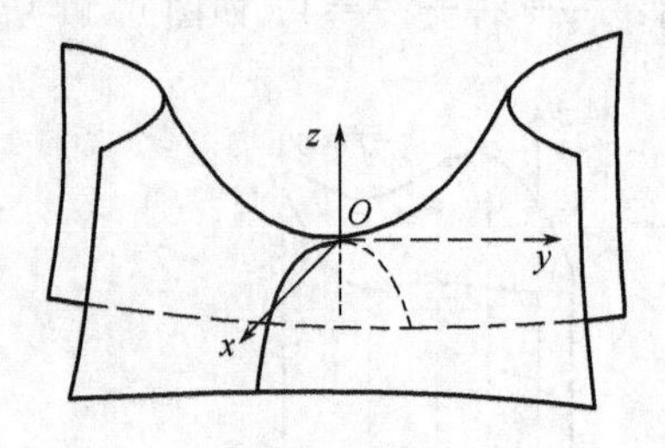

图 6.16

$$\lim_{\substack{x\to x_0\\ y\to y_0}} f(x,\ y)=A \text{ 或 } \lim_{(x,y)\to(x_0,y_0)} f(x,\ y)=A \text{ 或 } \lim_{\rho\to 0} f(x,\ y)=A,$$

其中，$\rho=|P_0P|=\sqrt{(x-x_0)^2+(y-y_0)^2}$.

从极限定义可以看出，有两个自变量的二元函数的变化过程要比一元函数的变化过程复杂得多，当点$P(x,y)$无限趋近于$P_0(x_0,y_0)$时，是指在平面上以任意方式的无限趋近，只要

$$\rho=|P_0P|=\sqrt{(x-x_0)^2+(y-y_0)^2}$$

无限趋近于 0 即可，即 $\rho\to 0$ 的变化过程.

四、二元函数的连续性

类似一元函数定义二元函数连续性.

定义 6. 3 设函数 $z=f(x,\ y)$在点 $P_0(x_0,\ y_0)$的某 $\delta(\delta>0)$邻域内有定义，如果

$$\lim_{\substack{x\to x_0\\ y\to y_0}} f(x,\ y)=f(x_0,\ y_0) \text{ 或 } \lim_{\substack{\Delta x\to 0\\ \Delta y\to 0}} \Delta z=0,$$

则称函数 $z=f(x,\ y)$在点 $P_0(x_0,\ y_0)$处**连续**.

类似于一元函数，多元初等函数在其定义域内是连续的.

类似于一元函数，我们可以得到多元函数的连续性性质.

性质 1 （最值定理）在有界闭区域 D 上的多元连续函数有最大(小)值.

性质 2 （介值定理）在有界闭区域 D 上的多元连续函数，如果该函数在 D 上取得两个不同的函数值，则它在 D 上取得介于这两个值之间的任何值至少一次.

习 题 6-1

1. 求下列函数的定义域，并画出定义域的图形.

(1) $z=\dfrac{xy}{x-y}$；　(2) $z=\dfrac{1}{\sqrt{x}}-\dfrac{1}{\sqrt{y}}-\dfrac{1}{\sqrt{z}}$；

(3) $z=\ln(xy)$；　(4) $z=\sqrt{1-\dfrac{x^2}{a^2}-\dfrac{y^2}{b^2}}$.

(5) $u=\sqrt{R^2-x^2-y^2-z^2}+\dfrac{1}{\sqrt{x^2+y^2+z^2-r^2}}$　$(R>r)$.

2. 指出下列函数的连续范围.

(1) $f(x,\ y)=\sin(x^2+y^2)$；　(2) $f(x,\ y)=\sqrt{xy}$.

3. 下列函数在何处不连续：

(1) $z=\ln(x^2+y^2)$；　(2) $z=\dfrac{1}{y^2-2x}$.

4. 绘出下列函数的图形轮廓：

(1) $z=1-x^2-y^2$；　　(2) $z=\frac{x^2}{a^2}+\frac{y^2}{b^2}$.

第二节　偏导数

一、偏导数的概念

对于二元函数 $z=f(x, y)$，如何讨论函数变化率问题？如果先假定变量 y 固定不变，则二元函数 $z=f(x, y)$ 完全可视为一元函数，这时函数可以对 x 求导数，该导数称为二元函数对 x 的偏导数.

定义 6.4　设函数 $z=f(x, y)$ 在点 (x_0, y_0) 的某一邻域内有定义，当 y 固定在 y_0，而 x 在 x_0 处有增量 Δx 时，如果极限

$$\lim_{\Delta x\to 0}\frac{f(x_0+\Delta x, y_0)-f(x_0, y_0)}{\Delta x}$$

存在，则称此极限值为函数 $z=f(x, y)$ 在点 (x_0, y_0) 对 x 的**偏导数**，记作

$$\left.\frac{\partial z}{\partial x}\right|_{(x_0,y_0)},\ \left.\frac{\partial f}{\partial x}\right|_{(x_0,y_0)},\ f'_x(x_0, y_0)\text{或}\ z'_x(x_0, y_0),$$

即

$$\left.\frac{\partial z}{\partial x}\right|_{(x_0,y_0)}=\lim_{\Delta x\to 0}\frac{f(x_0+\Delta x, y_0)-f(x_0, y_0)}{\Delta x}.$$

类似地，定义函数 $z=f(x, y)$ 在点 (x_0, y_0) 对 y 的**偏导数**，记作

$$\left.\frac{\partial z}{\partial y}\right|_{(x_0,y_0)}\left.\frac{\partial f}{\partial y}\right|_{(x_0,y_0)} f'_y(x_0, y_0)\text{或}\ z'_y(x_0, y_0),$$

即

$$\left.\frac{\partial z}{\partial y}\right|_{(x_0,y_0)}=\lim_{\Delta y\to 0}\frac{f(x_0, y_0+\Delta y)-f(x_0, y_0)}{\Delta y}.$$

和一元函数的导函数类似，如果函数 $z=f(x, y)$ 在区域 D 内任意点 (x, y) 都存在对 x 或 y 的**偏导数**，则该偏导数仍为 x，y 的函数，称为对 x 或 y 的**偏导函数**(仍旧称为偏导数)，记为

$$\frac{\partial z}{\partial x},\ \frac{\partial z}{\partial y},\ \frac{\partial f}{\partial x},\ \frac{\partial f}{\partial y},\ z'_x,\ z'_y,\ f'_x,\ f'_y,$$

$$f'_x(x, y),\ f'_y(x, y),\ z'_x(x, y),\ z'_y(x, y)\text{等}.$$

在 Mathematica 中，分别记为 D[f, x]，D[f, y].

对于其他多元函数的偏导数可以类似地定义.

多元函数的偏导数可视为一元函数的导数，其几何意义仍是曲线的切线斜率.

二、偏导数的计算

多元函数的偏导数实质上是一元函数的导数，其计算几乎可以原封不动地照搬过来.

如果函数 $z=f(x, y)$ 的偏导数 $\frac{\partial z}{\partial x}=f'_x(x, y)$，$\frac{\partial z}{\partial y}=f'_y(x, y)$ 关于 x，y 的偏导数仍然存在，

则称$\frac{\partial z}{\partial x}=f'_x(x, y)$，$\frac{\partial z}{\partial y}=f'_y(x, y)$的偏导数为函数$z=f(x, y)$的**二阶偏导数**. 具体记为

$$\left(\frac{\partial z}{\partial x}\right)'_x=\frac{\partial}{\partial x}\left(\frac{\partial z}{\partial x}\right)=\frac{\partial^2 z}{\partial x^2}=f''_{xx}(x, y)=z''_{xx};$$

$$\left(\frac{\partial z}{\partial x}\right)'_y=\frac{\partial}{\partial y}\left(\frac{\partial z}{\partial x}\right)=\frac{\partial^2 z}{\partial y\partial x}=f''_{xy}(x, y)=z''_{xy};$$

$$\left(\frac{\partial z}{\partial y}\right)'_x=\frac{\partial}{\partial x}\left(\frac{\partial z}{\partial y}\right)=\frac{\partial^2 z}{\partial x\partial y}=f''_{yx}(x, y)=z''_{yx};$$

$$\left(\frac{\partial z}{\partial y}\right)'_y=\frac{\partial}{\partial y}\left(\frac{\partial z}{\partial y}\right)=\frac{\partial^2 z}{\partial y^2}=f''_{yy}(x, y)=z''_{yy}.$$

二阶偏导数有所谓**混合偏导数**，即f''_{xy}和f''_{yx}. f''_{xy}和f''_{yx}并不一定相等，但是，当f''_{xy}和f''_{yx}连续时，它们一定是相等的.

在 Mathematica 中，分别记为 D[f, x, x]或 D[f, {x, 2}], D[f, x, y], D[f, y, x], D[f, y, y]或 D[f, {y, 2}].

类似地，可以定义三阶、四阶以及几阶等偏导数，二阶以及二阶以上的偏导数统称为**高阶偏导数**.

【例 6. 3】 求函数$f(x, y)=x^2+2xy-y^2$在点(1, 3)处对x和y的偏导数.

【解】 $f'_x(x, y)=(x^2+2xy-y^2)'_x=(x^2)'_x+(2xy)'_x-(y^2)'_x$

$=2x+2y+0=2x+2y$,

$f'_y(x, y)=(x^2+2xy-y^2)'_y$

$=(x^2)'_y+(2xy)'_y-(y^2)'_y$

$=0+2x-2y=2x-2y$,

所以，$f'_x(1, 3)=(2x+2y)\Big|_{(1,3)}=2\times1+2\times3=8$,

$f'_y(1, 3)=(2x-2y)\Big|_{(1,3)}=2\times1-2\times3=-4$.

【例 6. 4】 求下列函数的偏导数.

(1) $z=x^y$； (2) $z=e^{x^2+y^2}$；

(3) $z=e^{xy}\sin(x+y)$； (4) $z=x\sin(x^2+y^2)+2x^2$.

【解】 (1) $\frac{\partial z}{\partial x}=(x^y)'_x=yx^{y-1}$，$\frac{\partial z}{\partial y}=(x^y)'_y=x^y\ln x$；

(2) $\frac{\partial z}{\partial x}=(e^{x^2+y^2})'_x=(e^{x^2+y^2})'_{x^2+y^2}(x^2+y^2)'_x=e^{x^2+y^2}\times2x=2xe^{x^2+y^2}$,

$\frac{\partial z}{\partial y}=(e^{x^2+y^2})'_y=(e^{x^2+y^2})'_{x^2+y^2}(x^2+y^2)'_y=e^{x^2+y^2}\times2y=2ye^{x^2+y^2}$；

(3) $\frac{\partial z}{\partial x}=[e^{xy}\sin(x+y)]'_x=(e^{xy})'_x\sin(x+y)+e^{xy}[\sin(x+y)]'_x$

$=(e^{xy})'_{xy}(xy)'_x\sin(x+y)+e^{xy}[\sin(x+y)]'_{x+y}(x+y)'_x$

$=e^{xy}\times y\sin(x+y)+e^{xy}\cos(x+y)\times1$

$=e^{xy}[\cos(x+y)+y\sin(x+y)]$；

$\frac{\partial z}{\partial y}=[e^{xy}\sin(x+y)]'_y=(e^{xy})'_y\sin(x+y)+e^{xy}[\sin(x+y)]'_y$

$$=(e^{xy})'_{xy}(xy)'_y\sin(x+y)+e^{xy}[\sin(x+y)]'_{x+y}(x+y)'_y$$
$$=e^{xy}\times x\sin(x+y)+e^{xy}\cos(x+y)\times 1$$
$$=e^{xy}[\cos(x+y)+x\sin(x+y)];$$

(4) $\frac{\partial z}{\partial x}=x[\sin(x^2+y^2)]'_x+\sin(x^2+y^2)(x)'_x+2(x^2)'_x$

$$=x[\sin(x^2+y^2)]'_{x^2+y^2}(x^2+y^2)'_x+\sin(x^2+y^2)\times 1+4x$$
$$=x\cos(x^2+y^2)\times 2x+\sin(x^2+y^2)+4x$$
$$=2x^2\cos(x^2+y^2)+\sin(x^2+y^2)+4x;$$

$$\frac{\partial z}{\partial y}=x[\sin(x^2+y^2)]'_y$$
$$=x[\sin(x^2+y^2)]'_{x^2+y^2}(x^2+y^2)'_y$$
$$=x\cos(x^2+y^2)\times 2y$$
$$=2yx\cos(x^2+y^2).$$

【例 6. 5】 求下列函数的二阶偏导数.

(1) $z=x^3y-3x^2y^3$；　　(2) $z=xe^x\sin y$.

【解】 (1) $\frac{\partial z}{\partial x}=3x^2y-6xy^3$，$\frac{\partial z}{\partial y}=x^3-9x^2y^2$.

$$\frac{\partial^2 z}{\partial x^2}=6xy-6y^3,\ \frac{\partial^2 z}{\partial y\partial x}=\frac{\partial^2 z}{\partial x\partial y}=3x^2-18xy^2,\ \frac{\partial^2 z}{\partial y^2}=-18x^2y.$$

(2) $\frac{\partial z}{\partial x}=\sin y(xe^x)'_x=e^x(1+x)\sin y$,

$$\frac{\partial z}{\partial y}=xe^x(\sin y)'_y=xe^x\cos y.$$
$$\frac{\partial^2 z}{\partial x^2}=\sin y[e^x(1+x)]'_x=(2+x)e^x\sin y,$$
$$\frac{\partial^2 z}{\partial y\partial x}=\frac{\partial^2 z}{\partial x\partial y}=(1+x)e^x\cos y,$$
$$\frac{\partial^2 z}{\partial y^2}=-xe^x\sin y.$$

【例 6. 6】 $f(x,\ y,\ z)=xy^2+yz^2+zx^2$，求 $f''_{xx}(1,\ 1,\ 1)$，$f'''_{xyz}(1,\ 1,\ 1)$.

【解】 $f'_x(x,\ y,\ z)=y^2+2zx$，$f''_{xx}(1,\ 1,\ 1)=2z\mid_{(1,1,1)}=2$.

$f''_{xy}(x,\ y,\ z)=2y$，$f'''_{xyz}(1,\ 1,\ 1)=0\mid_{(1,1,1)}=0$.

三、全微分

引例　设某矩形金属薄板的长为 x，宽为 y，则面积 $S=xy$. 如果矩形金属薄板受热膨胀后，长 x_0 增加了 Δx，宽 y_0 增加了 Δy，如图 6.17 所示. 那么，其面积相应增加

$$\Delta S=(x_0+\Delta x)(y_0+\Delta y)-x_0y_0=x_0\Delta y+y_0\Delta x+\Delta x\Delta y.$$

ΔS 由 $x_0\Delta y$，$y_0\Delta x$ 和 $\Delta x\Delta y$ 三项组成，x_0 和 y_0 为非零常数，所以 $\Delta x\Delta y$ 相对于 $x_0\Delta y$，$y_0\Delta x$ 来讲几乎可以忽略不计，记 $\rho=\sqrt{(\Delta x)^2+(\Delta y)^2}$，则 $\Delta x\Delta y=o(\rho)$. 所以，

$$\Delta S=x_0\Delta y+y_0\Delta x+o(\rho).$$

这表明，ΔS 可以分为所谓的线性主部 $x_0\Delta y+y_0\Delta x$ 和一项比 ρ 更高阶的无穷小 $o(\rho)$ 之和. 类似一元函数定义二元函数的全微分.

定义 6.5 设二元函数 $z=f(x, y)$ 在点 (x_0, y_0) 的某邻域内有定义，如果 $z=f(x, y)$ 在点 (x_0, y_0) 的全增量

$$\Delta z=f(x_0+\Delta x, y_0+\Delta y)-f(x_0, y_0)$$

可表示为

$$\Delta z=A\Delta x+B\Delta y+o(\rho).$$

其中，A、B 只与 x_0 和 y_0 有关，与 Δx 和 Δy 无关，$\rho=\sqrt{(\Delta x)^2+(\Delta y)^2}$. 则称 $A\Delta x+B\Delta y$ 为函数 $f(x, y)$ 在点 (x_0, y_0) 处的**全微分**，记作 dz，即

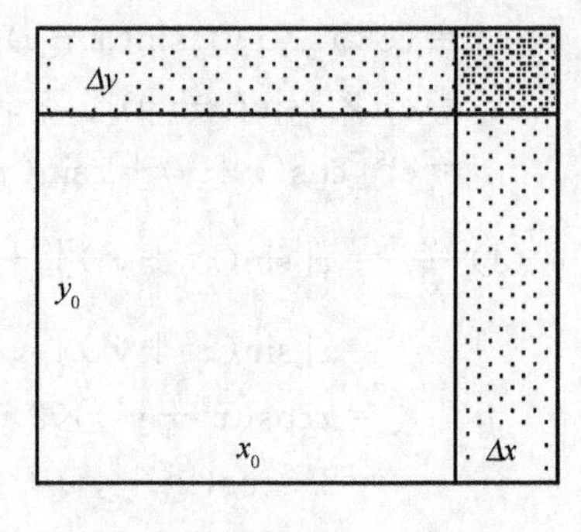

图 6.17

$$dz=A\Delta x+B\Delta y,$$

这时，称函数 $z=f(x, y)$ 在点 (x_0, y_0) 处**可微**.

在 Mathematica 中，$z=f(x, y)$ 的全微分记为 Dt[f, x, y].

与一元函数类似，当 $|\Delta x|$，$|\Delta y|$ 充分小时，$dz\approx\Delta z$.

定理 6. 1 如果函数 $z=f(x, y)$ 在点 (x, y) 处可微，则 $z=f(x, y)$ 在该点的两个偏导数存在，并且 $dz=f'_x(x, y)\Delta x+f'_y(x, y)\Delta y$.

定理 6. 2 如果函数 $z=f(x, y)$ 在点 (x, y) 处有连续的偏导数，则 $z=f(x, y)$ 在该点可微，并且 $dz=f'_x(x, y)\Delta x+f'_y(x, y)\Delta y$.

从上面两个定理知道，可微可以导出两个偏导数存在. 但是，两个偏导数存在未必可微，还要求偏导数是连续的. 幸运的是，常见初等函数的偏导数都是连续的，因此它们是可微的.

习 题 6-2

1. 求下列函数的一阶偏导数.

(1) $z=x^2\ln(x^2+y^2)$；　(2) $z=e^{xy}$；

(3) $z=xy+\dfrac{x}{y}$；　(4) $z=\dfrac{xy}{x^2+y^2}$；

(5) $z=x^3\cos^2 y\sin y-y^3\sin^2 x\cos x$；

(6) $z=\ln[e^{2(x+y)}+y\sin x]$.

2. 求下列函数的二阶偏导数.

(1) $z=\dfrac{1}{2}\ln(x^2+y^2)$；　(2) $z=x\sin(x+y)+y\cos(x+y)$；

(3) $z=\sin^2(ax+by)$；　(4) $z=\arctan\dfrac{y}{x}$.

3. 求下列函数的全微分.

(1) $z=\dfrac{x}{\sqrt{x^2+y^2}}$；　(2) $z=\arcsin\dfrac{x}{y}e^{\sqrt{x^2+y^2}}$.

第三节 多元函数的极值

一、多元函数的极值

定义 6.6 设函数 $z=f(x, y)$ 在点 (x_0, y_0) 的某一邻域内有定义，如果在该邻域任何点 (x, y) 的函数值恒有

$$f(x, y)\leqslant f(x_0, y_0)\ [\text{或}\ f(x, y)\geqslant f(x_0, y_0)],$$

则称点(x_0, y_0)为函数的**极大值点**(或**极小值点**).

例如，函数 $f(x, y)=1+x^2+2y^2$，在原点$(0, 0)$处取得极小值 1(图 6.18). 函数 $f(x, y)=1-x^2-2y^2$，在原点$(0, 0)$处取得极大值 1(图 6.19).

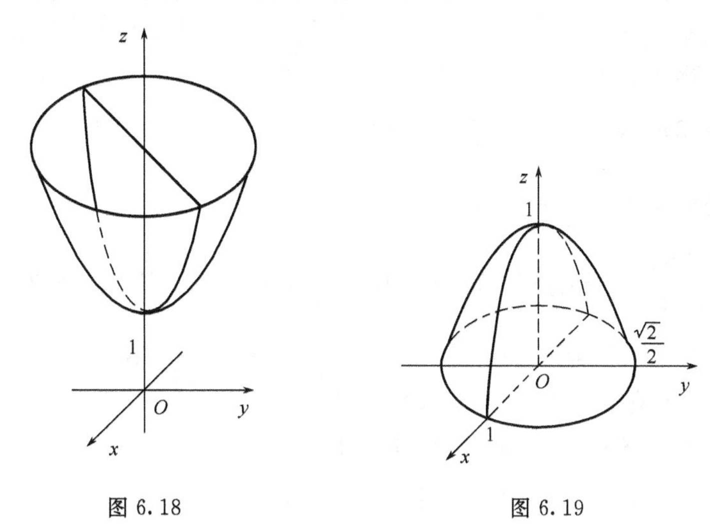

图 6.18　　　　图 6.19

和一元函数一样，对可微的二元函数，也可以用偏导数给出极值点的必要条件和充分条件.

定理 6.3　设函数 $z=f(x, y)$在点(x_0, y_0)取得极值，且在该点偏导数存在，则必有

$$f'_x(x_0, y_0)=0,\ f'_y(x_0, y_0)=0.$$

定理 6.3 的证明很简单，函数 $z=f(x, y)$在点(x_0, y_0)偏导数存在，一元函数 $z=f(x, y_0)$和 $z=f(x_0, y)$分别在 x_0，y_0点可导. 因为 $z=f(x, y)$在点(x_0, y_0)取得极值，所以一元函数 $z=f(x, y_0)$和 $z=f(x_0, y)$分别在 x_0，y_0点取得极值. 有

$$f'_x(x_0, y_0)=0,\ f'_y(x_0, y_0)=0.$$

如果我们称同时满足 $f'_x(x_0, y_0)=0$，$f'_y(x_0, y_0)=0$ 的点为**驻点**，则存在偏导数的极值点必为驻点，极值点必在驻点和偏导数不存在的点当中. 除极个别的点外，常见函数的偏导数都存在. 不仅如此，它们的一阶与二阶偏导数通常还是连续的，下面的定理较简单地解决了部分这类函数的求极值问题.

定理 6.4　设函数 $z=f(x, y)$在点(x_0, y_0)的某邻域内有连续的一阶与二阶偏导数，且点(x_0, y_0)为驻点，如果记

$$A=f''_{xx}(x_0, y_0),\ B=f''_{xy}(x_0, y_0),\ C=f''_{yy}(x_0, y_0)$$

则必有

(1) 当 $B^2-AC<0$ 时，

① 如果 $A<0$，(x_0, y_0)为极大值点；

② 如果 $A>0$，(x_0, y_0)为极小值点.

(2) 当 $B^2-AC=0$ 时，此法失效.

(3) 当 $B^2-AC>0$ 时，不是极值点.

对有二阶连续偏导数的函数 $z=f(x, y)$，求其极值的步骤如下：

① 求一阶和二阶偏导函数；

② 求所有的驻点；

③ 求每一驻点(x_0, y_0)的二阶偏导数值A，B，C；

④ 判断每一驻点(x_0, y_0)是否为极值点，是极大值点还是极小值点，并计算其极大值或极小值.

【例 6.7】 求函数$z=x^2-xy+y^2-2x+y$的极值.

【解】 $\frac{\partial z}{\partial x}=2x-y-2$，$\frac{\partial z}{\partial y}=2y-x+1$，

$\frac{\partial^2 z}{\partial x^2}=2$，$\frac{\partial^2 z}{\partial y\partial x}=-1$，$\frac{\partial^2 z}{\partial y^2}=2$.

令$\begin{cases}2x-y-2=0\\-x+2y+1=0\end{cases}$得驻点为$(1, 0)$，且$A=2$，$B=-1$，$C=2$. 所以，

$$B^2-AC=1-4=-3<0，且 A=2>0，$$

故函数在$(1, 0)$有极小值$z=z(1, 0)=-1$.

【例 6.8】 求函数$z=e^{x-y}(x^2-2y^2)$的极值.

【解】 $\frac{\partial z}{\partial x}=e^{x-y}(x^2-2y^2+2x)$，$\frac{\partial z}{\partial y}=-e^{x-y}(x^2-2y^2+4y)$，

$\frac{\partial^2 z}{\partial x^2}=e^{x-y}(x^2-2y^2+4x+2)$，$\frac{\partial^2 z}{\partial y\partial x}=-e^{x-y}(x^2-2y^2+2x+4y)$，

$\frac{\partial^2 z}{\partial y^2}=e^{x-y}(x^2-2y^2+8y-4)$.

令$\begin{cases}e^{x-y}(x^2-2y^2+2x)=0\\-e^{x-y}(x^2-2y^2+4y)=0\end{cases}$得驻点为$(0, 0)$和$(-4, -2)$.

(1) 在点$(0, 0)$，$A=2$，$B=0$，$C=-4$，$B^2-AC=0+8=8>0$，所以点$(0, 0)$不是极值点.

(2) 在点$(-4, -2)$，$A=-6e^{-2}$，$B=8e^{-2}$，$C=-12e^{-2}$，所以$B^2-AC=-8e^{-4}<0$，且$A<0$. 因此，函数在点$(-4, -2)$有极大值$z=z(-4, -2)=8e^{-2}$.

二、多元函数的最值

在有界闭区域D上连续的多元函数一定在D上达到最大值和最小值. 对于可微函数，其最大值和最小值在极值点或边界上达到. 一元函数的闭区间边界只有两个点，其边界值很容易得到，但多元函数的有界闭区域D的边界上的最大值和最小值却不易求得，除了一次多元函数外，对我们一般不作要求，应由这方面的专业人士来解决. 好在实际问题中，可根据实际问题本身来判断，通常是在区域内达到最大值和最小值，甚至在区域内只有一个极值点.

【例 6.9】 要用铁板做一个体积为常数a的有盖的长方体水箱，问水箱各边的尺寸多大时用料最少.

【解】 如图 6.20 所示，设水箱的长、宽、高分别为x，y，z，于是体积$a=xyz$，表面积A为

$$A=2(xy+yz+zx)$$

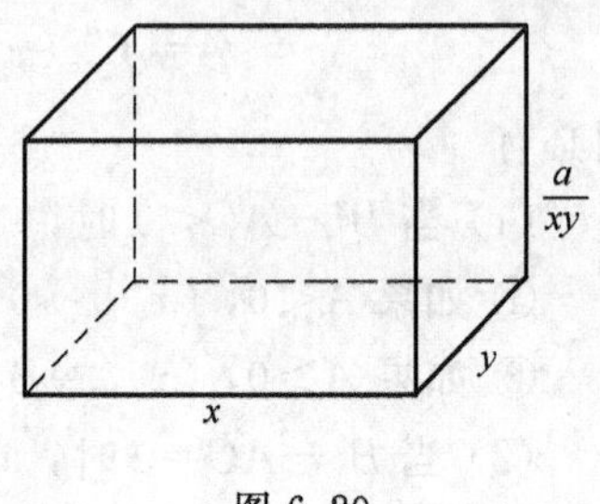

图 6.20

将$z=\frac{a}{xy}$代入A的表达式中，得

$$A=2\left(xy+\frac{a}{x}+\frac{a}{y}\right).$$

分别对 x，y 求偏导数，并令其为零得

$$\begin{cases}\dfrac{\partial A}{\partial x}=2\left(y-\dfrac{a}{x^2}\right)=0\\[2ex]\dfrac{\partial A}{\partial y}=2\left(x-\dfrac{a}{y^2}\right)=0\end{cases},$$

解得，$\begin{cases}x=\sqrt[3]{a}\\y=\sqrt[3]{a}\end{cases}$ 和 $\begin{cases}x=0\\y=0\end{cases}$.

显然，本问题中的最小值不可能在边界上达到，而在定义域内有唯一的驻点$(\sqrt[3]{a},\ \sqrt[3]{a})$，所以，当 $x=\sqrt[3]{a}$，$y=\sqrt[3]{a}$，$z=\sqrt[3]{a}$时，即边长为$\sqrt[3]{a}$的立方体时，所用材料最省.

三、条件极值

例 6. 9 中的求二元函数 $A=2\left(xy+\dfrac{a}{x}+\dfrac{a}{y}\right)$的最值问题也可看作是三元函数

$$A=2(xy+yz+zx)$$

在约束条件

$$a=xyz$$

下的最小值，即所谓的条件极值：在约束条件 $\varphi(x,\ y)=0$ 下，求函数 $z=f(x,\ y)$的极值问题. 并不是所有的约束条件 $\varphi(x,\ y)=0$ 都可以轻易地变形为 $x=\psi(y)$或 $y=\psi(x)$形式，这时可能运用拉格朗日乘数法更为方便.

(1) 构造函数 $F(x,\ y,\ \lambda)=f(x,\ y)+\lambda\varphi(x,\ y)$；

(2) 分别求 $F(x,\ y,\ \lambda)$关于 x，y，λ 的偏导数并令其为零，求得可能极值点；

(3) 根据实际问题判断极值点.

【例 6. 10】 设周长为 $2p$ 的矩形，绕它的一边旋转构成圆柱体，求矩形的边长各为多少时，圆柱体的体积最大.

【解】 设矩形的边长分别为 x，y，且绕边长为 y 的边旋转的圆柱体体积为，

$$V=\pi x^2y,\ x>0,\ y>0,$$

其中满足的约束条件是

$$2x+2y=2p，即\ x+y-p=0.$$

构造函数 $F(x,\ y,\ \lambda)=\pi x^2y+\lambda(x+y-p)$，求 $F(x,\ y,\ \lambda)$的偏导数并建立方程组：

$$\begin{cases}F'_x(x,\ y,\ \lambda)=2\pi xy+\lambda=0\\F'_y(x,\ y,\ \lambda)=\pi x^2+\lambda=0\\F'_\lambda(x,\ y,\ \lambda)=x+y-p=0\end{cases},$$

解得，$x=\dfrac{2}{3}p$，$y=\dfrac{1}{3}p$.

根据实际问题，最大值一定存在，又可能极值点唯一，所以函数的最大值必在点$\left(\dfrac{2}{3}p,\ \dfrac{1}{3}p\right)$达到，即当矩形的边长分别为 $x=\dfrac{2}{3}p$，$y=\dfrac{1}{3}p$，并绕 y 边旋转所得的圆柱体的体积最大，

$$V_{\max}=\frac{4}{27}\pi p^3.$$

习　题　6-3

1. 求下列函数的驻点，并断定是否为极值点.

(1) $z=x^2+y^2$；

(2) $z=(x-y+1)^2$；

(3) $z=x^3+y^3-(x^2+y^2)$.

2. 求下列函数的极值.

(1) $f(x, y)=4(x-y)-x^2-y^2$；

(2) $f(x, y)=e^{2x}(x+2y+y^2)$；

(3) $f(x, y)=x^3+y^3-9xy+27$.

3. 求函数 $z=xy$ 在条件 $x+y=1$ 下的极大值.

4. 将正数 a 分成三个正数之和，使它们的乘积为最大，求这三个正数.

5. 在平面 $x+z=0$ 上求一点，使它到 $A(1, 1, 1)$ 和 $B(2, 3, -1)$ 的距离平方和最小.

提示：空间两点 $M(x_1, y_1, z_1)$ 和 $N(x_2, y_2, z_2)$ 之间的距离公式为

$$|MN|=\sqrt{(x_2-x_1)^2+(y_2-y_1)^2+(z_2-z_1)^2}.$$

6. 建造容积为 V 的开顶立方体水池，求宽高各为多少时，才使表面积最小.

第四节　二重积分的概念及性质

二重积分是一元定积分的推广.

一、引理

引例 6. 1　质量问题.

已知平面薄板 D 的面密度(即单位面积的质量)$\mu=\mu(x, y)$随点(x, y)而连续变化，求 D 的质量. 如图 6.21 所示.

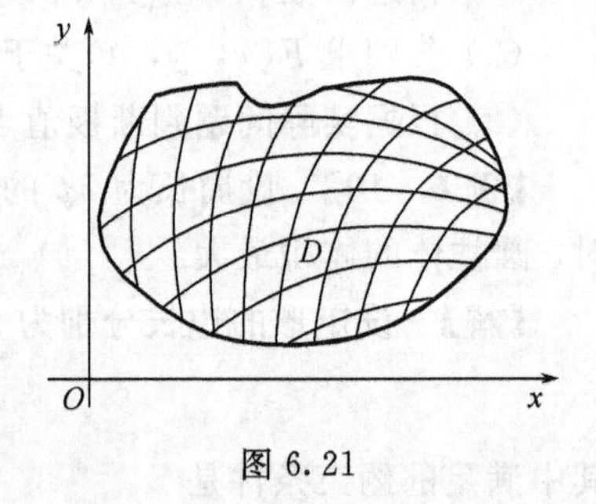

图 6.21

和一元定积分一样，我们分三步来考虑这个问题.

(1) **分割**. 由于质量分布非均匀，为了得到质量的近似值，将 D 用两组曲线任意分割成 n 个小块：

$$\Delta\sigma_1,\ \Delta\sigma_2,\ \cdots,\ \Delta\sigma_n$$

其中 $\Delta\sigma_i$ 表示第 i 小块及其面积，用 Δm_i 表示 $\Delta\sigma_i$ 的质量$(1\leqslant i\leqslant n)$，任意两小块 $\Delta\sigma_i$，$\Delta\sigma_j$ $(1\leqslant i,j\leqslant n,\ i\neq j)$除边界点外无公共点.

(2) **求和**. 记 $\lambda_i=\max\limits_{\substack{(x_1,y_1)\in\Delta\sigma_i\\(x_2,y_2)\in\Delta\sigma_i}}\{|P(x_2, y_2)-P(x_1, y_1)|\}$，$\lambda_i$表示 $\Delta\sigma_i$中的点与点之间的最大距离，即是 $\Delta\sigma_i$的所谓直径$(1\leqslant i\leqslant n)$. 用 $\Delta\sigma_i$上的任意一点(ξ_i, η_i)的密度 $\mu(\xi_i, \eta_i)$来近似估计整个 $\Delta\sigma_i$上的面密度，即

$$\Delta m_i\approx\mu(\xi_i, \eta_i)\Delta\sigma_i\text{(这里 }\Delta\sigma_i\text{表示面积)},$$

所以

$$m\approx\sum_{i=1}^{n}\mu(\xi_i,\eta_i)\Delta\sigma_i.$$

（3）**求极限**. 对于有界闭区域 D 上的连续函数 $\mu=\mu(x,y)$，当 $\lambda_i(1\leqslant i\leqslant n)$ 越小时，m 与 $\sum_{i=1}^{n}\mu(\xi_i,\eta_i)\Delta\sigma_i$ 之间的误差越小. 记 $\lambda=\max_{1\leqslant i\leqslant n}\{\lambda_i\}$，则

$$m=\lim_{\lambda\to 0}\sum_{i=1}^{n}\mu(\xi_i,\eta_i)\Delta\sigma_i.$$

引例 6.2　曲顶柱体的体积.

若有一个底是平面图形，另一个顶是空间曲面的柱体. 如图 6.22 建立空间直角坐标系，底为 Oxy 平面上的闭区域 D，$z=f(x,y)(\geqslant 0)$ 为顶部曲面函数，是 D 上的连续函数，母线与 z 轴平行. 我们称这种柱体为**曲顶柱体**.

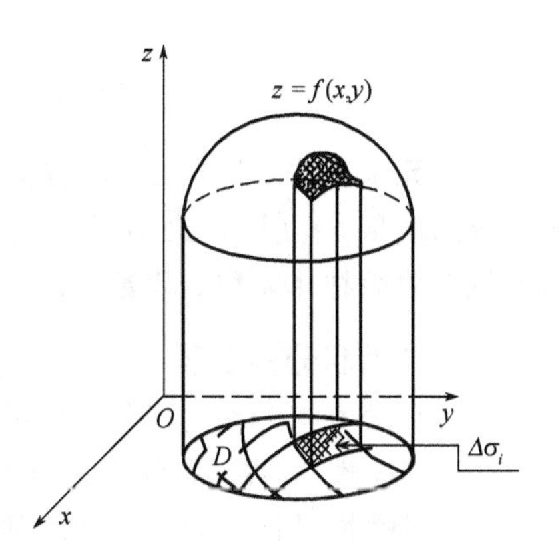

图 6.22

我们分三步来考虑这个问题.

（1）**分割**. 将 D 用两组曲线任意分割成 n 个小块：

$$\Delta\sigma_1,\Delta\sigma_2,\cdots,\Delta\sigma_n$$

其中 $\Delta\sigma_i$ 表示第 i 小块及其面积，任意两小块 $\Delta\sigma_i$，$\Delta\sigma_j(1\leqslant i,j\leqslant n,i\neq j)$ 除边界点外无公共点.

（2）**求和**. 记 λ_i 表示 $\Delta\sigma_i$ 的直径$(1\leqslant i\leqslant n)$. 用 $\Delta\sigma_i$ 上的任意一点(ξ_i,η_i) 的高度 $f(\xi_i,\eta_i)$ 来近似估计整个 $\Delta\sigma_i$ 上的高度，即

$$\Delta V_i\approx f(\xi_i,\eta_i)\Delta\sigma_i(\text{这里 }\Delta\sigma_i\text{ 表示面积}),$$

所以

$$V\approx\sum_{i=1}^{n}f(\xi_i,\eta_i)\Delta\sigma_i.$$

（3）**求极限**. 对于闭区域 D 上的连续函数 $z=f(x,y)$，当 $\lambda_i(1\leqslant i\leqslant n)$ 越小时，V 与 $\sum_{i=1}^{n}f(\xi_i,\eta_i)\Delta\sigma_i$ 之间的误差越小. 记 $\lambda=\max_{1\leqslant i\leqslant n}\{\lambda_i\}$，则

$$V=\lim_{\lambda\to 0}\sum_{i=1}^{n}f(\xi_i,\eta_i)\Delta\sigma_i.$$

二、二重积分的概念

类似一元函数定积分的定义，我们定义二重积分.

定义 6.7　设函数 $z=f(x,y)$ 在闭区域 D 上有界. 将 D 用两组曲线任意分割成 n 个小块：

$$\Delta\sigma_1,\Delta\sigma_2,\cdots,\Delta\sigma_n$$

其中 $\Delta\sigma_i$ 表示第 i 小块及其面积，任意两小块 $\Delta\sigma_i$，$\Delta\sigma_j(1\leqslant i,j\leqslant n,i\neq j)$ 除边界点外无公共点. 记 λ_i 表示 $\Delta\sigma_i$ 的直径$(1\leqslant i\leqslant n)$. 取 $\Delta\sigma_i$ 上的任意一点(ξ_i,η_i) 的值 $f(\xi_i,\eta_i)$，记 $\lambda=\max_{1\leqslant i\leqslant n}\{\lambda_i\}$，如果

$$\lim_{\lambda\to 0}\sum_{i=1}^{n}f(\xi_i,\eta_i)\Delta\sigma_i$$

存在，则称此极限为函数 $z=f(x,y)$ 在 D 上的二重积分，记为

$$\iint_D f(x,y)\mathrm{d}\sigma = \lim_{\lambda\to 0}\sum_{i=1}^{n} f(\xi_i,\eta_i)\Delta\sigma_i.$$

称 $f(x,y)$ 为**被积函数**，称 D 为**积分域**，称 x,y 为**积分变元**，$\mathrm{d}\sigma$ 为**面积微元**(面积元素).

由定义可知，引例 6.1 和引例 6.2 中的问题可记为

$$m = \iint_D \mu(x,y)\mathrm{d}\sigma = \lim_{\lambda\to 0}\sum_{i=1}^{n}\mu(\xi_i,\eta_i)\Delta\sigma_i \text{ 和}$$

$$V = \iint_D f(x,y)\mathrm{d}\sigma = \lim_{\lambda\to 0}\sum_{i=1}^{n} f(\xi_i,\eta_i)\Delta\sigma_i.$$

与一元定积分一样，二重积分的实际意义非常广泛. 二重积分在引例 6.1 表示非均匀分布薄板的质量，在引例 6.2 中表示曲面柱体体积. 与一元定积分相似，二重积分的几何意义是区域上曲面柱体体积的代数和.

三、二重积分的性质

二重积分有与一元定积分相似的性质.

(1) **存在性**:有界闭区域上的连续函数的二重积分必定存在.

(2) **线性性**:如果 a,b 为常数，则

$$\iint_D [af(x,y)+bg(x,y)]\mathrm{d}\sigma = a\iint_D f(x,y)\mathrm{d}\sigma + b\iint_D g(x,y)\mathrm{d}\sigma.$$

(3) **可加性**:如果区域 D 可分为除边界点外无公共点的子区域 D_1,D_2，则

$$\iint_D f(x,y)\mathrm{d}\sigma = \iint_{D_1} f(x,y)\mathrm{d}\sigma + \iint_{D_2} f(x,y)\mathrm{d}\sigma.$$

(4) **估值定理**:如果在区域 D 上，$f(x,y)\leqslant g(x,y)$，则

$$\iint_D f(x,y)\mathrm{d}\sigma \leqslant \iint_D g(x,y)\mathrm{d}\sigma.$$

特别地，

$$\iint_D f(x,y)\mathrm{d}\sigma \leqslant \iint_D |f(x,y)|\mathrm{d}\sigma,$$

$$mS(D)\leqslant \iint_D f(x,y)\mathrm{d}\sigma \leqslant MS(D),$$

其中，m,M 分别为函数 $f(x,y)$ 的最小值和最大值.

(5) **积分中值定理**:如果 $f(x,y)$ 在有界闭区域 D 上连续，则存在点$(\xi,\eta)\in D$，使

$$\iint_D f(x,y)\mathrm{d}\sigma = f(\xi,\eta)S(D).$$

其中，$S(D)$ 为有界闭区域 D 的面积.

【例 6.11】 设 D 是圆环域:$1\leqslant x^2+y^2\leqslant 4$，证明:

$$3\pi\mathrm{e}\leqslant \iint_D \mathrm{e}^{x^2+y^2}\mathrm{d}\sigma \leqslant 3\pi\mathrm{e}^4.$$

【解】 在区域 D 上，$f(x,y)=\mathrm{e}^{x^2+y^2}$ 的最小值 $m=e$，最大值 $M=\mathrm{e}^4$，区域 D 的面积 $S(D)=4\pi-\pi=3\pi$. 由公式 $mS(D)\leqslant \iint_D f(x,y)\mathrm{d}\sigma \leqslant MS(D)$ 得，

$$3\pi \mathrm{e} \leqslant \iint\limits_D \mathrm{e}^{x^2+y^2} \mathrm{d}\sigma \leqslant 3\pi \quad \mathrm{e}^4.$$

习　题　6-4

1. 设一块带电的薄板为平面区域 D，D 中任意一点 (x,y) 处的带电量的面密度为 $f(x,y)$，试用二重积分表示薄板 D 的总电量.

2. 证明不等式

$$\frac{\pi}{\mathrm{e}} \leqslant \iint\limits_D \mathrm{e}^{-x^2-y^2} \mathrm{d}\sigma \leqslant \pi.$$

其中 $D: x^2+y^2 \leqslant 1$.

第五节　二重积分的运算

一、二重积分在直角坐标系下的计算

设曲顶柱体的曲顶为 $z=f(x,y)$，如图 6.23 所示. 在 Oxy 平面上，区域 D 在 x 轴上的投影是区间 $[a,b]$，在开区间 (a,b) 内的任意点 x，作平行于 y 轴直线交 D 于 $(x,y_1(x))$ 和 $(x,y_2(x))$，而且 $y_1(x)<y_2(x)$. 如图 6.24 所示. 这样，过点 $(x,0,0)$ 作垂直于 x 轴的平面，该平面截曲顶柱体可得一个截面为曲边梯形. 由一元定积分知道，该曲边梯形的面积

$$S(x)=\int_{y_1(x)}^{y_1(x)} f(x,y)\mathrm{d}y,$$

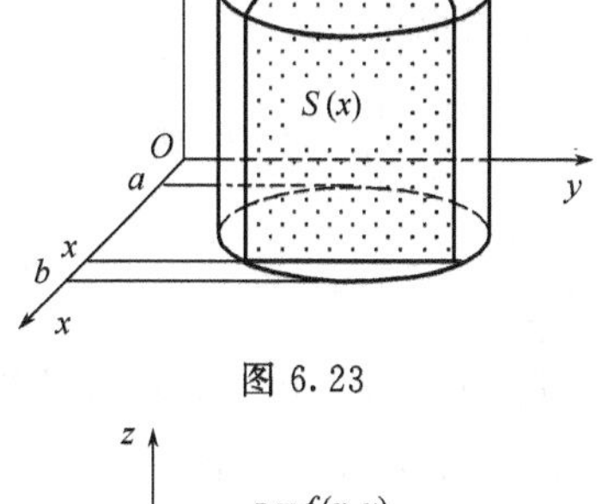

图 6.23

所以，曲顶柱体体积

$$V(x)=\int_a^b S(x)\mathrm{d}x=\int_a^b\left[\int_{y_1(x)}^{y_1(x)} f(x,y)\mathrm{d}y\right]\mathrm{d}x.$$

这也就是二重积分，即

$$\iint\limits_D f(x,y)\mathrm{d}\sigma=\int_a^b\left[\int_{y_1(x)}^{y_1(x)} f(x,y)\mathrm{d}y\right]\mathrm{d}x.$$

上式也可记为

$$\iint\limits_D f(x,y)\mathrm{d}\sigma=\int_a^b \mathrm{d}x\int_{y_1(x)}^{y_1(x)} f(x,y)\mathrm{d}y.$$

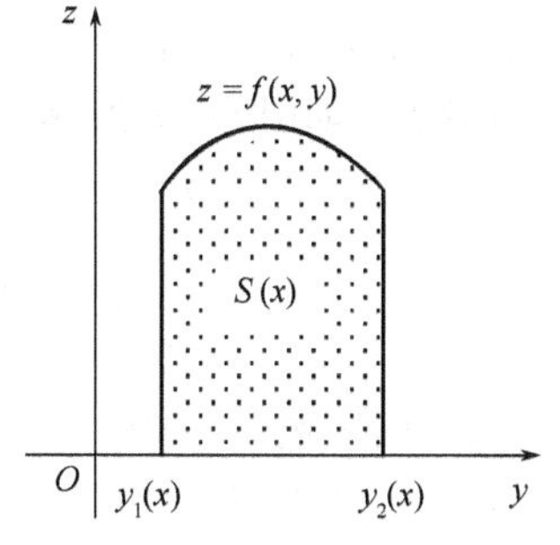

图 6.24

这表明，二重积分的计算可以转化为先对变量 y 求一元定积分，再对变量 x 求一元定积分. 然而，要求上式右边积分的关键是确定变量 x 的积分下限和上限、确定变量 y 的积分下限和上限. 于是，我们分两步进行：

第一步，确定先对哪个变量积分. 我们应该先确定是先对变量 x 求积分还是先对变量 y 求积分. 例如，确定先对变量 y 求积分，后对变量 x 求积分.

第二步，确定积分变量的上下限. 在确定了先对变量 y 求积分，后对变量 x 求积分后. 我们应该倒过来确定积分变量的上下限. 即先确定变量 x 的积分下限 a 和上限 b，这是很容易的. 然后确定变量 y 的积分上下限，即对于任意固定的 x，作 x 轴的垂线，交区域 D 的边界为 $y_1(x)$，$y_2(x)$. $y_1(x)$，$y_2(x)$ 恰好就是变量 y 的积分下限和上限.

这样，在求二重积分时，我们并不要画很难绘制的空间实物图，而是只要画很容易绘制

的平面区域 D 的图形来确定积分上下限. 如图 6.25 所示.

类似地，如果我们在确定了先对积分变量 x 求积分，再对积分变量 y 求积分后. 我们应该倒过来，先确定变量积分 y 的下限 c 和上限 d. 然后确定变量积分 x 的下限和上限，即对于任意固定的 y，作平行于 x 轴的直线，交区域 D 的边界为 $x_1(y)$，$x_2(y)$. 如图 6.26 所示. 则 $x_1(y)$，$x_2(y)$ 恰好就是积分变量 x 的积分下限和上限. 于是，

$$\iint_D f(x,y)\mathrm{d}\sigma = \int_c^d \left[\int_{x_1(y)}^{x_1(y)} f(x,y)\mathrm{d}x\right]\mathrm{d}y.$$

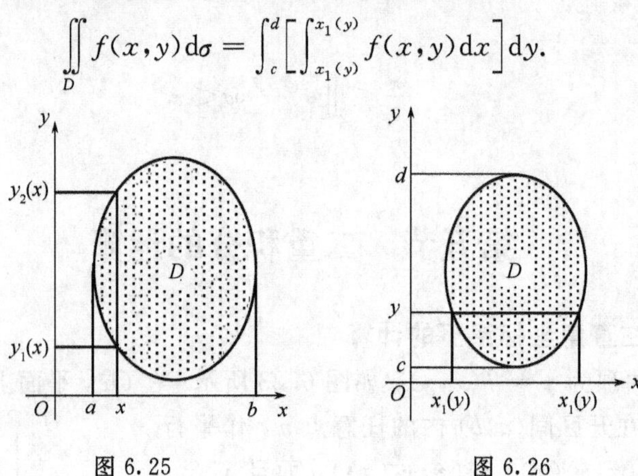

图 6.25　　图 6.26

上式也可记为

$$\iint_D f(x,y)\mathrm{d}\sigma = \int_c^d \mathrm{d}y \int_{x_1(y)}^{x_1(y)} f(x,y)\mathrm{d}x.$$

也记 $\iint_D f(x,y)\mathrm{d}\sigma = \iint_D f(x,y)\mathrm{d}x\mathrm{d}y.$

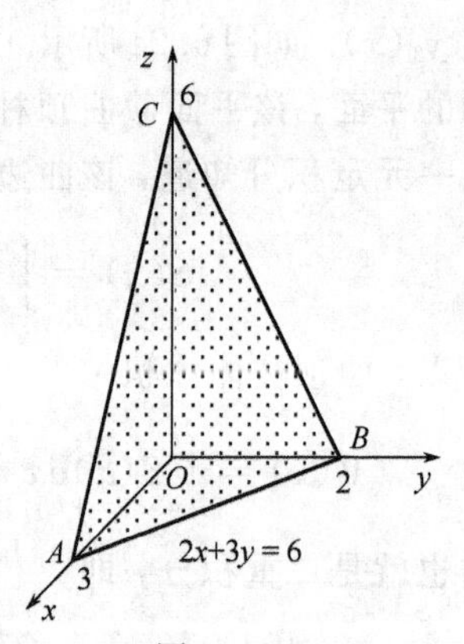

图 6.27

【例 5.12】 用二重积分计算由平面 $2x+3y+z=6$ 和三个坐标平面所围成的四面体的体积.

【解】 如图 6.27 所示，题中要求的体积是以 $z=6-2x-3y$ 为顶，以 ΔABO 所围区域 D 为底的曲顶柱体体积，即求

$$\iint_D (6-2x-3y)\mathrm{d}\sigma.$$

(1) 画区域图. 如图 6.28 所示.

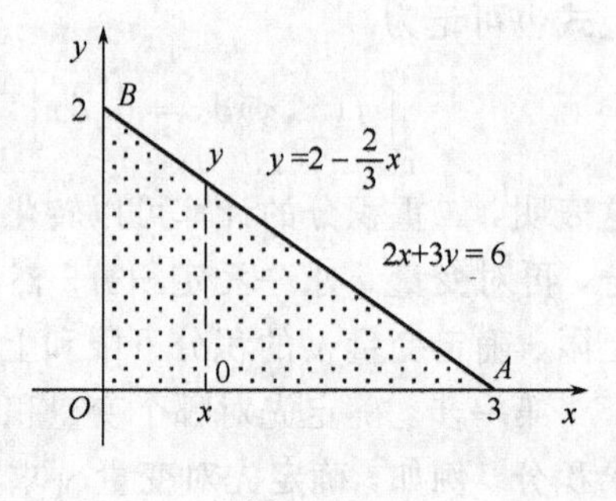

图 6.28

(2) 确定先积分变量 y. 先确定变量 x 的积分下、上限分别为 0 和 3；对 $[0, 3]$ 上的任意 x，作平行于 y 轴的直线与区域 D 相交，得交点 $y=0$ 和 $y=2\left(1-\dfrac{x}{3}\right)$，且 $y=0<y=2\left(1-\dfrac{x}{3}\right)$，得变量 y 的积分下、上限分别为 0 和 $2\left(1-\dfrac{x}{3}\right)$.

(3) $$\iint_D (6-2x-3y)\mathrm{d}\sigma = \int_0^3 \mathrm{d}x \int_0^{2-2x/3} (6-2x-3y)\mathrm{d}y$$
$$= 6\int_0^3 \left(1-\frac{x}{3}\right)^2 \mathrm{d}x$$

$$=-6\left(1-\frac{x}{3}\right)^3\Big|_0^3=6.$$

【例 6.13】 计算$\iint\limits_D \frac{y}{x^2}\mathrm{d}x\mathrm{d}y$，其中$D$是正方形区域：$1\leqslant x\leqslant 2, 0\leqslant y\leqslant 1$.

【解】 (1) 画区域图(略).

(2) 确定先对y积分. 则积分x变量的积分下、上限分别为1和2；然后，对$[1, 2]$上的任意x，作平行于y轴的直线与区域D相交，得交点$y=0$和$y=1$，且$y=0<y=1$，得变量y的积分下、上限分别为0和1.

(3)
$$\iint\limits_D \frac{y}{x^2}\mathrm{d}x\mathrm{d}y=\int_1^2\mathrm{d}x\int_0^1\frac{y}{x^2}\mathrm{d}y$$
$$=\frac{1}{2}\int_1^2\frac{\mathrm{d}x}{x^2}=\frac{1}{4}.$$

【例 6.14】 计算$\iint\limits_D \sin x\cos y\mathrm{d}x\mathrm{d}y$，其中$D$是$y=x, y=0$和$x=\frac{\pi}{2}$所围的三角形区域.

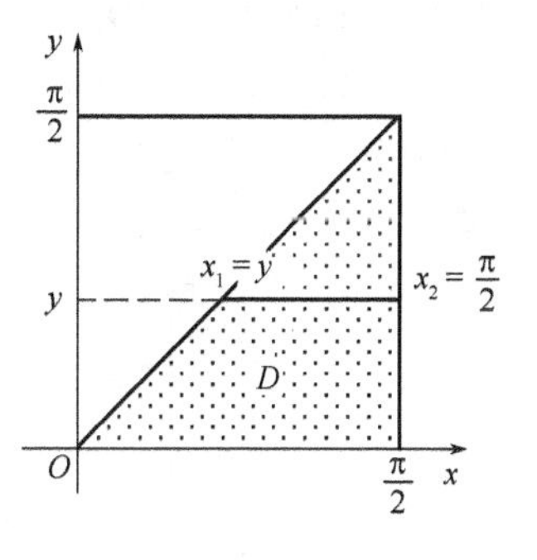

图 6.29

【解】 (1) 画区域图，如图 6.29 所示.

(2) 确定先对x积分. 则积分y的变量积分下、上限分别为0和$\frac{\pi}{2}$；对$\left[0, \frac{\pi}{2}\right]$上的任意$y$，作平行于$x$轴的直线与区域$D$相交，得交点$x=y$和$x=\frac{\pi}{2}$，且$x=y<x=\frac{\pi}{2}$，得变量$x$的积分下、上限分别为$y$和$\frac{\pi}{2}$.

(3)
$$\iint\limits_D \sin x\cos y\mathrm{d}x\mathrm{d}y=\int_0^{\frac{\pi}{2}}\mathrm{d}y\int_y^{\frac{\pi}{2}}\sin x\cos y\mathrm{d}x=\int_0^{\frac{\pi}{2}}\cos^2 y\mathrm{d}y=\frac{\pi}{4}.$$

【例 6.15】 计算$\iint\limits_D y\mathrm{d}x\mathrm{d}y$，其中$D$是$x^2+y^2\leqslant 1, y\geqslant 0$.

【解】 (1) 画区域图，如图 6.30 示.

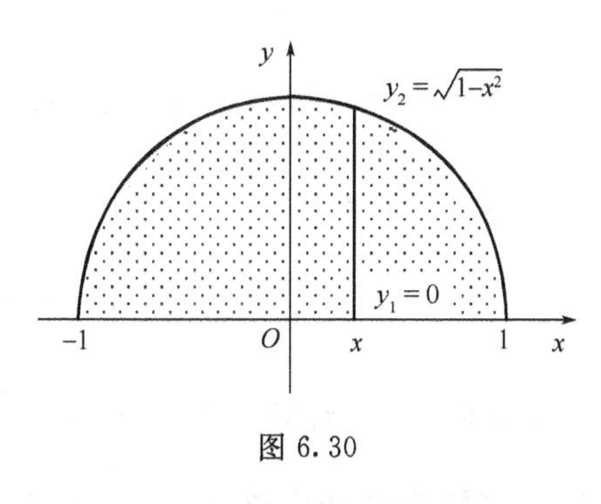

图 6.30

(2) 确定先对y积分. 则积分变量x的积分下、上限分别为-1和1；然后，对$[-1, 1]$上的任意x，作平行于y轴的直线与区域D相交，得交点$y=0$和$y=\sqrt{1-x^2}$，且$y=0<y=\sqrt{1-x^2}$，得变量y的积分下、上限分别为0和$\sqrt{1-x^2}$.

(3) $\iint\limits_D y\mathrm{d}x\mathrm{d}y=\int_{-1}^1\mathrm{d}x\int_0^{\sqrt{1-x^2}}y\mathrm{d}y=\frac{1}{2}\int_{-1}^1(1-x^2)\mathrm{d}x=\frac{2}{3}.$

【另解】 (1) 画区域图，如图 6.31 示.

(2) 确定先对x积分. 则积分变量y的积分下、上限分别为0和1；对$[0, 1]$上的任意y，作平行于x轴的直线与区域D相交，得交点$x=-\sqrt{1-y^2}$和$x=\sqrt{1-y^2}$，且$x=-\sqrt{1-y^2}$

$<x=\sqrt{1-y^2}$，得变量 x 的积分下、上限分别为 $-\sqrt{1-y^2}$ 和 $\sqrt{1-y^2}$.

(3) $\iint\limits_D y\mathrm{d}x\mathrm{d}y = \int_0^1 \mathrm{d}y\int_{-\sqrt{1-y^2}}^{\sqrt{1-y^2}} y\mathrm{d}x = 2\int_0^1 y\sqrt{1-y^2}\mathrm{d}y = \dfrac{2}{3}$.

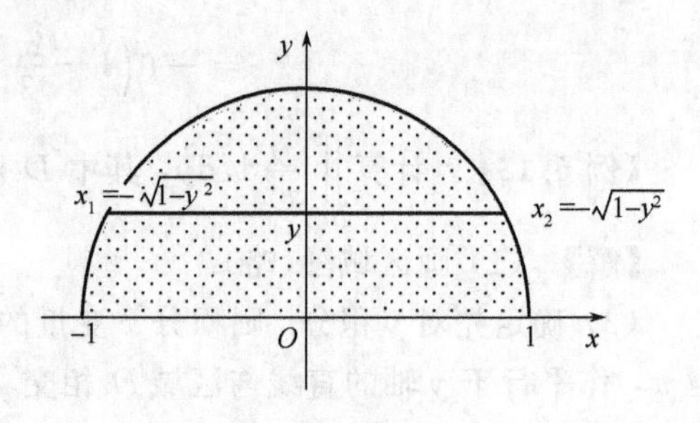

图 6.31

注意:二重积分计算可能因为积分次序的选择适当而变得简便，这时应考虑的因素是被积函数和积分区域.

【例 6.16】 计算 $\int_0^1 \mathrm{d}y\int_y^1 \dfrac{\sin x}{x}\mathrm{d}x$.

【解】 (1) 画区域图，如图 6.32 所示.

(2) 因为先对 x 积分无法得出初等函数，所以改由先对 y 积分. 则在图 6.33 中，积分变量 x 的积分下、上限分别为 0 和 1；对[0, 1]上的任意 x，作平行于 y 轴的直线与区域 D 相交，得交点 $y=0$ 和 $y=x$，且 $y=0<y=x$，得变量 y 的积分下、上限分别为 0 和 x.

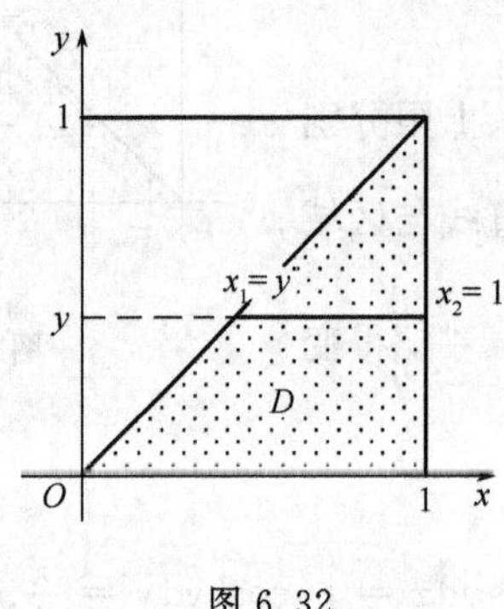

图 6.32

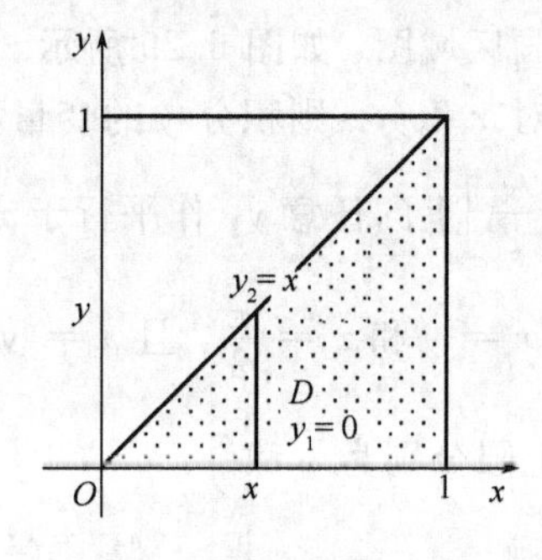

图 6.33

(3)
$$\int_0^1 \mathrm{d}y\int_y^1 \frac{\sin x}{x}\mathrm{d}x = \int_0^1 \mathrm{d}x\int_0^x \frac{\sin x}{x}\mathrm{d}y = \int_0^1 \sin x\mathrm{d}x = 1-\cos 1.$$

二、二重积分在极坐标系下的计算

有些二重积分，被积函数和积分区域边界用极坐标变量、极坐标方程来表示比较简单方便，为此，人们证明了公式：

$$\iint\limits_D f(x,y)\mathrm{d}x\mathrm{d}y = \iint\limits_D f(r\cos\theta, r\sin\theta)r\mathrm{d}r\mathrm{d}\theta.$$

【例 6.17】 计算二重积分 $\iint\limits_D \ln(1+x^2+y^2)\mathrm{d}x\mathrm{d}y$.

其中，区域 D 是单位圆域：$x^2+y^2\leqslant 1$.

【解】
$$\iint\limits_D \ln(1+x^2+y^2)\mathrm{d}x\mathrm{d}y = \iint\limits_{\substack{0\leqslant r\leqslant 1\\ 0\leqslant\theta\leqslant 2\pi}} \ln(1+r^2)r\mathrm{d}r\mathrm{d}\theta = \int_0^{2\pi}\mathrm{d}\theta\int_0^1 \ln(1+r^2)r\mathrm{d}r$$
$$= \theta\Big|_0^{2\pi} \times \left[\frac{1}{2}((1+r^2)\ln(1+r^2)-r^2)\right]_0^1 = \pi(2\ln 2-1).$$

【例 6.18】　计算二重积分

$$\iint\limits_{\pi^2\leqslant x^2+y^2\leqslant 4\pi^2}\sin\sqrt{x^2+y^2}\,\mathrm{d}x\mathrm{d}y.$$

【解】

$$\iint\limits_{\pi^2\leqslant x^2+y^2\leqslant 4\pi^2}\sin\sqrt{x^2+y^2}\,\mathrm{d}x\mathrm{d}y=\iint\limits_{\substack{\pi\leqslant r\leqslant 2\pi\\0\leqslant\theta\leqslant 2\pi}}r\sin r\mathrm{d}r\mathrm{d}\theta$$

$$=\int_0^{2\pi}\mathrm{d}\theta\int_\pi^{2\pi}r\sin r\mathrm{d}r=2\pi[-r\cos r+\sin r]_\pi^{2\pi}$$

$$=-6\pi^2.$$

【例 6.19】　计算二重积分$\iint\limits_D x\mathrm{d}x\mathrm{d}y$，其中区域 D 是由不等式 $x\leqslant y\leqslant\sqrt{2x-x^2}$ 所确定的区域.

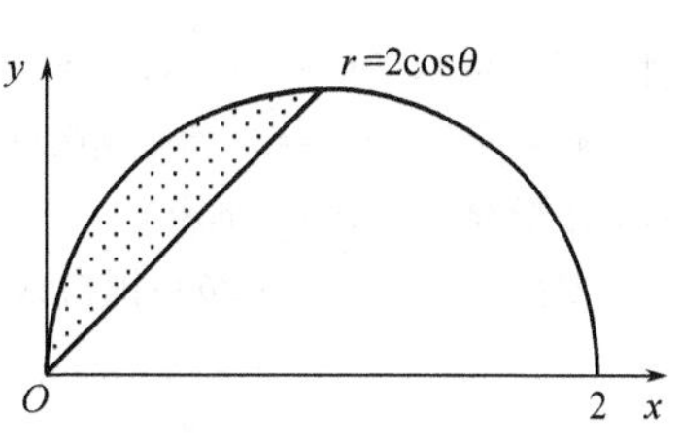

图 6.34

【解】　画出区域 D，如图 6.34 所示. 区域 D 是由直线和圆弧所围成的弓形区域，而且 $\frac{\pi}{4}\leqslant\theta\leqslant\frac{\pi}{2}$，$0\leqslant r\leqslant 2\cos\theta$. 所以，

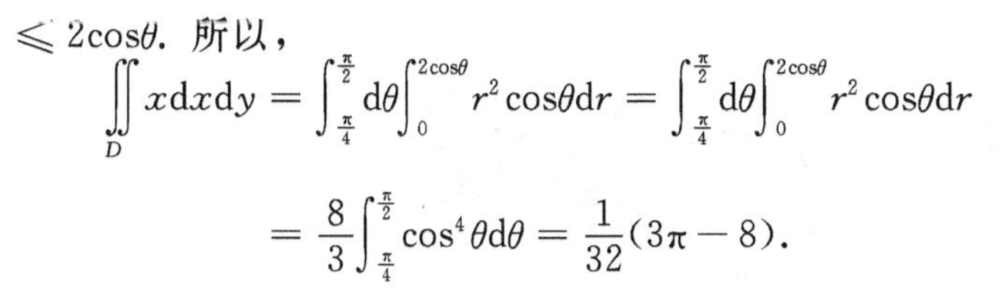

$$\iint\limits_D x\mathrm{d}x\mathrm{d}y=\int_{\frac{\pi}{4}}^{\frac{\pi}{2}}\mathrm{d}\theta\int_0^{2\cos\theta}r^2\cos\theta\mathrm{d}r=\int_{\frac{\pi}{4}}^{\frac{\pi}{2}}\mathrm{d}\theta\int_0^{2\cos\theta}r^2\cos\theta\mathrm{d}r$$

$$=\frac{8}{3}\int_{\frac{\pi}{4}}^{\frac{\pi}{2}}\cos^4\theta\mathrm{d}\theta=\frac{1}{32}(3\pi-8).$$

【例 6.20】　计算$\iint\limits_D y\mathrm{d}\sigma$，其中区域 D 是由不等式 $2x\leqslant x^2+y^2\leqslant 4, x\geqslant 0, y\geqslant 0$ 所确定的区域.

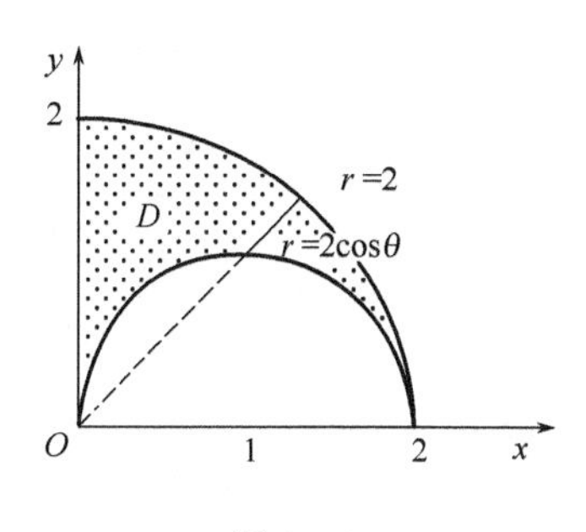

图 6.35

【解】　画出区域 D，如图 6.35 所示. 区域 D 是由直线和圆弧所围成的弓形区域，而且 $2\cos\theta\leqslant r\leqslant 2$，$0\leqslant\theta\leqslant\frac{\pi}{2}$. 所以，

$$\iint\limits_D y\mathrm{d}\sigma=\int_0^{\frac{\pi}{2}}\mathrm{d}\theta\int_{2\cos\theta}^2 r^2\sin\theta\mathrm{d}r=\frac{8}{3}\int_0^{\frac{\pi}{2}}\sin\theta(1-\cos^3\theta)\mathrm{d}\theta=2.$$

【例 6.21】　计算$\int_0^a\mathrm{d}x\int_0^{\sqrt{a^2-x^2}}\sqrt{x^2+y^2}\mathrm{d}y$，其中 $a>0$.

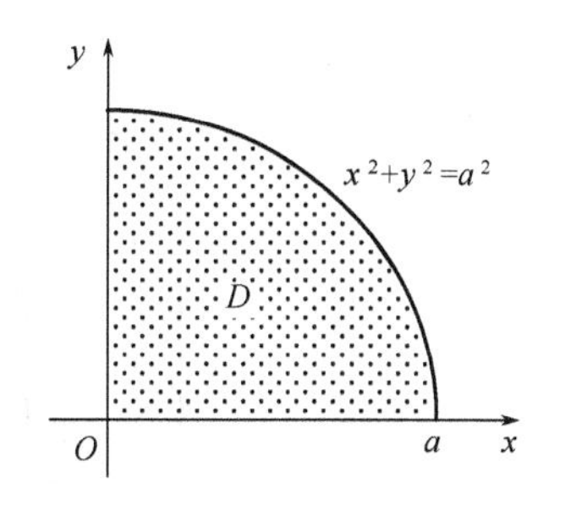

图 6.36

【解】　画出区域 D，如图 6.36 所示. 区域 D 是 1/4 圆域，而且 $0\leqslant\theta\leqslant\frac{\pi}{2}$，$0\leqslant r\leqslant a$. 所以，

$$\int_0^a\mathrm{d}x\int_0^{\sqrt{a^2-x^2}}\sqrt{x^2+y^2}\mathrm{d}y=\int_0^{\frac{\pi}{2}}\mathrm{d}\theta\int_0^a r^2\mathrm{d}r=\frac{\pi}{6}a^3.$$

习　题　6-5

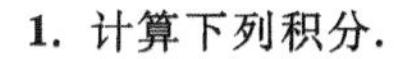

1. 计算下列积分.

(1) $\iint\limits_D xy\mathrm{d}\sigma$，其中 D 由 $y=x$ 和 $y=x^3$ 所围成；

(2) $\iint\limits_{D} x\mathrm{d}x\mathrm{d}y$，其中 D 由 $y \geqslant x^2$ 和 $y = 4 - x^2$ 所围成；

(3) $\iint\limits_{D} \sqrt{x^2+y^2}\mathrm{d}x\mathrm{d}y$，其中 $D: x^2+y^2 \leqslant a^2$；

(4) $\iint\limits_{D} \mathrm{e}^{-x^2-y^2}\mathrm{d}x\mathrm{d}y$，其中 $D: x^2+y^2 \leqslant a^2$；

(5) $\iint\limits_{D} (x+y)\mathrm{d}x\mathrm{d}y$，其中 $D: x^2+y^2 \leqslant 2ax$；

(6) $\iint\limits_{D} \ln(x^2+y^2)\mathrm{d}x\mathrm{d}y$，其中 $D: 1 \leqslant x^2+y^2 \leqslant 9$.

2. 计算下列区域的面积[提示：令 $z=1$].

(1) $x=y^2, x-y=2$ 所围成区域的面积；

(2) 心形线 $r=a(1+\cos\theta)$ $(a>0)$ 所围成区域的面积(图 6.37)；

(3) 双扭线 $r^2=a^2\cos2\theta$ 所围成区域的面积(图 6.38).

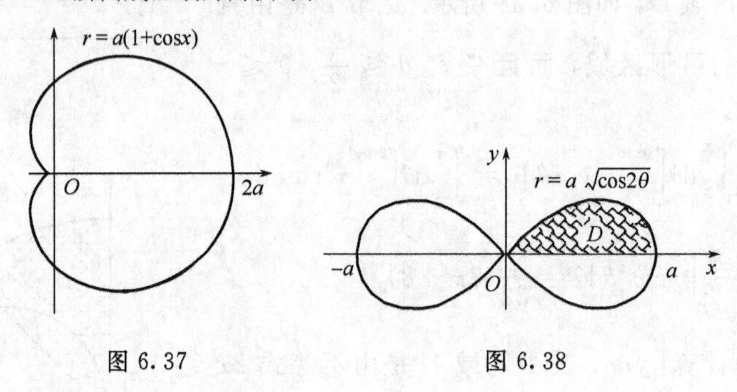

图 6.37　　图 6.38

3. 计算下列体积.

(1) $x^2+y^2 \leqslant R^2, x^2+z^2 \leqslant R^2$(图 6.39)；

(2) $0 \leqslant z \leqslant \sqrt{a^2-x^2-y^2}$ 且 $x^2+z^2 \leqslant ax(a>0)$(图 6.40)；

(3) $\dfrac{x^2+y^2+z^2}{2} \leqslant z \leqslant \sqrt{x^2+y^2}$；

(4) $x^2+y^2+z^2 \leqslant R^2, z \geqslant R-h$.

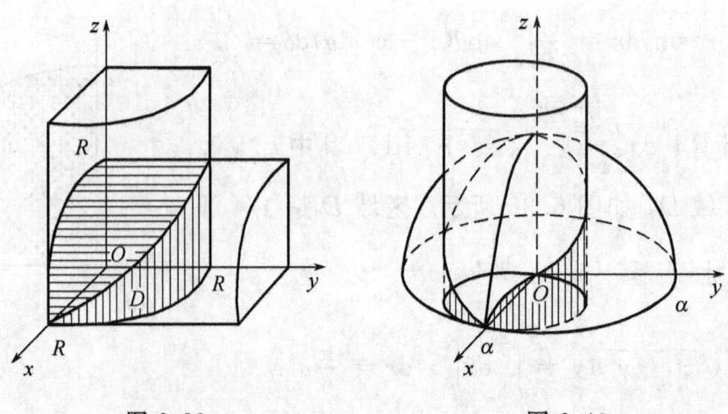

图 6.39　　图 6.40

4. 设 D 为由 $y=0, y=x$ 和 $x=1$ 围成的三角形薄板，其密度为 $\mu=x^2+y^2$，求其质心.

5. 求半圆形薄板的形心(即面密度为常数的质心).

6. 已知一长方形板 $0 \leqslant x \leqslant \pi, 0 \leqslant y \leqslant 1$ 上面密度分布为 $\mu = y\sin x$，试求平均面密度，并在方形板上找一个面密度等于平均面密度的点.

第七章　常微分方程

在第三章学习了微积分，能够利用已知变量间的函数关系来解决许多实际问题. 但在不少的实际问题中，变量间的函数关系并不都是已知的，已知的是函数的微分、导数或变化率等. 我们只能根据含有未知函数及其微分或导数满足的关系式，即所谓的微分方程来求未知函数，从而解决实际问题.

第一节　利用分离变量法和常数变易法解微分方程

一、常微分方程的概念

1. 几个引例

引例 7.1　已知某曲线在每一点(x,y)处的切线斜率为$2x$，求曲线方程$y=f(x)$.

［分析］　由函数导数的几何意义和题目假设可知，所求曲线方程$y=f(x)$应满足关系式

$$f'(x)=2x \text{ 或 } \mathrm{d}f(x)=2x\mathrm{d}x.$$

换言之，这是一个已知函数的导数或微分求未知函数问题.

引例 7.2　已知某物体作自由落体运动，开始运动时的初始位置为S_0，初始速度为v_0，求物体的运动方程$S=S(t)$.

［分析］　根据牛顿第二定律和题目假设可知，所求运动方程应满足关系式

$$S''(t)=g,\ S'(0)=v_0 \text{ 且 } S(0)=S_0.$$

换言之，这是一个已知函数的二阶导数求未知函数问题.

2. 常微分方程的基本概念

上面两个例子的共同点是：① 所求的是未知函数；② 所建立的关系式含有未知函数及其导数或微分.

定义 7.1　含有未知函数的导数或微分的方程称为**微分方程**. 如果微分方程中的未知函数只含有一个自变量，则称该微分方程为**常微分方程**. 微分方程中出现的未知函数的导数（或微分）的最高阶数，称为微分方程的**阶**.

例如，$\mathrm{d}f(x)=2x\mathrm{d}x$，$S''(t)=g$，$y'''+y=2x^4$ 等都是微分方程，也是常微分方程，它们分别为一阶微分方程、二阶微分方程和三阶微分方程.

注释：在微分方程中，自变量和未知函数可以不出现，但未知函数的导数或微分必须出现. 在不引起混淆的情形下，微分方程和常微分方程都可简称为方程.

定义 7.2　如果函数$y=f(x)$代入微分方程后，能使微分方程成为恒等式，则函数$y=f(x)$称为微分方程的**一个解**. 如果微分方程的解中包含相互独立的任意常数（即任意常数间不能合并）的个数恰好等于该微分方程的阶数，则称这个解为微分方程的**通解**；如果微分方程的解中不包含任意常数，则称这个解为微分方程的**特解**，用于确定通解中的任意常数的附加条件称为**初始条件**.

【例 7.1】 验证函数 $y = Cx\ln x$ 是否是微分方程 $x^2y'' - xy' + y = 0$ 的解?是通解还是特解?并求满足条件 $y|_{x=e} = 1$ 的一个特解.

【解】 因为 $y' = C(x\ln x)' = C(\ln x + 1) = C\ln x + C$,

$$y'' = (C\ln x + C)' = \frac{C}{x},$$

所以

$$x^2y'' - xy' + y = x^2\frac{C}{x} - x(C\ln x + C) + Cx\ln x$$

$$= xC - Cx\ln x - Cx + Cx\ln x = 0.$$

故 $y = Cx\ln x$ 是微分方程的解.

因为微分方程的解 $y = Cx\ln x$ 中含有任意常数 C,所以它不是微分方程的特解;又因为微分方程的解 $y = Cx\ln x$ 只含有一个任意常数 C,而二阶微分方程 $x^2y'' - xy' + y = 0$ 的通解应该含有两个相对独立的任意常数,所以 $y = Cx\ln x$ 也不是微分方程的通解.

当 $y|_{x=e} = 1$ 时,$1 = C\cdot e\cdot \ln e$,即 $C = e^{-1}$,所以满足条件 $y|_{x=e} = 1$ 的一个特解为 $y = \frac{1}{e}x\ln x$.

注释:上例很好地说明了解、通解、特解三概念的区别.

二、分离变量法

形如 $y' + P(x)y = 0$ 的微分方程,称为**一阶齐次线性微分方程**.

因为微分方程 $y' + P(x)y = 0$ 可分离变量为

$$\frac{dy}{y} = -P(x)dx,$$

两边积分,得

$$\int\frac{dy}{y} = -\int P(x)dx,\ 即\ \ln y = -\int P(x)dx + \ln C,$$

所以一阶齐次线性微分方程 $y' + P(x)y = 0$ 的通解为

$$y = Ce^{-\int P(x)dx},$$

其中,$\int P(x)dx$ 只取 $P(x)$ 的一个原函数,即不带积分常数.

一般地,形如 $y' = P(x)Q(y)$ 或 $P_1(x)Q_1(y)dx + P_2(x)Q_2(y)dy = 0$ 的微分方程,只要将两个变量分开,使微分方程的一端只含有变量 x 和 dx,另一端只含有变量 y 和 dy,然后两端积分.如果积分可以求得,也就求得了微分方程的解.

【例 7.2】 求下列微分方程的通解:

(1) $y' = \frac{2y}{x}$; (2) $xdx + ye^x dy = 0$.

【解】 (1) 微分方程 $y' = \frac{2y}{x}$ 可变形为

$$\frac{dy}{y} = \frac{2dx}{x}.$$

两边积分得 $\ln y = 2\ln x + \ln c$,即 $y = cx^2$.

(2) 微分方程 $xdx + ye^x dy = 0$ 可变形为

$$ydy = -xe^{-x}dx.$$

两边积分得 $y^2 = 2(x+1)e^{-x} + C$.

三、常数变易法

形如 $y' + P(x)y = Q(x)$ 的微分方程，称为**一阶线性微分方程**. 如果 $Q(x) \neq 0$，则称 $y' + P(x)y = Q(x)$ 为**一阶非齐次线性微分方程**.

对于一阶非齐次线性微分方程 $y' + P(x)y = Q(x)$，其相应的一阶齐次线性微分方程 $y' + P(x)y = 0$ 的通解为 $y = Ce^{-\int P(x)dx}$. 假设 $y = C(x)e^{-\int P(x)dx}$ 为微分方程 $y' + P(x)y = Q(x)$ 的解，如果能找到适当的待定函数 $C(x)$ 使微分方程 $y' + P(x)y = Q(x)$ 成立，那么表明假设 $y = C(x)e^{-\int P(x)dx}$ 为微分方程 $y' + P(x)y = Q(x)$ 的解是恰当的，且 $y = C(x)e^{-\int P(x)dx}$ 就是微分方程 $y' + P(x)y = Q(x)$ 的一个解. 为了找到适当的待定函数 $C(x)$，将 $y = C(x)e^{-\int P(x)dx}$ 代入微分方程 $y' + P(x)y = Q(x)$，得

$$\begin{aligned}
y' + P(x)y &= (C(x)e^{-\int P(x)dx})' + P(x)(C(x)e^{-\int P(x)dx}) \\
&= (C'(x)e^{-\int P(x)dx} + C(x)(e^{-\int P(x)dx})') + P(x)C(x)e^{-\int P(x)dx} \\
&= C'(x)e^{-\int P(x)dx} + C(x)e^{-\int P(x)dx}\left(-\int P(x)dx\right)' + P(x)C(x)e^{-\int P(x)dx} \\
&= C'(x)e^{-\int P(x)dx} - C(x)e^{-\int P(x)dx}P(x) + P(x)C(x)e^{-\int P(x)dx} \\
&= C'(x)e^{-\int P(x)dx},
\end{aligned}$$

即 $C'(x)e^{-\int P(x)dx} = Q(x)$，所以 $C(x) = \int Q(x)e^{\int P(x)dx}dx$.

这表明，假设的待定函数 $C(x)$ 找到了，且 $C(x) = \int Q(x)e^{\int P(x)dx}dx$ 中包含一个任意常数. 因此，

$$y = \int Q(x)e^{\int P(x)dx}dx\ e^{-\int P(x)dx}$$

不仅是微分方程的解，而且是微分方程的通解.

上述求一阶非齐次线性微分方程通解的方法，称为**常数变易法**.

【例 7.3】 求微分方程 $y' + \frac{y}{x} = \frac{\sin x}{x}$ 的通解.

解法一

(1) 先求微分方程对应齐次线性微分方程的通解. 由 $y' + \frac{y}{x} = 0$，得

$$\frac{dy}{y} = -\frac{dx}{x}.$$

两边积分得

$$\ln y = -\ln x + \ln C，即\ y = \frac{C}{x}.$$

(2) 设 $y = \frac{C(x)}{x}$ 是微分方程 $y' + \frac{y}{x} = \frac{\sin x}{x}$ 的通解，则

$$\frac{C'(x)}{x} = \frac{\sin x}{x}，即\ C'(x) = \sin x.$$

两边积分得

$$C(x)=-\cos x+C.$$

所以，所求微分方程的通解为

$$y=\frac{-\cos x+C}{x}.$$

停一停，想一想：在(2)中，将对应的齐次线性微分方程的通解 $y=\frac{C(x)}{x}$ 代入微分方程 $y'+\frac{y}{x}=\frac{\sin x}{x}$，左边必定等于$\frac{C'(x)}{x}$，右边必定为$\frac{\sin x}{x}$，即左边只需将 $y=\frac{C(x)}{x}$ 中的$C(x)$求导，右边就是 $Q(x)$，从而无需进行繁杂的运算. 一般地，使用常数变易法解一阶非齐次线性微分方程 $y'+P(x)y=Q(x)$，都无需进行类似的繁杂运算.

解法二

因为 $P(x)=\frac{1}{x}$，所以由公式得

$$y=\int Q(x)e^{\int P(x)dx}dx\ e^{-\int P(x)dx}=\int\frac{\sin x}{x}e^{\int\frac{1}{x}dx}dx\ e^{-\int\frac{1}{x}dx}$$

$$=\int\frac{\sin x}{x}e^{\ln x}dx\ e^{-\ln x}=\int\sin x dx\cdot\frac{1}{x}$$

$$=\frac{1}{x}(-\cos x+C).$$

所以，所求微分方程组的通解为

$$y=-\frac{\cos x+C}{x}.$$

学习指引

分离变量法和常数变易法都是解微分方程的常用方法，我们应该掌握.

习 题 7-1

1. 指出下列微分方程的阶数.

(1) $xy'-2yy''+x^3=0$;

(2) $5(y')-2(y'')^2-y^5+x^7=0$;

(3) $(x^2-y^2)dx+(x^2+y^2)dy=0$;

(4) $y^{(5)}-\sin(x+y)=-y'+6y$.

2. 验证下列各函数是否为所给微分方程的解.

(1) $xy'+y=\cos x$，$y=\frac{\sin x}{x}$;

(2) $y''-2y'+y=0$，$y=xe^x$;

(3) $y''+y=0$，$y=3\sin x-4\cos x$;

(4) $xy'=2y$，$y=5x^2$.

3. 求下列各微分方程的通解或满足给定初始条件的特解：

(1) $y'\tan x-y=3$;

(2) $y'+y=e^x$;

(3) $y' + y\tan x = \sin 2x$；

(4) $(1+x^2)y' - 2xy = (1+x^2)^2$；

(5) $y' + 2y = 4x$；

(6) $(1-x^2)y' + xy = 1, y(0) = 1$；

(7) $y' + y\tan x = \sec x$；

(8) $xy' - 2y = 2x^4$；

(9) $y' - y = 4xe^{2x}$，$y(0) = 1$；

(10) $xy' + 2y = \sin x, y(\pi) = \dfrac{1}{\pi}$.

4. 已知曲线过点(1,2)，且曲线上任何一点的切线斜率等于自原点到该切点连线斜率的两倍，求此曲线微分方程.

5. 一曲线经过原点，且曲线上任一点(x,y)处的切线斜率为$2x+y$，求曲线的微分方程.

6. 写出满足下列条件的微分方程：

(1) 曲线上任一点(x,y)处的切线的斜率等于该点横坐标的平方；

(2) 曲线上任一点$P(x,y)$处的切线与线段OP垂直；

(3) 曲线上任一点处的切线与x轴交点的横坐标等于切点横坐标的一半.

7. 某曲线在任一点处的切线斜率等于该点横坐标的倒数，且通过点$(e^2,3)$，求该曲线方程.

8. 一物体由静止开始作直线运动，在ts末的速度是$3t^2$m/s，问

(1) 3s后物体离开出发点的距离是多少？

(2) 需要多少时间走完300m?

9. 一质点沿x轴作直线运动，加速度$a(t) = 13\sqrt{t}\,\text{m/min}^2$，初始位置$x_0 = 100$m，若初速度$v_0 = 25$m/min，试求该质点的运动方程.

10. 一根1m长的细棒放在x轴上，左端点在原点处，其密度为$\rho(x) = 3x + 2x^2 - \dfrac{x^3}{2}$ (kg/m)，求细棒的总质量.［提示：密度$\rho(x)$是质量$m(x)$对x的变化率］.

11. 某商品的需求量Q是价格p的函数，该商品的最大需求量为1000(即$p=0$时，$Q=1000$)，已知需求量对价格p的变化率为$Q'(p) = -1000\ln 3^{1-p}$，求该商品的需求函数$Q(p)$.

第二节　利用拉普拉斯变换解微分方程

在实际问题中，经常要解决的问题是求满足特定初始条件的微分方程的特解，为此，我们介绍一种较为简捷的解法，即利用拉氏变换，将微分方程的求解问题转化为代数方程的求解问题. 但是拉氏变换不能用于求解非常系数常微分方程的特解.

一、拉氏变换的概念

定义 7.3　设函数$f(t)$在$t \geqslant 0$上有定义，则广义积分

$$\int_0^{+\infty} f(t)e^{-pt}\,dt$$

称为函数$f(t)$的**拉氏变换**. 记为$L[f(t)]$，即

$$L[f(t)] = \int_0^{+\infty} f(t)e^{-pt}\,dt.$$

若广义积分收敛，则广义积分就确定了一个参变量p(仅考虑实数情形)的函数，记作$F(p)$，即

$$F(p)=\int_0^{+\infty}f(t)\mathrm{e}^{-pt}\mathrm{d}t.$$

我们称 $f(t)$ 为 $F(p)$ 的**拉氏逆变换**，记作

$$f(t)=L^{-1}[F(p)].$$

注释：定义只要求 $f(t)$ 在 $t\geqslant 0$ 上有定义，在本节中，对任何的 $f(t)$，当 $t<0$ 时规定 $f(t)=0$. 这与实际情况也是相符的.

二、拉氏变换的性质

定理 7.1 若 a,b 为常数，则

$$L[af_1(t)\pm bf_2(t)]=aL[f_1(t)]\pm bL[f_2(t)];$$

$$L^{-1}[aF_1(p)\pm bF_2(p)]=aL^{-1}[F_1(p)]\pm bL^{-1}[F_2(p)].$$

证明 根据拉氏变换的定义，得

$$\begin{aligned}L[af_1(t)\pm bf_2(t)]&=\int_0^{+\infty}[af_1(t)\pm bf_2(t)]\mathrm{e}^{-pt}\mathrm{d}t\\&=a\int_0^{+\infty}f_1(t)\mathrm{e}^{-pt}\mathrm{d}t\pm b\int_0^{+\infty}f_2(t)\mathrm{e}^{-pt}\mathrm{d}t\\&=aL[f_1(t)]\pm bL[f_2(t)].\end{aligned}$$

因为，$aF_1(p)\pm bF_2(p)=a\int_0^{+\infty}f_1(t)\mathrm{e}^{-pt}\mathrm{d}t\pm b\int_0^{+\infty}f_2(t)\mathrm{e}^{-pt}\mathrm{d}t$

$$\begin{aligned}&=\int_0^{+\infty}[af_1(t)\pm bf_2(t)]\mathrm{e}^{-pt}\mathrm{d}t\\&=L[af_1(t)\pm bf_2(t)],\end{aligned}$$

所以，$L^{-1}[aF_1(p)\pm bF_2(p)]=af_2(x)\pm bf_2(x)=aL^{-1}[F_1(p)]\pm bL^{-1}[F_2(p)]$.

定理 7.2 $L[f'(t)]=pL[f(t)]-f(0)$;

$L[f''(t)]=p^2L[f(t)]-pf(0)-f'(0)$;

一般地，$L[f^{(n)}(t)]=p^nF(p)-\sum\limits_{i=1}^{n}p^{n-i}f^{(i-1)}(0)$.

为了使用方便，我们将常用函数的拉氏变换汇编成表（详见后面的附表）.

三、利用拉氏变换求方程特解

对于求满足特定初始条件的常系数常微分方程的特解，我们分两步进行. ① 将微分方程转换为代数方程. 即利用拉氏变换的线性性质和微分性质，我们总是可以轻易求得未知函数的拉氏变换. ② 对未知函数的拉氏变换作拉氏逆变换，计算的结果便是方程的特解. 未知函数的拉氏变换和其拉氏逆变换可以通过查拉氏变换表求得.

【例 7.4】 求微分方程 $x'(t)+2x(t)=0$ 满足初始条件 $x(0)=3$ 的解.

【解】 (1) 对微分方程 $x'(t)+2x(t)=0$ 两边求拉氏变换，得

$$L[x'(t)]+2L[x(t)]=L[0],$$

即 $pL[x(t)]-x(0)+2L[x(t)]=0$，从而 $L[x(t)]=\dfrac{3}{p+2}$.

(2) 对 $L[x(t)]=\dfrac{3}{p+2}$ 两边求拉氏逆变换，查常用函数的拉氏逆变换表得

$$x(t)=L^{-1}\left[\frac{3}{p+2}\right]=3L^{-1}\left[\frac{1}{p+2}\right]=3e^{-2t},$$

因此，要求的特解为 $x(t)=3e^{-2t}$.

注释：从拉氏变换的定义容易看出 $L[0]=0$.

【例 7.5】 求方程 $y''-3y'+2y=2e^{-t}$ 满足初始条件 $y(0)=2, y'(0)=-1$ 的解.

【解】 (1) 对微分方程 $y''-3y'+2y=2e^{-t}$ 两边求拉氏变换，得

$$L[y'']-3L[y']+2L[y]=2L[e^{-t}],$$

即 $\{p^2L[y]-[py(0)+y'(0)]\}-3\{pL[y]-y(0)\}+2L[y]=2L[e^{-t}]$,

将初始条件 $y(0)=2, y'(0)=-1$ 代入上式并整理，得

$$L[y]=\frac{2}{(p-2)(p-1)(p+1)}-\frac{5}{(p-2)(p-1)}+\frac{2}{(p-2)}.$$

(2) 对上式两边求拉氏逆变换，查常用函数的拉氏变换表，得

$$y=2L^{-1}\left[\frac{1}{(p-2)(p-1)(p+1)}\right]-5L^{-1}\left[\frac{1}{(p-2)(p-1)}\right]+2L^{-1}\left[\frac{1}{(p-2)}\right]$$

$$=2\left[\frac{1}{(2-1)(2+1)}e^{2t}+\frac{1}{(1-2)(1+1)}e^{t}+\frac{1}{(-1-2)(-1-1)}e^{-t}\right]-5\frac{e^{2t}-e^{t}}{(2-1)}+2e^{2t}$$

$$=-\frac{7}{3}e^{2t}+4e^{t}+\frac{1}{3}e^{-t}.$$

因此，要求的特解为 $y=-\frac{7}{3}e^{2t}+4e^{t}+\frac{1}{3}e^{-t}$.

【例 7.6】 求下列微分方程的解.

(1) $y''+3y'+2y=xe^{-2x}$, $y'(0)=1, y(0)=0$;

(2) $y''+2y'+2y=x+1$, $y'(0)=1, y(0)=0$;

(3) $y''+y=x+\sin x$, $y'(0)=1, y(0)=0$.

【解】 (1)

① 对微分方程 $y''+3y'+2y=xe^{-2x}$ 两边求拉氏变换，得

$$L[y'']+3L[y']+2L[y]=L[xe^{-2x}],$$

即 $\{p^2L[y]-[py(0)+y'(0)]\}+3\{pL[y]-y(0)\}+2L[y]=L[xe^{-2x}]$,

将初始条件 $y'(0)=1, y(0)=0$ 代入上式并整理，得

$$L[y]=\frac{1}{(p+1)(p+2)}+\frac{1}{(p+1)(p+2)^3}.$$

② 对上式两边求拉氏逆变换，查常用函数的拉氏变换表，得

$$y=L^{-1}\left[\frac{1}{(p+1)(p+2)}\right]+L^{-1}\left[\frac{1}{(p+1)(p+2)^3}\right]$$

$$=\frac{e^{-x}-e^{-2x}}{(2-1)}+\frac{e^{-x}}{(2-1)^3}-\sum_{k=1}^{3}\frac{x^{3-k}e^{-2x}}{(2-1)^k(3-k)!}$$

$$=2e^{-x}-\frac{1}{2}(x^2+2x+4)e^{-2x}.$$

(2)

① 对微分方程 $y''+2y'+2y=x+1$ 两边求拉氏变换，得

$$L[y''] + 2L[y'] + 2L[y] = L[x+1],$$

即 $\{p^2L[y] - [py(0) + y'(0)]\} + 2\{pL[y] - y(0)\} + 2L[y] = L[x+1]$,
将初始条件 $y'(0) = 1, y(0) = 0$ 代入上式并整理，得

$$L[y] = \frac{1}{(p+1)^2+1} + \frac{1}{p[(p+1)^2+1]} + \frac{1}{p^2[(p+1)^2+1]}$$

② 对上式两边求拉氏逆变换，查常用函数的拉氏变换表，得

$$y = e^{-x}\sin x + \frac{1 - e^{-x}(\cos x + \sin x)}{2} + \frac{2x - 2 + 2e^{-x}\sin x}{4}$$

$$= \frac{1}{2}(x + e^{-x}\sin x).$$

(3)

① 对微分方程 $y'' + y = x + \sin x$ 两边求拉氏变换，得

$$\{p^2L[y] - [py(0) + y'(0)]\} + L[y] = L[x + \sin x],$$

将初始条件 $y'(0) = 1, y(0) = 0$ 代入上式并整理，得

$$L[y] = \frac{1}{(p^2+1)}\left[1 + \frac{1}{p^2} + \frac{1}{p^2+1}\right] = \frac{1}{p^2+1} + \frac{1}{p^2(p^2+1)} + \frac{1}{(p^2+1)^2}.$$

② 对上式两边求拉氏逆变换，查常用函数的拉氏变换表，得

$$y = \sin x + (x - \sin x) + \frac{1}{2}(\sin x - x\cos x)$$

$$= x + \frac{1}{2}(\sin x - x\cos x).$$

学习指引

由于积分运算没有通用的乘法、除法和复合运算的积分公式，导致微分方程的求解困难. 在解决实际问题中，微分方程的初始条件常常是已知的，所以要求的解常常是特解，而不是通解. 于是，这里摒弃了传统的重视通过求通解再求特解的思维. 我们选择了拉氏变换，借助其变换表直接求解. 这样，既省除了研究微分方程解的结构，又大大简化了繁杂的运算. 使求解微分方程变得容易得多.

习　题　7-2

运用拉氏变换，求下列微分方程满足相应初始条件的特解.

(1) $y'' + y = 0, y(0) = 1, y'(0) = 0$;

(2) $y'' - 4y' + 3y = 0, y(0) = 6, y'(0) = 10$;

(3) $4y'' + 4y' + y = 0, y(0) = 2, y'(0) = 0$;

(4) $y'' - 4y' + 13y = 0, y(0) = 0, y'(0) = 3$;

(5) $y'' - 2y' + 2y = 0, y(0) = 0, y'(0) = 1$;

(6) $y'' - y' = 2(1-t), y(0) = 0, y'(0) = 1$;

(7) $y'' + y' = \cos t, y(0) = 0, y'(0) = 0$;

(8) $y'' + 2y' = e^{-t}, y(0) = 0, y'(0) = 0$;

(9) $y'' + 4y = \sin t, y(0) = 0, y'(0) = 0$;

(10) $y''-y=4xe^x, y(0)=0, y'(0)=1$;

(11) $4y''+16y'+15y=4e^{-1.5x}, y(0)=3, y'(0)=-5.5$;

(12) $3y''+4y'+y=e^{-x}\sin x, y(0)=1, y'(0)=0$;

(13)* $y''+y'+\sin 2x=0, y(\pi)=1, y'(\pi)=1$ (提示:令 $t=x-\pi$);

(14)* $y''+2y'+y=xe^{-x}, y(1)=e^{-1}, y'(1)=0$.

第三节　微分方程与数学模型

微分方程在自然科学和工程技术中有着广泛的应用. 用微分方程解决实际问题，首先要根据实际问题列出微分方程，并写出初始条件，然后求出微分方程的解.

一、利用物理学中的有关定律

【例 7.7】 已知跳伞后受到的空气阻力与下落速度的平方成正比，求下落速度的变化规律.

【解】 依题意得，

$$mg-kv^2=ma=mv' \text{ 或 } \frac{m\mathrm{d}v}{kv^2-mg}=-\mathrm{d}t.$$

两边积分得，

$$\int\frac{m\mathrm{d}v}{kv^2-mg}=\int-\mathrm{d}t.$$

解得，

$$v=\sqrt{\frac{mg}{k}}\frac{1+Ce^{-\frac{k}{m}t}}{1-Ce^{-\frac{k}{m}t}}.$$

【例 7.8】 在地面上将质量为 $m(kg)$ 的物体垂直上抛，初速度为 v_0(m/s). 求物体的运动规律(空气阻力忽略不计).

【解】 设在时刻 t 的高度为 $h(t)$，则

$$mh''(t)=-mg\text{，即 }h''(t)=-g\text{，且 }h'(0)=v_0\text{，}h(0)=0.$$

两边作拉氏变换得，

$$p^2L(h)-v_0=-L(g)\text{，即 }L(h)=-g\frac{1}{p^3}+v_0\frac{1}{p^2}.$$

两边作拉氏逆变换得，

$$h(t)=v_0t-\frac{1}{2}gt^2.$$

【例 7.9】 如图 7.1 所示，由电阻 R，电容 C 及直流电源 E 串联而成的电路. 当开关 K 闭合时，电路中有电流 i 通过，电容器逐渐充电，电容器上的电压 u_C 逐渐升高. 求电容器上的电压 u_C 随时间 t 的变化规律.

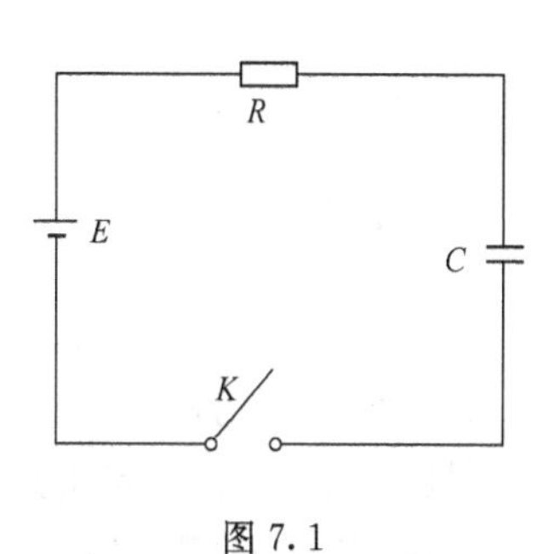

图 7.1

【解】 设在时刻 t，电容器两端的电压为 u_C，电阻两端的电压为 u_R，电路中有电流为 i. 由电学中的回路电压定律得

方程

$$u_C + u_R = E \text{ 且 } u_C(0) = 0,$$

此外，由电学知识知，

$$u_C = \frac{q}{C}, u_R = iR, i = \frac{\mathrm{d}q}{\mathrm{d}t}, \text{即}$$

$$u_R = iR = R\frac{dq}{\mathrm{d}t} = R(Cu_C)'_t = RCu'_C$$

因此，将 u_R 代入方程 $u_C + u_R = E$，得

$$RCu'_C + u_C = E.$$

用拉氏变换作用方程两边，得

$$RCL[u'_C] + L[u_C] = L[E],$$

由拉氏变换的微分性质和 $u_C(0) = 0$，得

$$RC\{pL[u_C] - u_C(0)\} + L[u_C] = \frac{E}{p}, \text{即 } L[u_C] = \frac{E}{p(RCp+1)} = \frac{E}{p} - \frac{RCE}{RCp+1},$$

用拉氏逆变换作用上式两边，得

$$u_C = L^{-1}\left[\frac{E}{p} - \frac{RCE}{RCp+1}\right] = E(1 - \mathrm{e}^{-\frac{1}{RC}t}).$$

【例 7.10】 把温度为100℃的沸水注入杯中，放在室温为20℃的环境中自然冷却，5min后测得水温为60℃，求水温 u(℃) 与时间 t(min) 之间的函数关系.

[分析] 根据热力学的牛顿冷却定律，物体的冷却速度与当时物体和周围介质的温差成正比.

【解】 设初始时刻为 $t = 0$，经 $t$min 后的水温为 $u(t)$，根据热力学的牛顿冷却定律，

$$u' = k(u - 20) (k \text{ 为待定常数}), \text{且 } u(0) = 100, u(5) = 60.$$

对 $u' = k(u - 20)$ 两边求拉氏变换，得

$$L[u'] = k(L[u] - L[20]),$$

所以 $pL[u] - u(0) = k\left(L[u] - \frac{20}{p}\right)$，即 $L[u] = \frac{100p - 20k}{p(p-k)} = 20 \cdot \frac{1}{p} + 80 \cdot \frac{1}{p-k}$.

对上式两边求拉氏逆变换，得

$$u = L^{-1}\left[20 \cdot \frac{1}{p} + 80 \cdot \frac{1}{p-k}\right] = 20 + 80\mathrm{e}^{kt}.$$

因为 $u(5) = 60$，所以 $20 + 80\mathrm{e}^{5k} = 60$，即 $k = -\frac{1}{5}\ln 2 = -0.1386$. 因此，水温 u(℃) 与时间 t(min) 之间的函数关系为

$$u(t) = 20 + 80\mathrm{e}^{-0.1386t}.$$

二、运用微元法

【例 7.11】 有一容器盛有浓度为 0.5g/L 的盐水 10L，现以 3L/min 的速度注入浓度为 2g/L 的盐水，同时以 2L/min 的速度排出搅拌均匀的盐水，试求 40min 后，容器内的含盐量.

[分析] 假设容器在 t 时刻盛有 $x = x(t)$ 克盐. 因为注入盐水的速度为 3L/min，排出盐

水的速度为 2L/min，所以容器在 t 时刻盛有 $10+3t-2t=(10+t)$L 盐水，浓度为 $\left(\frac{x}{10+t}\right)$g/L. 于是，从 t 时刻到 $t+\mathrm{d}t$ 时刻，容器内盐的改变量

$$\mathrm{d}x=3\mathrm{d}t\times 2-2\mathrm{d}t\times\frac{x}{10+t}=\left(6-\frac{2x}{10+t}\right)\mathrm{d}t，即\frac{\mathrm{d}x}{\mathrm{d}t}+\frac{2x}{10+t}=6.$$

【解】 设容器在 t 时刻盛有 $x=x(t)$ 克盐. 依题意得，

$$\frac{\mathrm{d}x}{\mathrm{d}t}+\frac{2x}{10+t}=6,$$

运用常数变易法解得，$x=2(10+t)+\frac{C}{(10+t)^2}$.

因为 $t=0$ 时，$x=10\times 0.5=5$，所以 $C=-1500$. 于是，

$$x=2(10+t)-\frac{1500}{(10+t)^2}.$$

当 $t=40$ 时，$x=2(10+40)-\frac{1500}{(10+40)^2}=99.4(\mathrm{g})$.

【例 7.12】 某厂房容积为 $4050\mathrm{m}^3$，空气中含有 0.2% 的 CO_2. 现以 $360(\mathrm{m}^3/\mathrm{s})$ 的速度输入含有 0.05% 的 CO_2 新鲜空气，同时又排出同等数量的室内空气，问 30min 后室内所含 CO_2 的百分比.

［**分析**］ 设在 t 时刻厂房内有浓度为 $x=x(t)$ 的 CO_2. 经过 $\mathrm{d}t$ 时间后，厂房内 CO_2 的改变量为

$$4050\mathrm{d}x=360\times 0.05\%\mathrm{d}t-360x\mathrm{d}t，即\ x'+\frac{4}{45}x=\frac{4}{90000}.$$

【解】 设在 t 时刻厂房内有浓度为 $x=x(t)$ 的 CO_2. 依题意得，

$$x'+\frac{4}{45}x=\frac{4}{90000},x(0)=0.2\%.$$

运用拉普拉斯变换求解得，$x=\frac{1}{2000}\left(1+3\mathrm{e}^{-\frac{4}{45}t}\right)$.

所以，$x(30\times 60)=\frac{1}{2000}(1+\mathrm{e}^{-\frac{4}{45}\times 1800})\approx 0.05\%$. 即 30min 后室内所含 CO_2 的百分比为 0.05%，接近新鲜空气了.

三、数学模型

所谓**数学模型**，是为了特定目的，对于现实世界的特定对象，做出一些重要的假设和简化，运用适当的数学工具得到的一个数学结构，以解释特定现实现象，或预测事物发展的趋势.

数学模型的简单情形是把实际问题转换成我们熟悉的函数表达式或方程式，主要用于传统的物理、力学、机电、土木和化工的自然科学. 随着计算机科学的迅猛发展，数学模型迅速渗透到经济、管理、生态和人口等的社会科学领域. 鉴于数学模型的应用广泛，特在此作简单介绍.

数学建模的一般步骤

由于现实问题各式各样，即使同一问题，由于人们的数学修养和理念的差异以及看问题

的角度不同，建立起来的数学模型也千差万别. 所以，建立数学模型也无固定的格式和途径，但是，数学建模仍然可以分成以下几个步骤：

1. 提出问题

讨论分析要研究的现象，抓住现象的本质特征，提出需要定量研究的变量，使隐藏的变量和相互关系逐步明晰，提出问题.

2. 提出假设

对问题进行分析、简化和抽象，去掉对问题影响不大的次要因素，确定问题的主要因素和相互关系.

3. 提出模型

根据问题所在的系统（力学系统、生态系统、管理系统等）、类型（离散、连续等）和问题的内在规律，建立各变量之间的关系式，即建立数学模型.

4. 检验与修改

对于较为复杂的现象，通常要进行检验或计算机模拟实验. 如果出现偏差，就得分析数学模型产生偏差的原因，对模型进行修正，甚至重新确定问题、重新建立模型.

5. 求解与应用

数学模型的求解会涉及不同的数学分支，通常还得通过计算机进行数值求解. 然后将求解结果应用到解释或预测现实现象中.

在建立数学模型的过程中，以上 5 个步骤并不能截然分开，它们也仅仅是大致的步骤. 数学建模没有通用的方法和技巧，更没有固定的格式和标准，这使得数学建模犹如一门艺术，只有不断学习、实践和思考，才能不断领悟内化，永无止境.

【例 7.13】 传染病模型.

传染病的蔓延严重威胁人类的健康，为此需要从医学角度探讨出传染病的传染机理. 由于许多传染病是通过与病人接触、通过空气、食物等途径传染给健康人的. 所以，假设在单位时间内被传染的人数主要与病人人数成正比，其比例常数为 k.

设在 t 时刻的病人数为 $y=y(t)$. 则在 t 时刻到 $t+\mathrm{d}t$ 时刻增加的病人数为

$$\mathrm{d}y=ky(t)\mathrm{d}t，即\ y=A\mathrm{e}^{kt}.$$

其中，$A=y(0)$ 是 $t=0$ 时刻的病人数. 这表明，病人人数按指数规律无限增加，这明显与实际情况不符.

事实上，在单位时间内被传染的人数不仅仅与病人人数成正比，也与健康人人数成正比. 所以，假设在单位时间内被传染的人数主要与病人人数和健康人人数成正比，其比例常数为 k，病人人数和健康人人数之和为 n. 设在 t 时刻的病人数为 $y=y(t)$，健康人人数为 $x=x(t)$. 则在 t 时刻到 $t+\mathrm{d}t$ 时刻增加的病人数为

$$\mathrm{d}y=ky(t)x(t)\mathrm{d}t，且\ y(t)+x(t)=n.$$

于是，$\mathrm{d}y=ky(n-y)\mathrm{d}t$，解得

$$y=\frac{n}{1+(\frac{n}{A}-1)\mathrm{e}^{-nkt}}.$$

这表明，病人人数随时间的延续而无限增加，最终所有的人都成了病人，这仍然与实际情况不符. 因为被传染的病人总是被治愈或死亡，病人人数最终应趋于零.

为此，我们必须考虑被治愈和死亡的病人人数. 假设在单位时间内被传染的人数主要与病人人数 $y(t)$ 和健康人人数 $x(t)$ 成正比，其比例常数为 k，被治愈和死亡的病人人数 $z(t)$ 与病人人数成正比，其比例常数为 l. 病人人数、健康人人数、被治愈和死亡的病人人数之和为 n. 则在 t 时刻到 $t+\mathrm{d}t$ 时刻增加的病人数为

$$\mathrm{d}y = ky(t)x(t)\mathrm{d}t - \mathrm{d}z = ky(t)x(t)\mathrm{d}t - ly(t)\mathrm{d}t,\text{ 且 } y(t)+x(t)+z(t)=n.$$

整理得，$\mathrm{d}y = \left(\frac{l}{kx}-1\right)\mathrm{d}x$，并满足初始条件 $y(0)=A$，$x(0)=n-A$. 则

$$y = \frac{l}{k}\ln\frac{x}{n-A}+n-x.$$

将此数学模型与统计资料进行比较，发现此数学模型不仅能解释观察到的一些现象，而且与实际数据基本吻合，故传染病的数学模型 $y=\frac{l}{k}\ln\frac{x}{n-A}+n-x$ 比较恰当.

习　题　7-3

1. 衰变是指放射性元素的质量随时间的增加而减少的现象. 放射性元素镭在某时刻的衰变速度与该时刻的质量成正比. 设 $t=0$ 时镭的质量为 m_0 g，并已知经过 1600 年后的质量只余下一半，求镭的质量随时间的变化规律.
2. 1972 年，我国长沙市马王堆汉墓一号出土，专家测定同时出土的木炭标本的 C^{14} 原子衰变速度为 29.78 次 / 分钟，而当时新烧的木炭 C^{14} 原子衰变速度为 38.37 次 / 分钟，试估计该墓建成的年代.
3. 如图 7.2 所示，设有一个由电阻 $R=10\Omega$，电感 $L=2\mathrm{H}$ 及电源电压 $E=20\sin 5t\mathrm{V}$ 串联组成的电路. 当开关 K 闭合的时刻，电路中没有电流 i 通过，求电路中电流 i 随时间 t 的变化规律.

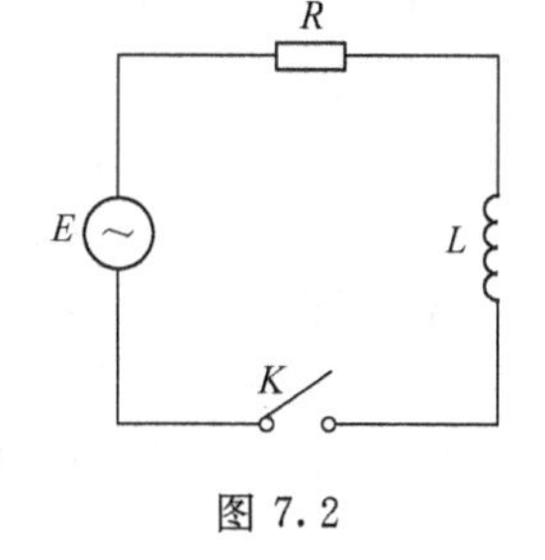

图 7.2

4. 如图 7.3 所示，设有一个由电阻 $R=1000\Omega$，电感 $L=0.1\mathrm{H}$，电容 $C=0.2\mu\mathrm{F}$ 及电源电压 $E=20\mathrm{V}$ 串联组成的电路. 求开关 K 闭合后电路中电流 $i(t)$ 及电容器上的电压 u_c.

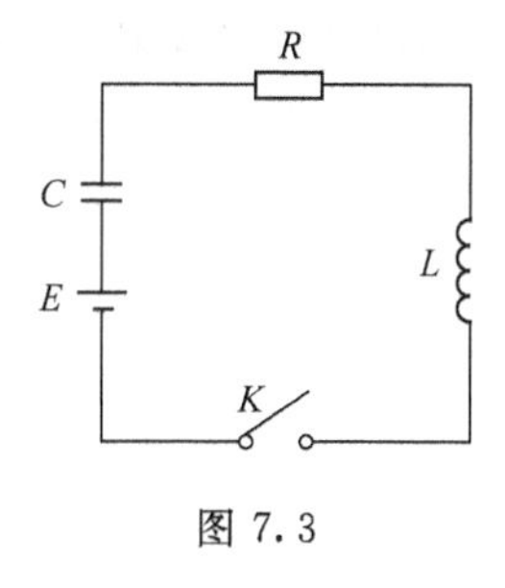

图 7.3

5. 质量为 m 的物体受恒力 F 的作用从静止状态开始作直线运动，另外，物体还受到与物体运动速度成正比的阻力作用，求速度随时间的变化规律.
6. 如果人口的增长与当时的人口数成正比. 我国 1990 年 7 月 1 日的人口总数是 11.6 亿，过去 8 年的人口增长率是 14.8‰，若今后保持这个增长率，预计到今年 7 月 1 日我国的人口数?
7. 警方在早晨 7:00 发现一具尸体，法医测定尸体的温度是 23.1℃，尸体所在房间的温度是 12.1℃. 两个小时后他又测试了一次尸体的温度是 17.6℃. 如果尸体所在房间的温度变化是 $12.1\mathrm{e}^{0.05t}$，死者死亡时的温度为 37℃. 请推断死者的死亡时间.
8. 有一盛满水的圆锥形漏斗，其高度为 10cm，顶角为 60°，漏斗顶端处有一面积为 0.5cm² 的小孔，打开小孔阀门让水从漏斗中流出. 如果水深为 $h$cm 时，水流出小孔的速度为 $v=0.6\sqrt{2gh}$ cm/s，求漏斗水面高度的变化规律和水流完的时间.
9. 没有前进速度的潜艇，在下沉力 P(包括重力) 的作用下向水底下沉，水的阻力与下沉速度 v 成正比(比例系数 $k>0$)，如果开始时 $v=0$，求 v 与 t 的关系.
10. 设枪弹(质量 $m=1$) 以速度 $v_0=800\mathrm{m/s}$ 射出，若空气阻力的水平分力与枪弹的水平飞行速度的平方成

正比，且 $t=0.5\mathrm{s}$ 时，枪弹水平速度 $v=720\mathrm{m/s}$，求 $t=1\mathrm{s}$ 时枪弹的水平速度.

11. 已知暖水瓶降温速度和瓶内热水温度 T 与室温 T_0 之差成正比，试求 T 与时间 t(以小时为单位)的函数关系. 又从测得的数据知：$t=0$ 时热水温度为100℃，在室温 $T_0=20$℃时，经过24h，热水温度降至50℃. 试问热水温度降至95℃需多长时间?

12. 一条游船载有游客和工作人员共800人，其中一人携带某种传染病菌. 一方面，由于船上的活动比较丰富，游客互相之间的接触频繁；另一方面，因为这种传染病的早期症状不明显，因此12h后发现已有3人发病. 经与卫生部门联系，医生将于这以后的60～72h之内赶到. 问在医生到达之前，船上将有多少人被传染{假设病的传染符合方程 $R'(t)=kR(t)\times[800-R(t)]$}?

13. 电影院的监测系统显示，当一场电影刚散场时，剧场内二氧化碳的含量是4%. 排风扇每分钟换入 $1000\mathrm{m}^3$ 的新鲜空气，其中二氧化碳的含量是0.02%. 电影院的容积是 $10000\mathrm{m}^3$. 假设在整个换气过程中空气的变化是均匀的. 问经过多长时间后剧场内二氧化碳的含量才能降到1%?

14. 在 R-L 串联电路中，已知电阻值为 R，电感的自感系数为 L，电源电压为 $u=E$，电路合闸时，起始电流为0，试求电路中电流随时间变化的关系.（电感两端电压 U_L 与电流 I 的关系为 $U_L=LI'_t$.）

15. 一质点的加速度可表示为 $a=5\cos 2t-9s$，

(1) 若该质点在原点处由静止出发，求其运动方程；

(2) 若该质点由原点出发时，其速度 $v=6\mathrm{m/s}$，求运动方程.

16. 一质量为 m 的质点由静止开始沉入液体，当下沉时液体的反作用力与下沉的速度成正比，求此质点的运动规律.

17. 实验证明：气体在压缩过程中，压强随体积的减少而增大，且压强对体积的变化率与压强成正比. 与体积成反比，设汽缸中活塞的面积为 A(常数)，活塞距汽缸左端的距离为 x，求气体的压强 p 随体积 Ax 的变化规律.

18. 容器内盛有100(L)盐水，其中含盐10(kg). 今用2(L/min)的均匀速度把净水注入容器，并以同样的速度使盐水流出，在容器内有搅拌器不停地搅拌着. 因此，可以认为溶液的浓度在每一时刻都是均匀的，试求容器内含盐量 Q 随时间 t 的变化规律.

19. 一圆柱形桶内有40(L)盐溶液，浓度为每升含溶解盐1(kg)，现用浓度1.5(kg/L)的盐溶液以4(L/min)的流速注入桶内，假定搅拌均匀后的混合物以4(L/min)的速度流出，问在任意时刻桶内所含盐量有多少?

20. 一艘船从河边点 O 处以恒定速度 v 垂直向对岸行驶，假定水流速度(沿 x 轴方向)与船离两岸的距离乘积成正比(比例系数为 k). 河宽为 a，求船所行的路线及到达对岸的地点.（提示：取 O 点为坐标原点，河岸朝顺水方向为 x 轴，y 轴指向对岸.）

第八章　级数

大家都熟悉有限求和，但是对于无限求和就未必熟悉了．无限求和与有限求和是有较大差异的，在数学上，我们通过学习级数来了解无限求和．级数是高等数学的重要组成部分，也是微积分的重要组成部分，它是表示函数、研究函数性质以及进行数值计算的重要工具，在现代数学中占有重要地位，在许多科技领域内有着广泛的应用．

第一节　正项级数

一、无穷级数的基本概念

定义 8.1　设$\{u_n\}$是数列，则称式子$u_1+u_2+u_3+\cdots+u_n+\cdots$为**无穷级数**，简称**级数**，记为$\sum_{n=1}^{\infty}u_n$，即

$$\sum_{n=1}^{\infty}u_n=u_1+u_2+u_3+\cdots+u_n+\cdots.$$

其中，称第n项u_n为级数的**通项**，称前n项之和$u_1+u_2+\cdots+u_n$为级数的**部分和**，记为S_n．称各项都是常数的级数为**数项级数**．

定义 8.2　如果级数$\sum_{n=1}^{\infty}u_n$的前n项之和$S_n=u_1+u_2+\cdots+u_n$的极限存在，即

$$\lim_{n\to\infty}S_n=S,$$

则称级数$\sum_{n=1}^{\infty}u_n$ **收敛**，称S为级数的**和**，记作$S=\sum_{n=1}^{\infty}u_n$．如果S_n的极限不存在，则称级数$\sum_{n=1}^{\infty}u_n$ **发散**．

如果级数$\sum_{n=1}^{\infty}u_n$对应的级数$\sum_{n=1}^{\infty}|u_n|$收敛，则称级数$\sum_{n=1}^{\infty}u_n$ **绝对收敛**．如果级数$\sum_{n=1}^{\infty}u_n$收敛，但对应的级数$\sum_{n=1}^{\infty}|u_n|$分散，则称级数$\sum_{n=1}^{\infty}u_n$ **条件收敛**．

当级数收敛时，其部分和S_n是级数和S的近似值，其差称为级数的**余项**，记为r_n，即$r_n=S-S_n=u_{n+1}+u_{n+2}+\cdots$．

【例 8.1】　讨论**等比级数(几何级数)**

$$\sum_{n=1}^{\infty}aq^n=a+aq+aq^2+\cdots+aq^n+\cdots(a\neq 0)$$

的敛散性．

【解】　由于

$$S_n=a+aq+aq^2+\cdots+aq^{n-1}=\frac{a}{1-q}-\frac{aq^n}{1-q}$$

(1) 当$|q|<1$，$\lim\limits_{n\to\infty}S_n=\frac{a}{1-q}-\frac{a}{1-q}\lim\limits_{n\to\infty}q^n=\frac{a}{1-q}$，所以等比级数收敛，其和为$\frac{a}{1-q}$；

(2) 当$q=1$时，$\lim\limits_{n\to\infty}S_n=\lim\limits_{n\to\infty}na=\infty$，等比级数发散；

(3) 当$q=-1$时，$S_n=0,\pm a$. 所以极限不存在；

(4) 当$|q|>1$时，因为$\lim\limits_{n\to\infty}q^n=\infty$，所以$\lim\limits_{n\to\infty}S_n=\infty$，等比级数发散.

综合上述，等比级数只有当$|q|<1$时才收敛；当$|q|\geqslant 1$时，等比级数发散.

【例 8.2】 讨论级数$\sum\limits_{n=1}^{\infty}\frac{1}{n(n+1)}$的敛散性.

【解】 由于

$$S_n=\sum_{k=1}^{n}\frac{1}{k(k+1)}=\left[\frac{1}{1}-\frac{1}{2}\right]+\left[\frac{1}{2}-\frac{1}{3}\right]+\cdots+\left[\frac{1}{n}-\frac{1}{n+1}\right]=1-\frac{1}{n+1},$$

所以，$\lim\limits_{n\to\infty}S_n=1$，级数$\sum\limits_{n=1}^{\infty}\frac{1}{n(n+1)}$收敛于1.

二、无穷级数的基本性质

性质 1 如果级数$\sum\limits_{n=1}^{\infty}u_n$收敛，则$\sum\limits_{n=1}^{\infty}cu_n=c\sum\limits_{n=1}^{\infty}u_n$.

性质 2 如果级数$\sum\limits_{n=1}^{\infty}u_n$和$\sum\limits_{n=1}^{\infty}v_n$收敛，则$\sum\limits_{n=1}^{\infty}(u_n\pm v_n)=\sum\limits_{n=1}^{\infty}u_n\pm\sum\limits_{n=1}^{\infty}v_n$.

性质 3 在级数中增加或减少有限项，级数的敛散性不变.

性质 4 在收敛级数的各项中加括号，所得的新级数收敛.

性质4反过来不成立，例如，发散级数$\sum\limits_{n=1}^{\infty}(-1)^n$按如下方式加括号所得的新级数：$(-1+1)+(-1+1)+(-1+1)+\cdots=0+0+0+\cdots=0$收敛.

性质3和性质4所说的仅仅是级数的敛散性不变，而级数的和可能会不同.

【例 8.3】 证明调和级数$\sum\limits_{n=1}^{\infty}\frac{1}{n}$是发散的.

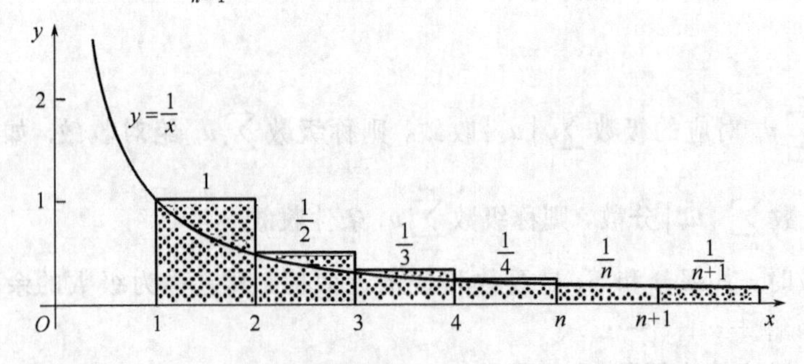

图 8.1

证明 如图 8.1 所示，对于自然数n，我们有

$$\int_n^{n+1}\frac{1}{x}\mathrm{d}x\leqslant\int_n^{n+1}\frac{1}{n}\mathrm{d}x=\frac{1}{n},$$

于是，

$$\sum_{n=1}^{+\infty}\frac{1}{n}\geqslant\sum_{n=1}^{+\infty}\int_n^{n+1}\frac{1}{x}\mathrm{d}x=\int_1^{+\infty}\frac{1}{x}\mathrm{d}x=+\infty,$$

所以，调和级数$\sum_{n=1}^{\infty}\frac{1}{n}$是发散的.

性质 5　如果级数$\sum_{n=1}^{\infty}u_n$收敛，则$\lim_{n\to\infty}u_n=0$.

性质 5 告诉我们，通项不趋于 0 的级数必定是发散的. 但并不意味着通项趋于 0 的级数必定收敛. 例如，调和级数的通项趋于 0，但它是发散的.

三、正项级数的收敛性判别

鉴于我们的重点是后面的幂级数和傅里叶级数，我们主要关心绝对收敛级数，这里主要介绍几个正项级数的收敛性判别法.

1. 判别法一

设$\sum_{n=1}^{\infty}u_n$和$\sum_{n=1}^{\infty}v_n$是正项级数，如果当$n\geqslant$某一正整数N时，总有$u_n\leqslant v_n$成立，则

(1) 当$\sum_{n=1}^{\infty}v_n$收敛时必有$\sum_{n=1}^{\infty}u_n$收敛；(2) 当$\sum_{n=1}^{\infty}u_n$发散时$\sum_{n=1}^{\infty}v_n$也必发散.

【例 8.4】　讨论p-级数$\sum_{n=1}^{\infty}\frac{1}{n^p}$的敛散性.

解　如图 8.2 所示。

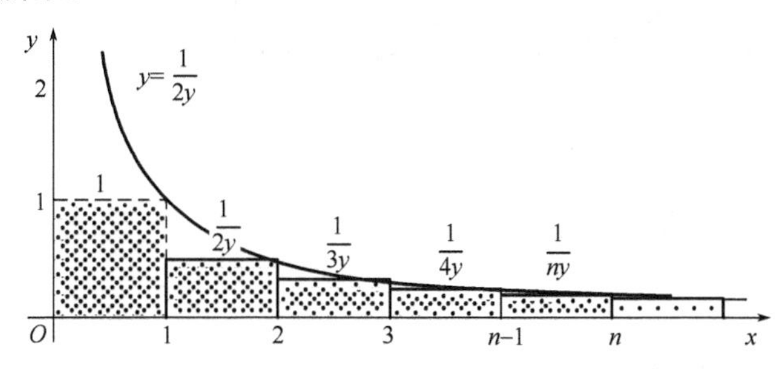

图 8.2

(1) 当$p\leqslant 1$时，$\frac{1}{n^p}\geqslant\frac{1}{n}$，而调和级数$\sum_{n=1}^{\infty}\frac{1}{n}$是发散的，所以$\sum_{n=1}^{\infty}\frac{1}{n^p}$发散.

(2) 当$p>1$，自然数$n>2$时，$\int_{n-1}^{n}\frac{1}{x^p}dx\geqslant\int_{n-1}^{n}\frac{1}{n^p}dx=\frac{1}{n^p}$，于是

$$\sum_{n=1}^{\infty}\frac{1}{n^p}=1+\sum_{n=2}^{\infty}\frac{1}{n^p}\leqslant 1+\sum_{n=2}^{+\infty}\int_{n-1}^{n}\frac{1}{x^p}dx$$
$$=1+\int_{1}^{+\infty}\frac{1}{x^p}dx=1+\frac{1}{(1-p)x^{p-1}}\bigg|_{1}^{+\infty}=\frac{p}{p-1}.$$

所以，级数$\sum_{n=1}^{\infty}\frac{1}{n^p}$是收敛的.

综合上述，(1) 当$p>1$时，级数$\sum_{n=1}^{\infty}\frac{1}{n^p}$收敛；(2) 当$p\leqslant 1$时，$\sum_{n=1}^{\infty}\frac{1}{n^p}$发散.

2. 判别法二

设级数$\sum_{n=1}^{\infty}u_n$和$\sum_{n=1}^{\infty}v_n$是正项级数，如果

$$\lim_{n\to\infty}\frac{u_n}{v_n}=l(0<l<+\infty),$$

则$\sum\limits_{n=1}^{\infty}u_n$ 和 $\sum\limits_{n=1}^{\infty}v_n$ 同时收敛或发散.

【例 8.5】 判别级数$\sum\limits_{n=1}^{\infty}\sin\frac{1}{3n}$ 的敛散性.

【解】 因为$\lim\limits_{n\to\infty}\left(\sin\frac{1}{3n}\right)/\left(\frac{1}{n}\right)=\frac{1}{3}$，而调和级数$\sum\limits_{n=1}^{\infty}\frac{1}{n}$是发散的，故级数$\sum\limits_{n=1}^{\infty}\sin\frac{1}{3n}$也是发散的.

3. 判别法三

设级数$\sum\limits_{n=1}^{\infty}u_n$ 是正项级数，如果

$$\lim_{n\to\infty}\frac{u_{n+1}}{u_n}=\rho,(0<\rho<+\infty),$$

则 $\rho<1$ 时，级数收敛；$\rho>1$ 时，级数发散；$\rho=1$ 时，级数的敛散性不确定.

【例 8.6】 判别级数$\sum\limits_{n=1}^{\infty}\frac{1}{(2n+1)!}$的敛散性.

【解】 因为
$$\lim_{n\to\infty}\frac{u_{n+1}}{u_n}=\lim_{n\to\infty}\left[\frac{1}{[2(n+1)+1]!}\div\frac{1}{(2n+1)!}\right]$$
$$=\lim_{n\to\infty}\left[\frac{1}{(2n+2)(2n+3)}\right]=0<1,$$

所以$\sum\limits_{n=1}^{\infty}\frac{1}{(2n+1)!}$是收敛的.

4. 判别法四

设级数$\sum\limits_{n=1}^{\infty}u_n$ 是正项级数，如果

$$\lim_{n\to\infty}\sqrt[n]{u_n}=\rho,(0<\rho<+\infty),$$

则 $\rho<1$ 时，级数收敛；$\rho>1$ 时，级数发散；$\rho=1$ 时，级数的敛散性不确定.

【例 8.7】 判别级数$\sum\limits_{n=1}^{\infty}\frac{1}{n^n}$的敛散性.

【解】 因为$\lim\limits_{n\to\infty}\sqrt[n]{u_n}=\lim\limits_{n\to\infty}\sqrt[n]{\frac{1}{n^n}}=\lim\limits_{n\to\infty}\frac{1}{n}=0<1$，所以$\sum\limits_{n=1}^{\infty}\frac{1}{n^n}$是收敛的.

5. 判别法五

设级数$\sum\limits_{n=1}^{\infty}u_n$ 是正项级数，如果 $u_{n+1}\leqslant u_n$ 且$\lim\limits_{n\to\infty}u_n=0$，则级数(即交错级数)$\sum\limits_{n=1}^{\infty}(-1)^n u_n$收敛.

交错级数较为常见，例如，交错级数$\sum\limits_{n=1}^{\infty}(-1)^n\frac{1}{n}$，不难验证$\sum\limits_{n=1}^{\infty}(-1)^n\frac{1}{n}$ 收敛.

学习指引

理解无穷级数及其收敛、绝对收敛和条件收敛等概念. 了解无穷级数的基本性质和敛散

性判别法则，对于无穷级数的敛散性，能模仿例题判别即可，级数的敛散性并不是我们的重点，但我们必须清楚的是，并不是所有的级数都是收敛的，我们只关心收敛的级数.

习　题　8-1

1. 求下列级数的和.

(1) $\sum_{n=1}^{\infty}(-1)^{n+1}\frac{1}{2^n}$；　(2) $\sum_{n=1}^{\infty}\frac{1}{(2n-1)(2n+1)}$；

(3) $\sum_{n=1}^{\infty}(\sqrt{n+1}-\sqrt{n})$.

2. 判断下列级数的敛散性.

(1) $\sum_{n=1}^{\infty}\left(\frac{n}{n+1}\right)^n$；　(2) $\sum_{n=1}^{\infty}\frac{1}{2n}$；　(3) $\sum_{n=1}^{\infty}\frac{1}{\sqrt[n]{5}}$；

(4) $\sum_{n=1}^{\infty}\sin\frac{1}{2^n}$；　(5) $\sum_{n=1}^{\infty}\frac{2n+1}{n^2+3n+1}$；　(6) $\sum_{n=1}^{\infty}\frac{n!}{n^n}$；

(7) $\sum_{n=1}^{\infty}\frac{2^n}{n5^n}$；　(8) $\sum_{n=1}^{\infty}n\sin\frac{\pi}{2^n}$；　(9) $\sum_{n=1}^{\infty}\frac{7^n n!}{n^n}$.

3. 判断下列级数的敛散性，是绝对收敛还是条件收敛.

(1) $\sum_{n=1}^{\infty}\frac{(-1)^n}{(2n)^2}$；　(2) $\sum_{n=1}^{\infty}\frac{(-1)^n}{\ln(n+1)}$；

(3) $\sum_{n=1}^{\infty}\frac{(-1)^n}{\pi^n}\sin\frac{\pi}{n}$；　(4) $\sum_{n=1}^{\infty}(-1)^{n+1}\frac{n}{2^n}$；

(5) $\sum_{n=1}^{\infty}\frac{(-1)^n}{\sqrt{2n+1}}$；　(6) $\sum_{n=1}^{\infty}\frac{(-1)^n}{n-\ln n}$.

第二节　幂级数

一、幂级数的基本概念

定义 8.3　如果级数 $\sum_{n=1}^{\infty}u_n(x)$ 中的各项 $u_n(x)$ 都是定义在区间 I 上的函数，则称级数 $\sum_{n=1}^{\infty}u_n(x)$ 为**函数项级数**. 如果 $x_0\in I$ 使得数项级数 $\sum_{n=1}^{\infty}u_n(x_0)$ 收敛，则称 x_0 为级数 $\sum_{n=1}^{\infty}u_n(x)$ 的**收敛点**；否则，称 x_0 为级数 $\sum_{n=1}^{\infty}u_n(x)$ 的**发散点**. 我们称收敛点的全体为级数的**收敛域**.

定义 8.4　设 $S_n(x)=\sum_{k=1}^{n}u_k(x)$，如果对收敛域中的任一点 x，都有

$$\lim_{n\to\infty}S_n(x)=S(x),$$

则称函数 $S(x)$ 为级数 $\sum_{n=1}^{\infty}u_n(x)$ 的**和函数**，记作 $S(x)=\sum_{n=1}^{\infty}u_n(x)$.

级数 $\sum_{n=1}^{\infty} u_n(x)$ 的部分和 $S_n(x)$ 与和函数 $S(x)$ 的差称为级数 $\sum_{n=1}^{\infty} u_n(x)$ 的**余项**，记为 $r_n(x)$，即

$$r_n(x) = S(x) - S_n(x), 且 \lim_{n\to\infty} r_n(x) = 0.$$

定义 8.5 形如

$$\sum_{n=0}^{\infty} a_n (x - x_0)^n$$

的函数项级数称为**幂级数**.

当 $x_0 = 0$ 时，幂级数变形为 $\sum_{n=0}^{\infty} a_n x^n$，下面主要讨论幂级数 $\sum_{n=0}^{\infty} a_n x^n$.

在对称区间 $(-1,1)$ 内，$\sum_{n=0}^{\infty} x^n = \lim_{n\to\infty}(1 + x^2 + \cdots + x^{n-1}) = \lim_{n\to\infty}\frac{1-x^n}{1-x} = \frac{1}{1-x}$ 收敛. 更一般地，有如下定理.

定理 8.1 $\sum_{n=0}^{\infty} a_n x^n$ 的(绝对)收敛域是以原点为中心的对称区间(端点可能例外).

证明 (1) 如果 $\sum_{n=0}^{\infty} a_n x^n$ 在 $x_0 \neq 0$ 处收敛，即 $\sum_{n=0}^{\infty} a_n x_0^n$ 收敛，则 $\lim_{n\to\infty} a_n x_0^n = 0$. 于是存在正数 M，使得对任意的 n，都有

$$|a_n x_0^n| \leqslant M.$$

所以，

$$|a_n x^n| = \left|a_n x_0^n \frac{x^n}{x_0^n}\right| = |a_n x_0^n| \left|\frac{x}{x_0}\right|^n \leqslant M\left|\frac{x}{x_0}\right|^n,$$

对满足不等式 $|x| < |x_0|$ 的任意 x，级数 $\sum_{n=0}^{\infty} M\left|\frac{x}{x_0}\right|^n$ 收敛，故 $\sum_{n=0}^{\infty} a_n x^n$ 绝对收敛.

(2) 如果 $\sum_{n=0}^{\infty} a_n x^n$ 在 $x_0 \neq 0$ 处发散，则对满足不等式 $|x| > |x_0|$ 的任意 x，级数 $\sum_{n=0}^{\infty} a_n x^n$ 必发散. 事实上，如果有 $|x_1| > |x_0|$ 使得 $\sum_{n=0}^{\infty} a_n x_1^n$ 收敛，则由本证明(1)，级数 $\sum_{n=0}^{\infty} a_n x^n$ 在 x_0 处收敛，这与假设矛盾.

综合上述，幂级数 $\sum_{n=0}^{\infty} a_n x^n$ 的收敛域(只在 0 处收敛的级数除外)是以原点为中心的对称区间(端点可能例外).

如果以 $2R$ 表示幂级数收敛域的长度，则称 R 为幂级数的**收敛半径**. 如果幂级数只在 0 处收敛，则记 $R = 0$；如果对任意的 x，幂级数都收敛，则记 $R = +\infty$. 如果 $0 < R < \infty$，则幂级数在 $(-R, R)$ 内绝对收敛，在 $\pm R$ 处却未必. 例如，$\sum_{n=1}^{\infty} \frac{1}{n} x^n$ 的收敛半径为 1，在 -1 处收敛，但是在 1 处却是发散的.

定理 8.2 如果级数 $\sum_{n=0}^{\infty} a_n x^n$ 的所有系数 $a_n \neq 0$，则其收敛半径

$$R = \lim_{n\to\infty} \frac{a_n}{a_{n+1}}.$$

【例 8.8】　求级数 $\sum_{n=1}^{\infty}\frac{1}{n}x^n$ 的收敛半径和收敛域.

【解】　$R=\lim_{n\to\infty}\frac{\frac{1}{n}}{\frac{1}{n+1}}=\lim_{n\to\infty}\frac{n+1}{n}=1$，故收敛半径为 1.

因为调和级数 $\sum_{n=1}^{\infty}\frac{1}{n}$ 发散，交错级数 $\sum_{n=1}^{\infty}(-1)^n\frac{1}{n}$ 收敛，所以级数 $\sum_{n=1}^{\infty}\frac{1}{n}x^n$ 的收敛域为$[-1,1)$.

【例 8.9】　求级数 $\sum_{n=1}^{\infty}\frac{1}{n!}x^n$ 的收敛域.

【解】　$R=\lim_{n\to\infty}\frac{\frac{1}{n!}}{\frac{1}{(n+1)!}}=\lim_{n\to\infty}\frac{n+1}{1}=+\infty$，故级数的收敛域为$(-\infty,+\infty)$.

【例 8.10】　求级数 $\sum_{n=1}^{\infty}\frac{(2n)!}{(n!)^2}x^{2n}$ 的收敛半径.

【解】　因为级数 $\sum_{n=1}^{\infty}\frac{(2n)!}{(n!)^2}y^n$ 的收敛半径为

$$R=\lim_{n\to\infty}\frac{\frac{(2n)!}{(n!)^2}}{\frac{(2n+2)!}{[(n+1)!]^2}}=\lim_{n\to\infty}\frac{(n+1)^2}{(2n+2)(2n+1)}=\frac{1}{4},$$

所以在 $\sum_{n=1}^{\infty}\frac{(2n)!}{(n!)^2}x^{2n}$ 中，x^2 的取值半径为$\frac{1}{4}$，即 x 的取值半径为$\frac{1}{2}$. 故 $\sum_{n=1}^{\infty}\frac{(2n)!}{(n!)^2}x^{2n}$ 的收敛半径为$\frac{1}{2}$.

【例 8.11】　求级数 $\sum_{n=1}^{\infty}\frac{1}{3^n}(x-3)^n$ 的收敛域.

【解】　因为级数 $\sum_{n=1}^{\infty}\frac{1}{3^n}y^n$ 的收敛半径为

$$R=\lim_{n\to\infty}\frac{\frac{1}{3^n}}{\frac{1}{3^{n+1}}}=\lim_{n\to\infty}\frac{3^{n+1}}{3^n}=3,$$

且 $y=\pm3$ 时，级数 $\sum_{n=1}^{\infty}\frac{1}{3^n}y^n$ **发散**. 于是，y 在区间$(-3,3)$中取值时，级数 $\sum_{n=1}^{\infty}\frac{1}{3^n}y^n$ 收敛. 所以级数 $\sum_{n=1}^{\infty}\frac{1}{3^n}(x-3)^n$ 的收敛域为：$-3<x-3<3$，即 $0<x<6$.

二、幂级数的性质

性质 1　设级数 $\sum_{n=0}^{\infty}a_nx^n$ 和 $\sum_{n=0}^{\infty}b_nx^n$ 在$(-R,R)$内绝对收敛，则

(1) $\sum_{n=0}^{\infty}(a_n\pm b_n)x^n=\sum_{n=0}^{\infty}a_nx^n\pm\sum_{n=0}^{\infty}b_nx^n$；

(2) $\sum_{n=0}^{\infty} a_n x^n \sum_{n=0}^{\infty} b_n x^n = \sum_{n=0}^{\infty} \left(\sum_{k=0}^{n} a_k b_{n-k} \right) x^n$.

性质 2 设级数 $\sum_{n=0}^{\infty} a_n x^n$ 在 $(-R,R)$ 内(绝对)收敛于 $S(x)$，则

(1) $S(x)$ 在 $(-R,R)$ 内连续；

(2) $\sum_{n=0}^{\infty} a_n x^n$ 在 $(-R,R)$ 内可逐项求导. 即

$$\left(\sum_{n=0}^{\infty} a_n x^n \right)' = \sum_{n=0}^{\infty} (a_n x^n)' = \sum_{n=1}^{\infty} n a_n x^{n-1};$$

(3) $\sum_{n=0}^{\infty} a_n x^n$ 在 $(-R,R)$ 内可逐项积分. 即

$$\int_0^x \left(\sum_{n=0}^{\infty} a_n x^n \right) dx = \sum_{n=0}^{\infty} \int_0^x a_n x^n dx = \sum_{n=0}^{\infty} \frac{a_n}{n+1} x^{n+1}.$$

值得一提的是，对级数进行逐项求导或逐项积分并不改变级数的收敛半径，但是，级数在收敛域端点的收敛性可能会发生变化.

例如，几何级数 $\frac{1}{1-x} = \sum_{n=0}^{\infty} x^n$ 的收敛域为 $(-1,1)$，对几何级数逐项积分得

$$\frac{1}{(1-x)^2} = \int_0^x \sum_{n=0}^{\infty} x^n dx = \sum_{n=0}^{\infty} \frac{1}{n+1} x^{n+1} = \sum_{n=1}^{\infty} \frac{1}{n} x^n,$$

不难验证上式的收敛区间为 $[-1,1)$.

三、将函数展开成幂级数

定理 8.3 设函数 $f(x)$ 在 $(-\delta,\delta)$ 内具有直到 $n+1$ 阶导数，则在 $(-\delta,\delta)$ 内有公式

$$f(x) = f(0) + \frac{f'(0)}{1!} x + \frac{f''(0)}{2!} x^2 + \cdots + \frac{f^{(n)}(0)}{n!} x^n + R_n(x),$$

其中，$R_n(x) = \frac{f^{(n+1)}(\theta x)}{(n+1)!} x^{n+1}$，$(0 < \theta < 1)$.

公式表明，在 $(-\delta,\delta)$ 内，可以用多项式 $P_n(x)$ 近似代替 $f(x)$，其误差为 $R_n(x)$，它是比 x^n 更高阶的无穷小量. 如果 $f(x)$ 在 $(-\delta,\delta)$ 内具有任意阶导数，当 $n \to \infty$ 时，$P_n(x)$ 变成了所谓的**马克劳林级数**

$$f(0) + \frac{f'(0)}{1!} x + \frac{f''(0)}{2!} x^2 + \cdots + \frac{f^{(n)}(0)}{n!} x^n + \cdots.$$

马克劳林级数是否收敛于 $f(x)$，关键要看当 $n \to \infty$ 时，$R_n(x)$ 是否无限趋于 0. 事实上，有下面定理.

定理 8.4 设函数 $f(x)$ 在 $(-\delta,\delta)$ 内具有任意阶导数，则马克劳林级数收敛于 $f(x)$ 的充要条件是，当 $n \to \infty$ 时，余项 $R_n(x) \to 0$.

【例 8.12】 求函数 $f(x) = e^x$ 的马克劳林级数.

【解】 $f(x) = e^x$ 的各阶导数及其余项为

$$f'(x) = f''(x) = \cdots = f^{(n)}(x) = \cdots = e^x,$$

$$R_n(x) = \frac{f^{(n+1)}(\theta x)}{(n+1)!} x^{n+1} = \frac{e^{\theta x}}{(n+1)!} x^{n+1}, (0 < \theta < 1).$$

所以 $\lim_{n\to\infty} R_n(x) = \lim_{n\to\infty} \frac{e^{\theta x}}{(n+1)!} x^{n+1} = e^{\theta x} \lim_{n\to\infty} \left(\frac{x}{1} \cdot \frac{x}{2} \cdot \cdots \cdot \frac{x}{n+1} \right) = 0$，于是，

$$e^x = f(0) + \frac{f'(0)}{1!}x + \frac{f''(0)}{2!}x^2 + \cdots + \frac{f^{(n)}(0)}{n!}x^n + \cdots$$
$$= 1 + x + \frac{1}{2!}x^2 + \cdots + \frac{1}{n!}x^n + \cdots,\ (-\infty, +\infty).$$

【例 8.13】 求函数 $f(x) = \sin x$ 的马克劳林级数.

【解】 $f(x) = \sin x$ 的各阶导数及其余项为

$$f^{(n)}(x) = (\sin x)^{(n)} = \sin\left(x + \frac{n\pi}{2}\right),$$

$$R_n(x) = \frac{f^{(n+1)}(\theta x)}{(n+1)!}x^{n+1} = \frac{\sin(\theta x + \frac{n+1}{2}\pi)}{(n+1)!}x^{n+1},(0 < \theta < 1).$$

所以，$\lim\limits_{n\to\infty} R_{2n}(x) = \lim\limits_{n\to\infty} \frac{x^{2n+1}}{(2n+1)!}\sin\left(\theta x + (2n+1)\frac{\pi}{2}\right)$

$$= \lim_{n\to\infty}\left[\frac{x}{1} \cdot \frac{x}{2} \cdot \cdots \cdot \frac{x}{2n+1}\sin\left(\theta x + (2n+1)\frac{\pi}{2}\right)\right] = 0,$$

于是，$\sin x = f(0) + \frac{f'(0)}{1!}x + \frac{f''(0)}{2!}x^2 + \cdots + \frac{f^{(n)}(0)}{n!}x^n + \cdots$

$$= x - \frac{1}{3!}x^3 + \frac{1}{5!}x^5 - \frac{1}{7!}x^7 + \cdots + (-1)^n\frac{1}{(2n+1)!}x^{2n+1} + \cdots,\ (-\infty, +\infty).$$

直接展开的关键是考察余项是否趋向于 0，其实这并不是一件容易的事. 因此常常利用一些常见函数的展开公式及幂级数性质将函数展开成幂级数. 为此，给出几个常见的函数的展开公式：

(1) $\frac{1}{1-x} = 1 + x + x^2 + \cdots + x^n + \cdots,\ (-1,1).$

(2) $e^x = 1 + x + \frac{1}{2!}x^2 + \cdots + \frac{1}{n!}x^n + \cdots,\ (-\infty, +\infty).$

(3) $\sin x = x - \frac{1}{3!}x^3 + \frac{1}{5!}x^5 - \frac{1}{7!}x^7 + \cdots + \frac{(-1)^n}{(2n+1)!}x^{2n+1} + \cdots,\ (-\infty, +\infty).$

(4) $\cos x = 1 - \frac{1}{2!}x^2 + \frac{1}{4!}x^4 - \frac{1}{6!}x^6 + \cdots + \frac{(-1)^n}{(2n)!}x^{2n} + \cdots,\ (-\infty, +\infty).$

(5) $(1+x)^\alpha = 1 + \alpha x + \frac{\alpha(\alpha-1)}{2!}x^2 + \cdots + \frac{\alpha(\alpha-1)\cdots(\alpha-n+1)}{n!}x^n + \cdots,(-1,1).$

【例 8.14】 求函数 $f(x) = \ln(1+x)$ 的幂级数.

【解】 因为$\frac{1}{1-x} = 1 + x + x^2 + \cdots + x^n + \cdots,\ (-1,1)$. 两边积分得

$$\ln(1-x) = -\int_0^x \frac{1}{1-x}dx = -x - \frac{1}{2}x^2 - \cdots - \frac{1}{n}x^n - \cdots,$$

用 $-x$ 替代上式中的 x 得

$$\ln(1+x) = x - \frac{1}{2}x^2 + \frac{1}{3}x^3 + \cdots + (-1)^{n+1}\frac{1}{n}x^n + \cdots.$$

当 $x = 1$ 时，级数变形为交错级数 $1 - \frac{1}{2} + \frac{1}{3} + \cdots + (-1)^{n+1}\frac{1}{n} + \cdots$，不难知道该级数是收敛的，但是，当 $x = -1$ 时，级数变形为 $-\left(1 + \frac{1}{2} + \frac{1}{3} + \cdots + \frac{1}{n} + \cdots\right)$，所以级数发散. 因此，级数的收敛域为$(-1,1]$，即

$$\ln(1+x)=x-\frac{1}{2}x^2+\frac{1}{3}x^3+\cdots+(-1)^{n+1}\frac{1}{n}x^n+\cdots,\ (-1,1].$$

【例 8.15】 求函数 $f(x)=\dfrac{1}{(1-x)^2}$ 的幂级数.

【解】 因为$\dfrac{1}{1-x}=1+x+x^2+\cdots+x^n+\cdots$，两边求导得

$$\frac{1}{(1-x)^2}=1+2x+3x^2+\cdots+(n+1)x^n+\cdots,\ (-1,1).$$

【例 8.16】 求函数 $f(x)=\ln\dfrac{1+x}{1-x}$ 的幂级数.

【解】 因为
$$\ln(1-x)=-x-\frac{1}{2}x^2-\cdots-\frac{1}{n}x^n-\cdots,$$

$$\ln(1+x)=x-\frac{1}{2}x^2+\frac{1}{3}x^3+\cdots+(-1)^{n+1}\frac{1}{n}x^n+\cdots,$$

所以，

$$\begin{aligned}f(x)=\ln\frac{1+x}{1-x}&=\left(x-\frac{1}{2}x^2+\frac{1}{3}x^3+\cdots+(-1)^{n+1}\frac{1}{n}x^n+\cdots\right)\\&\quad-\left(-x-\frac{1}{2}x^2-\cdots-\frac{1}{n}x^n-\cdots\right)\\&=2\left(x+\frac{1}{3}x^3+\cdots+\frac{1}{2n+1}x^{2n+1}+\cdots\right),\ (-1,1).\end{aligned}$$

停一停，想一想

如何将 e^x 展开成 $x-1$ 的幂级数.

学习指引

理解幂级数的收敛及其收敛域和收敛半径等概念，牢记幂级数在其收敛域内具有连续、逐项可导和逐项可积的性质. 熟练掌握利用几个常见函数的幂级数以及幂级数的性质，将函数展开成幂级数.

习　题　8-2

1. 求下列级数的收敛域.

(1) $\sum\limits_{n=1}^{\infty}\frac{1}{n^n}x^n$；　(2) $\sum\limits_{n=1}^{\infty}\frac{1}{n!}x^n$；

(3) $\sum\limits_{n=1}^{\infty}(-nx)^n$；　(4) $\sum\limits_{n=1}^{\infty}\frac{1}{2^n}x^{2n}$；

(5) $\sum\limits_{n=1}^{\infty}\frac{\ln n}{n}x^n$；　(6) $\sum\limits_{n=1}^{\infty}n4^nx^{2n}$.

2. 展开下列函数为 x 的幂级数.

(1) $\frac{1}{2}(e^x-e^{-x})$；　(2) a^x；

(3) $\cos^2 x$；　(4) $\frac{1}{\sqrt{1+x^2}}$；

(5) $\frac{1}{x^2-3x+2}$；　(6) $(1+x)\ln(1+x)$；

(7) $\ln(x^2+3x+2)$；　(8) $\dfrac{1}{(x+2)^2}$.

第三节　傅里叶级数

将函数展开成由正弦函数和余弦函数组成的三角级数，对研究周期性的现象是非常有帮助的. 无论从数学本身的发展还是从其他学科的应用角度来看. 傅里叶级数都具有重要的意义.

在数学上，虽然幂级数具有非常整齐的性质，但通常只在局部成立，而且对函数的要求太高(要求函数有任意阶导数). 人们希望找到一种具有良好性质的级数来表示函数，以弥补这些不足. 研究表明，以正弦和余弦函数作为级数的函数项的“三角级数”可以弥补这些不足.

在物理学和工程技术问题中经常遇到各种周期函数:在电子信号处理技术中常见的方波、锯齿波;三角波;弹簧的简谐振动 $x=A\sin(\omega t+\varphi)$；交流电的电压 $u=U_m\sin(\omega t+\varphi)$ 等，它们的合成与分解都大量用到三角级数，例如，图 8.3 所示的方波可以由无穷多个不同频率的正弦波叠加而成,见图 8.4，例 8.19 有更详细的论述.

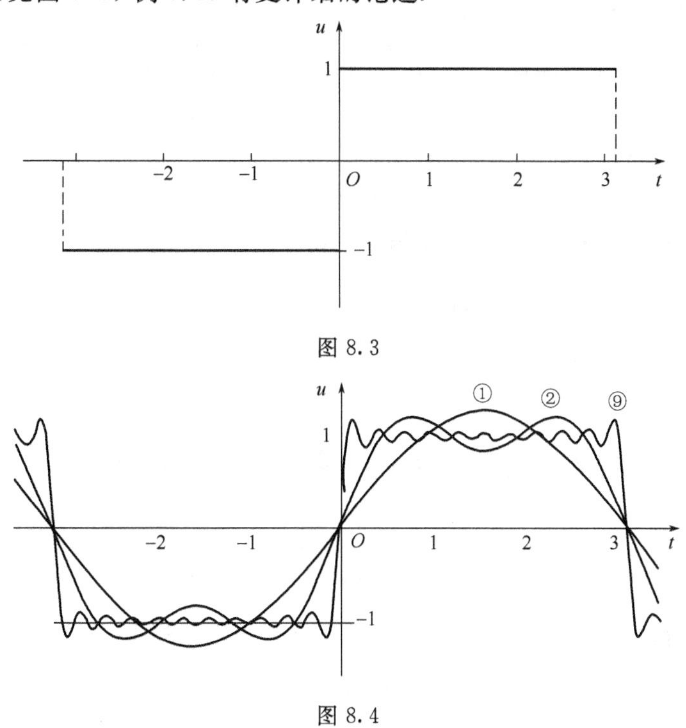

图 8.3

图 8.4

注释:①、②、③ 分别表示函数的傅里叶级数前 1、2、9 项和画出的图像.

一、周期为 2π 的函数的傅里叶级数

对于函数 $f(x)=\begin{cases}-x & -\pi\leqslant x<0\\ x & 0\leqslant x\leqslant\pi\end{cases}$，要说它与函数 $\cos x$ 有什么关系似乎是不可想象的事情. 事实上，

$$f(x)=\frac{\pi}{2}-\frac{4}{\pi}\left(\cos x+\frac{1}{3^2}\cos 3x+\frac{1}{5^2}\cos 5x+\cdots\right),\ (-\pi\leqslant x\leqslant\pi).$$ 如图 8.5 所示.

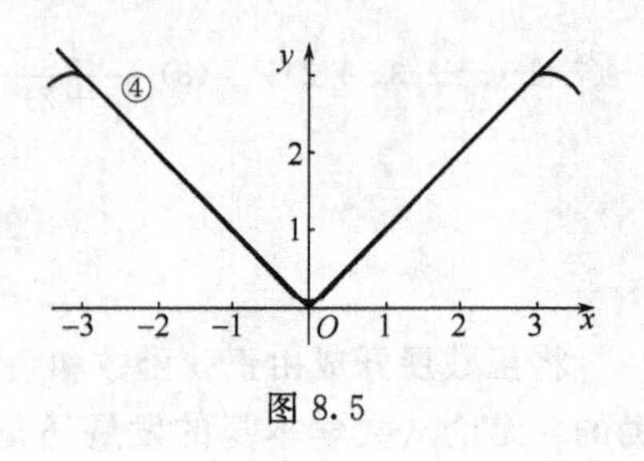

图 8.5

为此，下面我们研究如何将函数展开成三角级数.

为了简便起见，先假设函数 $f(x)$ 是周期为 2π 的可积函数，如果它能展开成三角级数，即

$$f(x)=\frac{1}{2}a_0+\sum_{k=1}^{\infty}(a_k\cos kx+b_k\sin kx).$$

其中，在 a_0 前面加系数 1/2 是为了使系数 a_0,a_k,b_k，$k=1,2,3,\cdots$ 的形式统一起来，我们在随后就可以看到这点.

现在摆在我们目前的问题有两个：

(1) 如何确定系数 a_0,a_k,b_k，$k=1,2,3,\cdots$；

(2) 三角级数 $\frac{1}{2}a_0+\sum_{k=1}^{\infty}(a_k\cos kx+b_k\sin kx)$ 是否收敛于 $f(x)$.

1. 确定系数 a_0,a_k,b_k，$k=1,2,3,\cdots$

假定 $f(x)=\frac{1}{2}a_0+\sum_{k=1}^{\infty}(a_k\cos kx+b_k\sin kx)$ 可逐项积分.

(1) 两边逐项积分，得

$$\int_{-\pi}^{\pi}f(x)\mathrm{d}x=\pi a_0+\sum_{k=1}^{\infty}\left(a_k\int_{-\pi}^{\pi}\cos kx\,\mathrm{d}x+b_k\int_{-\pi}^{\pi}\sin kx\,\mathrm{d}x\right)=\pi a_0,$$

所以，

$$a_0=\frac{1}{\pi}\int_{-\pi}^{\pi}f(x)\mathrm{d}x.$$

(2) 两边同时乘以 $\cos nx$，然后逐项积分，得

$$\begin{aligned}\int_{-\pi}^{\pi}f(x)\cos nx\,\mathrm{d}x&=\pi a_0\int_{-\pi}^{\pi}\cos nx\,\mathrm{d}x+\sum_{k=1}^{\infty}\left(a_k\int_{-\pi}^{\pi}\cos kx\cos nx\,\mathrm{d}x+b_k\int_{-\pi}^{\pi}\sin kx\cos nx\,\mathrm{d}x\right)\\&=\pi a_n\end{aligned}$$

所以，

$$a_n=\frac{1}{\pi}\int_{-\pi}^{\pi}f(x)\cos nx\,\mathrm{d}x,\ n=1,2,3,\cdots.$$

同理可得

$$b_n=\frac{1}{\pi}\int_{-\pi}^{\pi}f(x)\sin nx\,\mathrm{d}x,\ n=1,2,3,\cdots.$$

一般地，只要函数 $f(x)$ 在$[-\pi,\pi]$上可积，我们就可以规定

$$a_0=\frac{1}{\pi}\int_{-\pi}^{\pi}f(x)\mathrm{d}x,$$

$$a_n=\frac{1}{\pi}\int_{-\pi}^{\pi}f(x)\cos nx\,\mathrm{d}x,\ n=1,2,3,\cdots,$$

$$b_n=\frac{1}{\pi}\int_{-\pi}^{\pi}f(x)\sin nx\,\mathrm{d}x,\ n=1,2,3,\cdots.$$

我们称上面确定的系数 a_0,a_n,b_n，$n=1,2,3,\cdots$ 为函数 $f(x)$ 的**傅里叶系数**，它们所形成的三角级数 $\frac{1}{2}a_0+\sum_{k=1}^{\infty}(a_k\cos kx+b_k\sin kx)$ 称为函数 $f(x)$ 的**傅里叶级数**. 这样，我们就解决了第一个问题.

2. 怎样的 $f(x)$ 使 $\frac{1}{2}a_0+\sum\limits_{k=1}^{\infty}(a_k\cos kx+b_k\sin kx)$ 收敛于 $f(x)$

数学家狄利克雷来证明了：

定理 8.5　设函数 $f(x)$ 是周期为 2π 的连续函数，或在一个周期内至多有有限个第一类间断点和极值点，则 $f(x)$ 的傅里叶级数收敛，并且

(1) 在连续点，傅里叶级数收敛于 $f(x)$；

(2) 在间断点，傅里叶级数收敛于 $\frac{1}{2}[f(x-0)+f(x+0)]$.

这表明，只要函数在 $[-\pi,\pi]$ 上至多只有有限个第一类间断点，即左右极限都存在的间断点，并不作无限次振动就能保证函数的傅里叶级数收敛. 这比函数展开成幂级数要求任意次可导的条件要低得多.

【例 8.17】　设函数 $f(x)$ 是周期为 2π 的周期函数，它在 $[-\pi,\pi]$ 上为

$$f(x)=\begin{cases}\pi & -\pi\leqslant x\leqslant 0\\ x & 0<x\leqslant\pi\end{cases},$$

将 $f(x)$ 展开成傅里叶级数，并求其和函数 $S(x)$. 如图 8.6 所示.

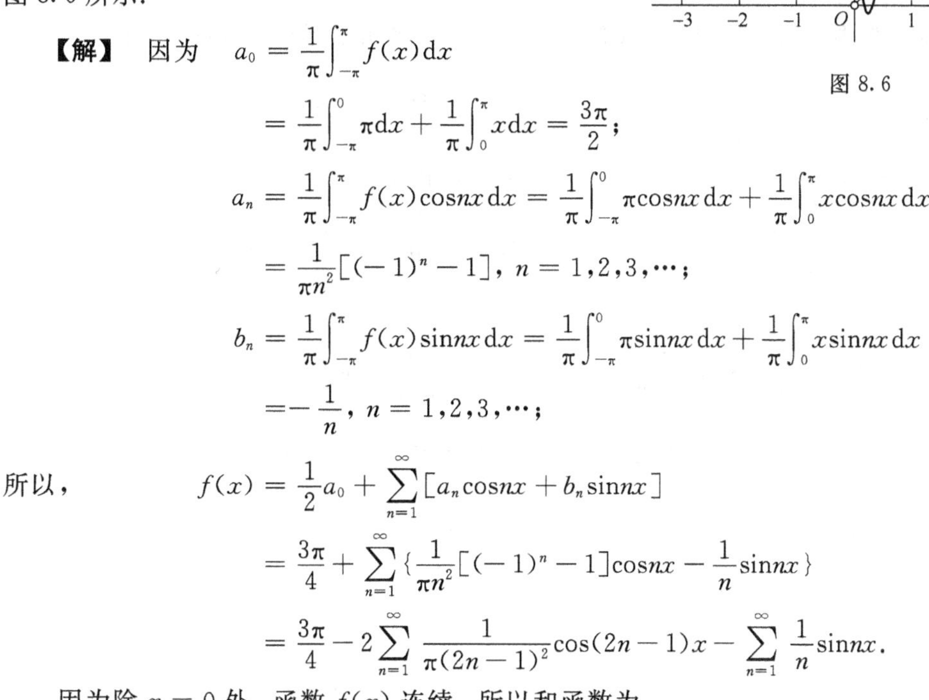

图 8.6

【解】　因为

$$a_0=\frac{1}{\pi}\int_{-\pi}^{\pi}f(x)\mathrm{d}x=\frac{1}{\pi}\int_{-\pi}^{0}\pi\mathrm{d}x+\frac{1}{\pi}\int_{0}^{\pi}x\mathrm{d}x=\frac{3\pi}{2};$$

$$a_n=\frac{1}{\pi}\int_{-\pi}^{\pi}f(x)\cos nx\mathrm{d}x=\frac{1}{\pi}\int_{-\pi}^{0}\pi\cos nx\mathrm{d}x+\frac{1}{\pi}\int_{0}^{\pi}x\cos nx\mathrm{d}x$$
$$=\frac{1}{\pi n^2}[(-1)^n-1],\ n=1,2,3,\cdots;$$

$$b_n=\frac{1}{\pi}\int_{-\pi}^{\pi}f(x)\sin nx\mathrm{d}x=\frac{1}{\pi}\int_{-\pi}^{0}\pi\sin nx\mathrm{d}x+\frac{1}{\pi}\int_{0}^{\pi}x\sin nx\mathrm{d}x$$
$$=-\frac{1}{n},\ n=1,2,3,\cdots;$$

所以，

$$f(x)=\frac{1}{2}a_0+\sum_{n=1}^{\infty}[a_n\cos nx+b_n\sin nx]$$
$$=\frac{3\pi}{4}+\sum_{n=1}^{\infty}\left\{\frac{1}{\pi n^2}[(-1)^n-1]\cos nx-\frac{1}{n}\sin nx\right\}$$
$$=\frac{3\pi}{4}-2\sum_{n=1}^{\infty}\frac{1}{\pi(2n-1)^2}\cos(2n-1)x-\sum_{n=1}^{\infty}\frac{1}{n}\sin nx.$$

因为除 $x=0$ 外，函数 $f(x)$ 连续，所以和函数为

$$S(x)=\begin{cases}\pi & -\pi\leqslant x<0\\ \frac{\pi}{2} & x=0\\ x & 0<x\leqslant\pi\end{cases}.$$

【例 8.18】　设函数 $f(x)$ 是周期为 2π 的周期函数，它在 $[-\pi,\pi]$ 上为

$$f(x)=\begin{cases}0 & -\pi\leqslant x\leqslant 0\\ 1 & 0<x\leqslant\pi\end{cases},$$

将 $f(x)$ 展开成傅里叶级数. 如图 8.7 所示.

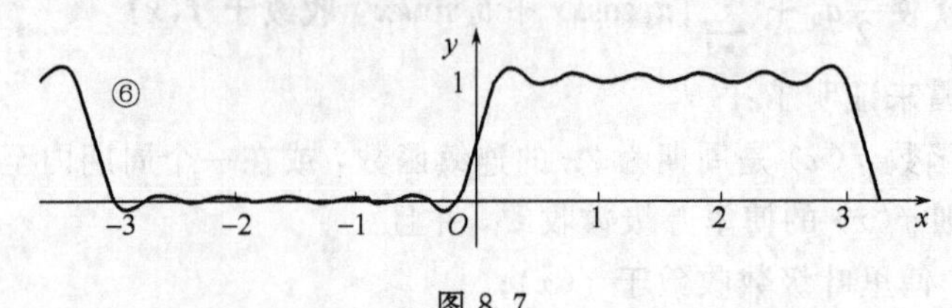

图 8.7

【解】 因为 $a_0=\frac{1}{\pi}\int_{-\pi}^{\pi}f(x)\mathrm{d}x=\frac{1}{\pi}\int_{0}^{\pi}\mathrm{d}x=1$；

$$a_n=\frac{1}{\pi}\int_{-\pi}^{\pi}f(x)\cos nx\,\mathrm{d}x=\frac{1}{\pi}\int_{0}^{\pi}\cos nx\,\mathrm{d}x=0,\ n=1,2,3,\cdots;$$

$$b_n=\frac{1}{\pi}\int_{0}^{\pi}\sin nx\,\mathrm{d}x=[1-(-1)^n]\frac{1}{\pi n},\ n=1,2,3,\cdots;$$

所以，$f(x)=\frac{1}{2}a_0+\sum_{n=1}^{\infty}[a_n\cos nx+b_n\sin nx]=\frac{1}{2}+\sum_{n=1}^{\infty}\frac{1}{\pi n}[1-(-1)^n]\sin nx$

$$=\frac{1}{2}+2\sum_{n=1}^{\infty}\frac{1}{\pi(2n-1)}\sin(2n-1)x,\ x\neq k\pi,\ k=0,\pm1,\pm2,\pm3,\cdots.$$

函数 $f(x)$ 的傅里叶级数在 $x=k\pi$ 处收敛为 0.5.

【例 8.19】 将周期为 2π，振幅为 1 的方波电压 $u(t)$ 展开成傅里叶级数. 其中，

$$u(t)=\begin{cases}-1 & -\pi\leqslant t<0\\ 1 & 0\leqslant t\leqslant\pi\end{cases},\ t\in[-\pi,\pi].$$

【解】 因为 $a_0=\frac{1}{\pi}\int_{-\pi}^{\pi}u(t)\mathrm{d}t=\frac{1}{\pi}\int_{-\pi}^{0}-\mathrm{d}t+\frac{1}{\pi}\int_{0}^{\pi}\mathrm{d}t=0$；

$$a_n=\frac{1}{\pi}\int_{-\pi}^{\pi}u(t)\cos nt\,\mathrm{d}t=\frac{1}{\pi}\int_{-\pi}^{0}-\cos nt\,\mathrm{d}t+\frac{1}{\pi}\int_{0}^{\pi}\cos nt\,\mathrm{d}t$$

$$=0,\ n=1,2,3,\cdots;$$

$$b_n=\frac{1}{\pi}\int_{0}^{\pi}\sin nt\,\mathrm{d}t=\frac{1}{\pi}\int_{-\pi}^{0}-\sin nt\,\mathrm{d}t+\frac{1}{\pi}\int_{0}^{\pi}\sin nt\,\mathrm{d}t$$

$$=-\frac{2}{n\pi}\cos nt\Big|_0^{\pi}=\frac{2}{n\pi}(1-\cos nt),\ n=1,2,3,\cdots.$$

所以， $b_{2k}=0,b_{2k-1}=\frac{4}{(2k-1)\pi},k=1,2,3,\cdots,$

$$u(t)=\frac{1}{2}a_0+\sum_{n=1}^{\infty}[a_n\cos nt+b_n\sin nt]$$

$$=\sum_{k=1}^{\infty}\frac{4\sin(2k-1)t}{(2k-1)\pi}=\frac{4}{\pi}(\sin t+\frac{\sin3t}{3}+\frac{\sin5t}{5}+\cdots),$$

其中，$t\neq k\pi,k=0,1,2,3,\cdots$. 当 $t=k\pi,k=0,1,2,3,\cdots$ 时，

$$u(t)=\frac{1}{2}[f(k\pi-0)+f(k\pi+0)]=0.$$

二、周期为 2l 的函数的傅里叶级数

定理 8.6 设函数 $f(x)$ 是周期为 $2l$ 的连续函数，或在一个周期内至多有有限个第一类间断点和极值点，则 $f(x)$ 的傅里叶级数收敛，并且

(1) 在连续点，$\frac{1}{2}a_0+\sum_{k=1}^{\infty}\left(a_k\cos\frac{k\pi}{l}x+b_k\sin\frac{k\pi}{l}x\right)$收敛于 $f(x)$；

(2) 在间断点，$\frac{1}{2}a_0+\sum_{k=1}^{\infty}\left(a_k\cos\frac{k\pi}{l}x+b_k\sin\frac{k\pi}{l}x\right)$收敛于$\frac{1}{2}[f(x-0)+f(x+0)]$.

其中 $a_0=\frac{1}{l}\int_{-l}^{l}f(x)\mathrm{d}x, a_k=\frac{1}{l}\int_{-l}^{l}f(x)\cos\frac{k\pi}{l}x\mathrm{d}x, b_k=\frac{1}{l}\int_{-l}^{l}f(x)\sin\frac{k\pi}{l}x\mathrm{d}x, k=1,2,3,\cdots$.

【例 8.20】 将函数 $f(x)=x$ 在$[-1,1]$上展开为傅里叶级数.

【解】 因为 $a_0=\frac{1}{l}\int_{-l}^{l}f(x)\mathrm{d}x=\frac{1}{1}\int_{-1}^{1}x\mathrm{d}x=\frac{1}{2}x^2\Big|_{-1}^{1}=0$,

$$a_k=\frac{1}{l}\int_{-l}^{l}f(x)\cos\frac{k\pi}{l}x\mathrm{d}x=\frac{1}{1}\int_{-1}^{1}x\cos\frac{k\pi}{1}x\mathrm{d}x$$
$$=\left[\frac{1}{(k\pi)^2}\cos k\pi x+\frac{x}{k\pi}\sin k\pi x\right]_{-1}^{1}=0, k=1,2,3,\cdots;$$
$$b_k=\frac{1}{l}\int_{-l}^{l}f(x)\sin\frac{k\pi}{l}x\mathrm{d}x=\frac{1}{1}\int_{-1}^{1}x\sin\frac{k\pi}{l}x\mathrm{d}x$$
$$=\left[\frac{1}{(k\pi)^2}\sin k\pi x-\frac{x}{k\pi}\cos k\pi x\right]_{-1}^{1}=(-1)^{k+1}\frac{2}{k\pi}, k=1,2,3,\cdots.$$

所以，
$$f(x)=\frac{1}{2}a_0+\sum_{n=1}^{\infty}[a_n\cos n\pi x+b_n\sin n\pi x]$$
$$=\frac{2}{\pi}\sum_{n=1}^{\infty}(-1)^{n+1}\frac{\sin n\pi x}{n},(-1<x<1).$$

停一停,想一想: 在本题中，$a_0=a_k=0, k=1,2,3,\cdots$，但这并不是偶然的，如果 $f(x)$ 是奇函数，则必定有 $a_0=a_k=0$，$k=1,2,3,\cdots$，为什么？

【例 8.21】 将函数 $f(x)=|\sin x|$展开成傅里叶级数.

【解】 因为 $f(x)=|\sin x|$的周期为 π，所以 $l=\frac{\pi}{2}$.

$$a_0=\frac{1}{l}\int_{-l}^{l}f(x)\mathrm{d}x=\frac{2}{\pi}\int_{-\frac{\pi}{2}}^{\frac{\pi}{2}}|\sin x|\mathrm{d}x=-\frac{2}{\pi}\int_{-\frac{\pi}{2}}^{0}\sin x\mathrm{d}x+\frac{2}{\pi}\int_{0}^{\frac{\pi}{2}}\sin x\mathrm{d}x=\frac{4}{\pi},$$

$$a_k=\frac{1}{l}\int_{-l}^{l}f(x)\cos\frac{k\pi}{l}x\mathrm{d}x=\frac{1}{\frac{\pi}{2}}\int_{-\frac{\pi}{2}}^{\frac{\pi}{2}}|\sin x|\cos\frac{k\pi}{\frac{\pi}{2}}x\mathrm{d}x$$

$$=-\frac{2}{\pi}\int_{-\frac{\pi}{2}}^{0}\sin x\cos 2kx\mathrm{d}x+\frac{2}{\pi}\int_{0}^{\frac{\pi}{2}}\sin x\cos 2kx\mathrm{d}x$$

$$=\frac{2}{\pi}\left[\frac{\cos(2k+1)x}{2(2k+1)}+\frac{\cos(1-2k)x}{2(1-2k)}\right]_{-\frac{\pi}{2}}^{0}-\frac{2}{\pi}\left[\frac{\cos(2k+1)x}{2(2k+1)}+\frac{\cos(1-2k)x}{2(1-2k)}\right]_{0}^{\frac{\pi}{2}}$$

$$=\frac{1}{\pi}\left[\frac{\cos(2k+1)x}{(2k+1)}+\frac{\cos(1-2k)x}{(1-2k)}\right]_{-\frac{\pi}{2}}^{0}-\frac{1}{\pi}\left[\frac{\cos(2k+1)x}{(2k+1)}+\frac{\cos(1-2k)x}{(1-2k)}\right]_{0}^{\frac{\pi}{2}}$$

$$=-\frac{4}{\pi(4k^2-1)}, k=1,2,3,\cdots;$$

$$b_k=\frac{1}{l}\int_{-l}^{l}f(x)\sin\frac{k\pi}{l}x\mathrm{d}x=\frac{1}{\frac{\pi}{2}}\int_{-\frac{\pi}{2}}^{\frac{\pi}{2}}|\sin x|\sin\frac{k\pi}{\frac{\pi}{2}}x\mathrm{d}x$$

$$=-\frac{2}{\pi}\int_{-\frac{\pi}{2}}^{0}\sin x\sin 2kx\,dx+\frac{2}{\pi}\int_{0}^{\frac{\pi}{2}}\sin x\sin 2kx\,dx$$

$$=\frac{\sin(2k+1)x}{2(2k+1)}\Big|_{-\frac{\pi}{2}}^{0}-\frac{\sin(1-2k)x}{2(1-2k)}\Big|_{-\frac{\pi}{2}}^{0}-\frac{\sin(2k+1)x}{2(2k+1)}\Big|_{0}^{\frac{\pi}{2}}+\frac{\sin(1-2k)x}{2(1-2k)}\Big|_{0}^{\frac{\pi}{2}}=0,$$

$k=1,2,3,\cdots$. 所以,

$$f(x)=\frac{1}{2}a_0+\sum_{n=1}^{\infty}[a_n\cos n\pi x+b_n\sin n\pi x]$$

$$=\frac{4}{\pi}\left(\frac{1}{2}-\sum_{n=1}^{\infty}\frac{\cos n\pi x}{4n^2-1}\right),(-\infty<x<+\infty).$$

停一停,想一想:在本题中,$b_k=0,k=1,2,3,\cdots$,但也不是偶然的,如果 $f(x)$ 是偶函数,则必定有 $b_k=0$, $k=1,2,3,\cdots$.

在实际问题中,有时把定义在$[0,\pi]$上的函数展开为正弦级数(傅里叶系数 $a_0=0,a_n=0$, $n=1,2,3,\cdots$)或余弦级数(傅里叶系数 $b_n=0$, $n=1,2,3,\cdots$). 这时可以通过补充定义函数延拓到$[-\pi,\pi]$上,在$[-\pi,0]$将函数定义为 $f(x)$(偶延拓)或 $-f(x)$(奇延拓).

【例 8.22】 设 $f(x)=x+1$, $[0,\pi]$. 试分别展开为正弦级数和余弦级数.

【解】 (1) 展开为正弦级数. 对 $f(x)$ 进行奇延拓得

$$F(x)=\begin{cases}x-1 & -\pi<x<0\\ 0 & x=0,x=\pm\pi.\\ x+1 & 0<x<\pi\end{cases}$$

从而,$a_0=0,a_n=0,n=1,2,3,\cdots$.

$$b_n=\frac{1}{\pi}\int_{-\pi}^{\pi}f(x)\sin nx\,dx=\frac{2}{\pi}\int_{0}^{\pi}(x+1)\sin nx\,dx$$

$$\underline{\text{查表得}}\ \frac{2}{\pi}\left(-\frac{(x+1)\cos nx}{n}+\frac{\sin nx}{n^2}\right)\Big|_{0}^{\pi}$$

$$=\frac{2}{n\pi}[1-(\pi+1)\cos n\pi]=\begin{cases}\dfrac{2(2+\pi)}{n\pi} & n=1,3,5,\cdots\\ -\dfrac{2}{n} & n=2,4,6,\cdots\end{cases},$$

于是,当 $0<x<\pi$ 时,

$$x+1=\sum_{n=1}^{\infty}[a_n\cos nx+b_n\sin nx]$$

$$=\frac{2}{\pi}\sum_{k=1}^{\infty}\frac{2+\pi}{2k-1}\sin(2k-1)x-2\sum_{k=1}^{\infty}\frac{\sin(2kx)}{2k}.$$

(2) 展开为余弦级数. 对 $f(x)$ 进行偶延拓得

$$F(x)=\begin{cases}-x+1 & -\pi\leqslant x<0\\ x+1 & 0\leqslant x\leqslant\pi\end{cases}.$$

从而,$b_n=0,n=1,2,3,\cdots$.

$$a_0=\frac{1}{\pi}\int_{-\pi}^{\pi}f(x)\,dx=\frac{2}{\pi}\int_{0}^{\pi}(x+1)\,dx=\pi+2,$$

$$a_n=\frac{1}{\pi}\int_{-\pi}^{\pi}f(x)\cos nx\,dx=\frac{2}{\pi}\int_{0}^{\pi}(x+1)\cos nx\,dx$$

$$\underline{\text{查表得}}\ \frac{2}{\pi}\left[\frac{(x+1)\sin nx}{n}+\frac{\cos nx}{n^2}\right]\Bigg|_0^\pi$$

$$=\frac{2}{n^2\pi}[\cos n\pi-1]=\begin{cases}-\dfrac{4}{n^2\pi} & n=1,3,5,\cdots\\ 0 & n=2,4,6,\cdots\end{cases},$$

于是，当 $0\leqslant x\leqslant\pi$ 时，

$$x+1=\frac{1}{2}a_0+\sum_{n=1}^{\infty}[a_n\cos nx+b_n\sin nx]=\frac{\pi}{2}+1-\frac{4}{\pi}\sum_{n=1}^{\infty}\frac{\cos nx}{n^2}.$$

资料

人们最容易想到的函数是多项式，而且也容易想到用多项式去逼近其他函数. 这种想法在古希腊时代就有了，但由于当时不能理解“无穷”或极限的概念，因此一直到微积分发明后，这方面的研究才得以广泛开展.

在牛顿(Newton)后相当一段时期内，无穷级数作为一种工具被广泛使用，和微积分一样，由于缺乏牢固的“极限”基础，人们虽然对级数的敛散性有所觉察，但并没有给予足够的重视，以致在使用中常常出现一些错误，例如像牛顿、莱布尼茨、欧拉(Euler)和拉格朗日(Lagrange)等都认为一个函数可以用幂级数展开是非常自然的事情，即使像伯努利(Bernoulli)和欧拉这样的数学家，也得到诸如 $1-1+1-1+1-1+\cdots=\frac{1}{2}$ 及 $1+\frac{1}{3}+\frac{1}{5}+\cdots=\frac{1}{2}+\frac{1}{4}+\frac{1}{6}+\cdots$ 之类的结果. 尽管如此，他们运用级数取得了大批后来证明是正确的漂亮结果.

函数可以用幂级数来表示，反过来，幂级数也可以看成是一个函数，这一点大大拓广了人们对函数的认识，然而二者的等价性只有当函数在一点处无穷次可微，且又有趋于零的余项时才成立，后来，人们终于确定了一个函数类，叫做解析函数，它与收敛的幂级数是等价的.

傅里叶级数的产生和发展对数学及其发展有着极为重要和深远的影响. 从数学本身来看，由于对有待展开的函数的要求很低（粗略地说，例如只要求连续或逐段连续），远不如幂级数展开对函数的要求（至少无穷次可微）. 因此在讨论傅里叶级数的收敛问题时，其难度就远大于幂级数的情形. 对于傅里叶级数的深入研究，促进了集合论及现在称之为“调和分析”的发展，傅里叶分析的威力更体现在对其他学科的影响上，因为傅里叶分析其实就是一种把一个复杂的周期现象（例如波动）$f(t)$ 分解为一系列简单波（有时也叫“子波”）$A_n\cos(\omega_n t+\varphi_n)$ 之和的方法，其中 ω_n 是频率，A_n 是振幅，因此为了研究 $f(t)$ 就可以转向研究 $\{A_n\}$ 的性质，这是分析某种客观现象的一个很有用的办法，尤其是在信息科学领域. 当然，对不同的现象，可以选择不同的子波. 一门研究这方面问题的学科就是“小波分析”.

学习指引

体验无穷和的神秘威力，了解函数展开成傅里叶级数的条件. 能熟练掌握将区间$[-\pi,\pi]$或$[-l,l]$上的周期函数展开成傅里叶级数.

习　题　8-3

1. 将下列以 2π 为周期的函数 $f(t)$ 展开成傅里叶级数.

(1) $f(t)=t^2$, $t\in[-\pi,\pi]$;

(2) $f(t)=e^{2t}$, $t\in[-\pi,\pi]$;

(3) $f(t)=\cos\frac{t}{2}$, $t\in[-\pi,\pi]$;

(4) $f(t)=1+t$, $t\in[-\pi,\pi]$.

2. 将下列周期为 2 的函数 $f(t)$ 展开成傅里叶级数.

(1) $f(t)=\begin{cases}1 & -1\leqslant t<0\\ 0 & 0\leqslant t\leqslant 1\end{cases}$;

(2) $f(t)=2\cos\frac{\pi t}{2}$, $-1\leqslant t\leqslant 1$;

(3) $f(t)=\begin{cases}3t & -1\leqslant t<0\\ 2t & 0\leqslant t\leqslant 1\end{cases}$;

(4) $f(t)=\begin{cases}e^t & -1\leqslant t<0\\ 1+t^2 & 0\leqslant t\leqslant 1\end{cases}$.

3. 将下列函数 $f(t)$ 展开成正弦级数和余弦级数.

(1) $f(t)=e^t$, $t\in[0,\pi]$;

(2) $f(t)=1+2t$, $t\in[0,\pi]$.

附录A　原函数（积分）表

一、含有理式 ax＋b 的函数

1. $\int dx = x + C$

$\int \frac{1}{x}dx = \ln|x| + C$

$\int x^{\alpha}dx = \begin{cases} \ln|x| + C(\alpha = -1) \\ \frac{1}{\alpha+1}x^{\alpha+1} + C(\alpha \neq -1) \end{cases}$

2. $\int \frac{1}{ax+b}dx = \frac{1}{a}\ln|ax+b| + C$

$\int (ax+b)^{\alpha}dx = \frac{(ax+b)^{\alpha+1}}{a(\alpha+1)} + C(\alpha \neq -1)$

3. $\int \frac{1}{x(ax+b)}dx = \frac{1}{b}\ln\left|\frac{x}{ax+b}\right| + C$

$\int \frac{1}{x^2(ax+b)}dx = -\frac{1}{bx} + \frac{a}{b^2}\ln\left|\frac{ax+b}{x}\right| + C$

$\int \frac{1}{x^n(ax+b)}dx = -\frac{1}{b(n-1)x^{n-1}} - \frac{a}{b}\int \frac{1}{x^{n-1}(ax+b)}dx$

4. $\int \frac{x}{ax+b}dx = \frac{x}{a} - \frac{b}{a^2}\ln|ax+b| + C$

$\int \frac{x^2}{ax+b}dx = \frac{1}{2a^3}[(ax-b)^2 + 2b^2\ln|ax+b|] + C$

$\int \frac{x^n}{ax+b}dx = \frac{x^n}{na} - \frac{b}{a}\int \frac{x^{n-1}}{ax+b}dx$

5. $\int \frac{1}{ax+b}dx = \frac{1}{a}\ln|ax+b| + C$

$\int \frac{x}{(ax+b)^2}dx = \frac{1}{a^2}\left(\frac{b}{ax+b} + \ln|ax+b|\right) + C$

$\int \frac{x}{(ax+b)^n}dx = \frac{1}{a^2}\frac{b}{(n-1)(ax+b)^{n-1}} - \frac{1}{a^2}\frac{1}{(n-2)(ax+b)^{n-2}} + C$

6. $\int \frac{1}{x^2+a^2}dx = \frac{1}{a}\arctan\frac{x}{a} + C$

$\int \frac{1}{ax^2+b}dx = \frac{1}{\sqrt{ab}}\arctan\sqrt{\frac{a}{b}}x + C$

$\int \frac{1}{(x^2+a^2)^n}dx = \frac{x}{2(n-1)a^2(x^2+a^2)^{n-1}} + \frac{2n-3}{2(n-1)a^2}\int \frac{1}{(x^2+a^2)^{n-1}}dx$

7. $\int \frac{1}{x^2-a^2}dx = \frac{1}{2a}\ln\left|\frac{x-a}{x+a}\right| + C$

$$\int \frac{1}{ax^2-b}dx = \frac{1}{\sqrt{ab}}\ln\left|\frac{\sqrt{a}x-\sqrt{b}}{\sqrt{a}x+\sqrt{b}}\right|+C$$

8. $\int \frac{x}{ax^2 \pm b}dx = \frac{1}{2a}\ln|ax^2 \pm b|+C$

$$\int \frac{x^2}{ax^2 \pm b}dx = \frac{x}{a} \mp \frac{b}{a}\int \frac{1}{ax^2 \pm b}dx$$

9. $\int \frac{1}{x(ax^2 \pm b)}dx = \pm \frac{1}{2b}\ln\left|\frac{x^2}{ax^2 \pm b}\right|+C$

$$\int \frac{1}{x^2(ax^2 \pm b)}dx = \mp \frac{1}{bx} \mp \frac{a}{b}\int \frac{1}{ax^2 \pm b}dx$$

$$\int \frac{1}{x^3(ax^2 \pm b)}dx = \frac{a}{2b^2}\ln\frac{|ax^2 \pm b|}{x^2} \mp \frac{1}{2bx^2}+C$$

$$\int \frac{1}{x^n(ax^2 \pm b)}dx = \mp \frac{1}{(n-1)bx^{n-1}} \mp \frac{a}{b}\int \frac{1}{x^{n-2}(ax^2 \pm b)}dx$$

10. $\int \frac{1}{(ax^2 \pm b)^2}dx = \pm \frac{x}{2b(ax^2 \pm b)} \pm \frac{1}{2b}\int \frac{1}{ax^2 \pm b}dx$

$$\int \frac{x}{(ax^2 \pm b)^2}dx = -\frac{1}{2a(ax^2 \pm b)}+C$$

11. $\int \frac{1}{ax^2+bx+c}dx$

$$= \begin{cases} \frac{2}{\sqrt{4ac-b^2}}\arctan\frac{2ax+b}{\sqrt{4ac-b^2}}+C & (b^2-4ac<0) \\ \frac{1}{\sqrt{b^2-4ac}}\ln\left|\frac{2ax+b-\sqrt{b^2-4ac}}{2ax+b+\sqrt{b^2-4ac}}\right|+C & (b^2-4ac>0) \end{cases}$$

12. $\int \frac{x}{ax^2+bx+c}dx = \frac{1}{2a}\ln|ax^2+bx+c| - \frac{b}{2a}\int \frac{1}{ax^2+bx+c}dx$

二、三角函数

13. $\int \sin x dx = -\cos x + C$

$$\int \sin \alpha x\, dx = -\frac{1}{\alpha}\cos \alpha x + C$$

14. $\int \cos x dx = \sin x + C$

$$\int \cos \alpha x\, dx = \frac{1}{\alpha}\sin \alpha x + C$$

15. $\int \tan x dx = -\ln|\cos x|+C$

$$\int \tan \alpha x\, dx = -\frac{1}{\alpha}\ln|\cos \alpha x|+C$$

16. $\int \cot x dx = \ln|\sin x|+C$

$$\int \cot \alpha x\, dx = \frac{1}{\alpha}\ln|\sin \alpha x|+C$$

17. $\int \frac{1}{\sin x}dx = \ln\left|\frac{1-\cos x}{\sin x}\right|+C$

$$\int \frac{1}{\sin\alpha x}\mathrm{d}x = \frac{1}{\alpha}\ln\left|\frac{1-\cos\alpha x}{\sin\alpha x}\right| + C$$

18. $$\int \frac{1}{\cos x}\mathrm{d}x = \ln\left|\frac{1+\sin x}{\cos x}\right| + C$$

$$\int \frac{1}{\cos\alpha x}\mathrm{d}x = \frac{1}{\alpha}\ln\left|\frac{1+\sin\alpha x}{\cos\alpha x}\right| + C$$

19. $$\int \frac{\sin x}{\cos^2 x}\mathrm{d}x = \frac{1}{\cos x} + C$$

$$\int \frac{\sin\alpha x}{\cos^2\alpha x}\mathrm{d}x = \frac{1}{\alpha\cos\alpha x} + C$$

20. $$\int \frac{\cos x}{\sin^2 x}\mathrm{d}x = -\frac{1}{\sin x} + C$$

$$\int \frac{\cos\alpha x}{\sin^2\alpha x}\mathrm{d}x = -\frac{1}{\alpha\sin\alpha x} + C$$

21. $$\int \sin^2 x\mathrm{d}x = \frac{x}{2} - \frac{1}{4}\sin 2x + C$$

$$\int \sin^2\alpha x\mathrm{d}x = \frac{x}{2} - \frac{1}{4\alpha}\sin 2\alpha x + C$$

22. $$\int \cos^2 x\mathrm{d}x = \frac{x}{2} + \frac{1}{4}\sin 2x + C$$

$$\int \cos^2\alpha x\mathrm{d}x = \frac{x}{2} + \frac{1}{4\alpha}\sin 2\alpha x + C$$

23. $$\int \sin^n x\mathrm{d}x = -\frac{1}{n}\sin^{n-1}x\cos x + \frac{n-1}{n}\int \sin^{n-2}x\mathrm{d}x$$

$$\int \sin^n\alpha x\mathrm{d}x = \frac{-\sin^{n-1}\alpha x\cos\alpha x}{\alpha n} + \alpha\frac{n-1}{n}\int \sin^{n-2}\alpha x\mathrm{d}x$$

24. $$\int \cos^n x\mathrm{d}x = \frac{1}{n}\cos^{n-1}x\sin x + \frac{n-1}{n}\int \cos^{n-2}x\mathrm{d}x$$

$$\int \cos^n\alpha x\mathrm{d}x = \frac{\cos^{n-1}\alpha x\sin\alpha x}{\alpha n} + \alpha\frac{n-1}{n}\int \cos^{n-2}\alpha x\mathrm{d}x$$

25. $$\int \frac{1}{\sin^n x}\mathrm{d}x = -\frac{1}{n-1}\frac{\cos x}{\sin^{n-1}x} + \frac{n-2}{n-1}\int \frac{1}{\sin^{n-2}x}\mathrm{d}x$$

$$\int \frac{1}{\sin^n\alpha x}\mathrm{d}x = -\frac{\cos\alpha x}{\alpha(n-1)\sin^{n-1}\alpha x} + \frac{n-2}{n-1}\int \frac{1}{\sin^{n-2}\alpha x}\mathrm{d}x$$

26. $$\int \frac{1}{\cos^n x}\mathrm{d}x = \frac{1}{n-1}\frac{\sin x}{\cos^{n-1}x} + \frac{n-2}{n-1}\int \frac{1}{\cos^{n-2}x}\mathrm{d}x$$

27. $$\int \frac{1}{\cos^n\alpha x}\mathrm{d}x = \frac{\sin\alpha x}{\alpha(n-1)\cos^{n-1}\alpha x} + \frac{n-2}{n-1}\int \frac{1}{\cos^{n-2}\alpha x}\mathrm{d}x$$

28. $$\int \sin^n x\cos^m x\mathrm{d}x = \frac{\sin^{n+1}x\cos^{m-1}x}{m+n} + \frac{m-1}{m+n}\int \sin^n x\cos^{m-2}x\mathrm{d}x$$

29. $$\int \sin ax\sin bx\mathrm{d}x = -\frac{\sin(a+b)x}{2(a+b)} + \frac{\sin(a-b)x}{2(a-b)} + C$$

30. $$\int \sin ax\cos bx\mathrm{d}x = -\frac{\cos(a+b)x}{2(a+b)} - \frac{\cos(a-b)x}{2(a-b)} + C$$

31. $$\int \cos ax\cos bx\mathrm{d}x = \frac{\sin(a+b)x}{2(a+b)} + \frac{\sin(a-b)x}{2(a-b)} + C$$

32. $$\int \frac{1}{a+b\sin x}dx = \begin{cases} \dfrac{2}{\sqrt{a^2-b^2}}\arctan \dfrac{a\tan\frac{x}{2}+b}{\sqrt{a^2-b^2}}+C & (b^2<a^2) \\ \dfrac{1}{\sqrt{b^2-a^2}}\ln\left|\dfrac{a\tan\frac{x}{2}+b-\sqrt{b^2-a^2}}{a\tan\frac{x}{2}+b+\sqrt{b^2-a^2}}\right|+C & (b^2>a^2) \end{cases}$$

33. $$\int \frac{1}{a+b\cos x}dx = \begin{cases} \dfrac{2\sqrt{\frac{a+b}{b-a}}}{a+b}\arctan\left(\sqrt{\dfrac{a-b}{a+b}}\tan\dfrac{x}{2}\right)+C & (b^2<a^2) \\ \dfrac{\sqrt{\frac{a+b}{b-a}}}{a+b}\ln\left|\dfrac{\tan\frac{x}{2}+\sqrt{\frac{a+b}{b-a}}}{\tan\frac{x}{2}-\sqrt{\frac{a+b}{b-a}}}\right|+C & (b^2>a^2) \end{cases}$$

34. $$\int \frac{1}{a^2\sin^2 x+b^2\cos^2 x}dx = \frac{1}{ab}\arctan\left(\frac{a}{b}\tan x\right)+C$$

35. $$\int \frac{1}{a^2\sin^2 x-b^2\cos^2 x}dx = \frac{1}{2ab}\ln\left|\frac{a\sin x-b\cos x}{a\sin x+b\cos x}\right|+C$$

36. $$\int x\sin x dx = \sin x - x\cos x + C$$

$$\int x\sin ax\,dx = \frac{1}{a^2}\sin ax - \frac{x}{a}\cos ax + C$$

37. $$\int x^2\sin x dx = -x^2\cos x + 2x\sin x + 2\cos x + C$$

$$\int x^2\sin ax\,dx = -\frac{x^2}{a}\cos ax + \frac{2x}{a^2}\sin ax + \frac{2}{a^3}\cos ax + C$$

38. $$\int x^n\sin x dx = -x^n\cos x + n\int x^{n-1}\cos x dx$$

$$\int x^n\sin ax\,dx = \frac{1}{a}(-x^n\cos ax + n\int x^{n-1}\cos ax\,dx)$$

39. $$\int x\cos x dx = \cos x + x\sin x + C$$

$$\int x\cos ax\,dx = \frac{1}{a^2}\cos ax + \frac{x}{a}\sin ax + C$$

40. $$\int x^2\cos x dx = x^2\sin x + 2x\cos x - 2\sin x + C$$

$$\int x^2\cos ax\,dx = \frac{x^2}{a}\sin ax + \frac{2x}{a^2}\cos ax - \frac{2}{a^3}\sin ax + C$$

41. $$\int x^n\cos x dx = x^n\sin x - n\int x^{n-1}\sin x dx$$

$$\int x^n\cos ax\,dx = \frac{1}{a}(x^n\sin ax - n\int x^{n-1}\sin ax\,dx)$$

三、反三角函数

42. $$\int \arcsin x dx = x\arcsin x + \sqrt{1-x^2} + C$$

43. $\int \arcsin\frac{x}{a}dx = x\arcsin\frac{x}{a} + \sqrt{a^2-x^2} + C$

44. $\int x\arcsin x dx = \left(\frac{x^2}{2}-\frac{1}{4}\right)\arcsin x + \frac{x}{4}\sqrt{1-x^2} + C$

$\int x\arcsin\frac{x}{a}dx = \left(\frac{x^2}{2}-\frac{a^2}{4}\right)\arcsin\frac{x}{a} + \frac{x}{4}\sqrt{a^2-x^2} + C$

45. $\int x^2\arcsin x dx = \frac{x^3}{3}\arcsin x + \frac{x^2+2}{9}\sqrt{1-x^2} + C$

$\int x^2\arcsin\frac{x}{a}dx = \frac{x^3}{3}\arcsin\frac{x}{a} + \frac{x^2+2a^2}{9}\sqrt{a^2-x^2} + C$

46. $\int \arccos x dx = x\arccos x - \sqrt{1-x^2} + C$

$\int \arccos\frac{x}{a}dx = x\arccos\frac{x}{a} - \sqrt{a^2-x^2} + C$

47. $\int x\arccos x dx = \left(\frac{x^2}{2}-\frac{1}{4}\right)\arccos x - \frac{x}{4}\sqrt{1-x^2} + C$

$\int x\arccos\frac{x}{a}dx = \left(\frac{x^2}{2}-\frac{a^2}{4}\right)\arccos\frac{x}{a} - \frac{x}{4}\sqrt{a^2-x^2} + C$

48. $\int x^2\arccos x dx = \frac{x^3}{3}\arccos x - \frac{x^2+2}{9}\sqrt{1-x^2} + C$

$\int x^2\arccos\frac{x}{a}dx = \frac{x^3}{3}\arccos\frac{x}{a} - \frac{x^2+2a^2}{9}\sqrt{a^2-x^2} + C$

49. $\int \arctan x dx = x\arctan x - \frac{1}{2}\ln(1+x^2) + C$

$\int \arctan\frac{x}{a}dx = x\arctan\frac{x}{a} - \frac{a}{2}\ln(a^2+x^2) + C$

50. $\int x\arctan x dx = \frac{1}{2}(x^2+1)\arctan x - \frac{x}{2} + C$

$\int x\arctan\frac{x}{a}dx = \frac{1}{2}(x^2+a^2)\arctan\frac{x}{a} - \frac{ax}{2} + C$

51. $\int x^2\arctan x dx = \frac{x^3}{3}\arctan x - \frac{x^2}{6} + \frac{1}{6}\ln(1+x^2) + C$

$\int x^2\arctan\frac{x}{a}dx = \frac{x^3}{3}\arctan\frac{x}{a} - \frac{ax^2}{6} + \frac{a^3}{6}\ln(a^2+x^2) + C$

四、其他有理函数

52. $\int e^x dx = e^x + C$

$\int e^{ax} dx = \frac{1}{a}e^{ax} + C$

53. $\int xe^x dx = (x-1)e^x + C$

$\int xe^{ax} dx = \frac{1}{a^2}(ax-1)e^{ax} + C$

54. $\int x^n e^x dx = x^n e^x - n\int x^{n-1}e^x dx + C$

$$\int x^n e^{ax} dx = \frac{1}{a} x^n e^{ax} - \frac{n}{a} \int x^{n-1} e^{ax} dx + C$$

55. $\int x a^x dx = \frac{1}{\ln^2 a}(x\ln a - 1)a^x + C$

56. $\int x^n a^x dx = \frac{1}{\ln a} x^n a^x - \frac{n}{\ln a} \int x^{n-1} a^x dx + C$

57. $\int \ln x dx = x(\ln x - 1) + C$

$$\int \ln^n x dx = x\ln^n x - n \int \ln^{n-1} x dx + C$$

58. $\int x^n \ln x dx = \frac{x^{n+1}}{n+1}\left(\ln x - \frac{1}{n+1}\right) + C$

$$\int x^n \ln^m x dx = \frac{x^{n+1}}{n+1} \ln^m x - \frac{m}{n+1} \int x^n \ln^{m-1} x dx + C$$

59. $\int \frac{\ln x}{x} dx = \frac{1}{2} \ln^2 x + C$

$$\int x^\alpha \ln x dx = \frac{x^{\alpha+1}}{(\alpha+1)^2}[(\alpha+1)\ln x - 1] + C(\alpha \neq -1)$$

60. $\int e^x \sin x dx = \frac{e^x}{2}(\sin x - \cos x) + C$

$$\int e^{ax} \sin bx dx = \frac{e^{ax}}{a^2+b^2}(a\sin bx - b\cos bx) + C$$

$$\int e^{ax} \sin^n bx dx = \frac{e^{ax} \sin^{n-1} bx}{a^2+b^2n^2}(a\sin bx - nb\cos bx)$$

$$= \frac{e^{ax} \sin^{n-1} bx}{a^2+b^2n^2}(a\sin bx - nb\cos bx) + \frac{n(n-1)b^2}{a^2+b^2n^2} \int e^{ax} \sin^{n-2} bx dx + C$$

61. $\int e^x \cos x dx = \frac{e^x}{2}(\cos x + \sin x) + C$

$$\int e^{ax} \cos bx dx = \frac{e^{ax}}{a^2+b^2}(a\cos bx + b\sin bx) + C$$

$$\int e^{ax} \cos^n bx dx = \frac{e^{ax} \cos^{n-1} bx}{a^2+b^2n^2}(a\cos bx + nb\sin bx)$$

$$= \frac{e^{ax} \cos^{n-1} bx}{a^2+b^2n^2}(a\cos bx + nb\sin bx) + \frac{n(n-1)b^2}{a^2+b^2n^2} \int e^{ax} \cos^{n-2} bx dx + C$$

五、含无理式 $\sqrt{ax+b}$ 的函数

62. $\int \sqrt{ax \pm b} dx = \frac{2}{3a} \sqrt{(ax \pm b)^3} + C$

63. $\int x \sqrt{ax \pm b} dx = \frac{2}{15a^2}(3ax \mp 2b) \sqrt{(ax \pm b)^3} + C$

64. $\int x^2 \sqrt{ax \pm b} dx = \frac{2(15a^2x^2 \mp 12abx + 8b^2)}{105a^3} \sqrt{(ax \pm b)^3} + C$

65. $\int x^n \sqrt{ax \pm b} dx$

$$= \frac{2}{a^{n+1}} \sum_{k=0}^{n} \frac{(-1)^k(2n-k+2)}{(n+1-k)(2k+1)} \times C_n^k (ax+b)^{k+0.5} b^{n-k+1} + \sum_{k=0}^{n} \frac{(-1)^{n+1}}{2n+3}(ax+b)^{n+1.5} + C$$

66. $\int \frac{x}{\sqrt{ax \pm b}} dx = \frac{2}{3a^2}(ax \mp 2b)\sqrt{ax \pm b} + C$

67. $\int \frac{x^2}{\sqrt{ax \pm b}} dx = \frac{2}{15a^2}(3a^2x^2 \mp 4abx + 8b^2)\sqrt{ax \pm b} + C$

68. $\int \frac{x^n}{\sqrt{ax \pm b}} dx = \frac{2}{a^{n+1}} \sum_{k=0}^{n} \frac{(-1)^k}{(2k+1)} C_n^k (ax+b)^{k+0.5} b^{n-k} + C$

69. $\int \frac{1}{x\sqrt{ax+b}} dx = \frac{1}{\sqrt{b}} \ln \left| \frac{\sqrt{ax+b} - \sqrt{b}}{\sqrt{ax+b} + \sqrt{b}} \right| + C$

$\int \frac{1}{x\sqrt{ax-b}} dx = \frac{2}{\sqrt{b}} \arctan \sqrt{\frac{ax-b}{b}} x + C$

70. $\int \frac{1}{x^2\sqrt{ax \pm b}} dx = \mp \frac{\sqrt{ax \pm b}}{bx} \mp \frac{a}{2b} \int \frac{1}{x\sqrt{ax \pm b}} dx$

71. $\int \frac{\sqrt{ax \pm b}}{x} dx = 2\sqrt{ax \pm b} \pm b \int \frac{1}{x\sqrt{ax \pm b}} dx$

72. $\int \frac{\sqrt{ax \pm b}}{x^2} dx = -\frac{\sqrt{ax \pm b}}{x} + \frac{a}{2} \int \frac{1}{x\sqrt{ax \pm b}} dx$

73. $\int \sqrt{\frac{a+x}{b+x}} dx = \sqrt{(a+x)(b+x)} + (a-b)\ln(\sqrt{a+x} + \sqrt{b+x}) + C$

74. $\int \sqrt{\frac{a-x}{b+x}} dx = \sqrt{(a-x)(b+x)} - (a+b)\arctan \sqrt{\frac{a-x}{b+x}} + C$

75. $\int \sqrt{\frac{a+x}{b-x}} dx = -\sqrt{(a+x)(b-x)} + (a+b)\arctan \sqrt{\frac{a+x}{b-x}} + C$

76. $\int \frac{1}{\sqrt{(x-a)(b-x)}} dx = 2\arcsin \sqrt{\frac{x-a}{b-a}} + C$

六、含有 $\sqrt{x^2+a^2}\,(a>0)$ 的函数

77. $\int \frac{1}{\sqrt{x^2+a^2}} dx = \ln(x + \sqrt{x^2+a^2}) + C$

78. $\int \frac{1}{\sqrt{(x^2+a^2)^3}} dx = \frac{x}{a^2\sqrt{x^2+a^2}} + C$

79. $\int \frac{x}{\sqrt{x^2+a^2}} dx = \sqrt{x^2+a^2} + C$

80. $\int \frac{x}{\sqrt{(x^2+a^2)^3}} dx = -\frac{1}{\sqrt{x^2+a^2}} + C$

81. $\int \frac{x^2}{\sqrt{x^2+a^2}} dx = \frac{x}{2}\sqrt{x^2+a^2} - \frac{a^2}{2}\ln(x + \sqrt{x^2+a^2}) + C$

82. $\int \frac{x^2}{\sqrt{(x^2+a^2)^3}} dx = -\frac{x}{\sqrt{x^2+a^2}} + \ln(x + \sqrt{x^2+a^2}) + C$

83. $\int \frac{1}{x\sqrt{x^2+a^2}} dx = \frac{1}{a} \ln \frac{\sqrt{x^2+a^2} - a}{|x|} + C$

84. $\int \frac{1}{x^2\sqrt{x^2+a^2}}dx = -\frac{\sqrt{x^2+a^2}}{a^2 x}+C$

85. $\int \sqrt{x^2+a^2}dx = \frac{x}{2}\sqrt{x^2+a^2}+\frac{a^2}{2}\ln(x+\sqrt{x^2+a^2})+C$

86. $\int \sqrt{(x^2+a^2)^3}dx = \frac{x}{8}(2x^2+5a^2)\sqrt{x^2+a^2}+\frac{3a^4}{8}\ln(x+\sqrt{x^2+a^2})+C$

87. $\int x\sqrt{x^2+a^2}dx = \frac{1}{3}(x^2+a^2)^{\frac{3}{2}}+C$

88. $\int x^2\sqrt{x^2+a^2}dx = \frac{x}{8}(2x^2+a^2)\sqrt{x^2+a^2}-\frac{a^4}{8}\ln(x+\sqrt{x^2+a^2})+C$

89. $\int \frac{\sqrt{x^2+a^2}}{x}dx = \sqrt{x^2+a^2}+a\ln\frac{\sqrt{x^2+a^2}-a}{|x|}+C$

90. $\int \frac{\sqrt{x^2+a^2}}{x^2}dx = -\frac{\sqrt{x^2+a^2}}{x}+\ln(x+\sqrt{x^2+a^2})+C$

七、含有 $\sqrt{x^2-a^2}\,(a>0)$ 的函数

91. $\int \frac{1}{\sqrt{x^2-a^2}}dx = \ln\left|x+\sqrt{x^2-a^2}\right|+C$

92. $\int \frac{1}{\sqrt{(x^2-a^2)^3}}dx = -\frac{x}{a^2\sqrt{x^2-a^2}}+C$

93. $\int \frac{x}{\sqrt{x^2-a^2}}dx = \sqrt{x^2-a^2}+C$

94. $\int \frac{x}{\sqrt{(x^2-a^2)^3}}dx = -\frac{1}{\sqrt{x^2-a^2}}+C$

95. $\int \frac{x^2}{\sqrt{x^2-a^2}}dx = \frac{x}{2}\sqrt{x^2-a^2}+\frac{a^2}{2}\ln\left|x+\sqrt{x^2-a^2}\right|+C$

96. $\int \frac{x^2}{\sqrt{(x^2-a^2)^3}}dx = -\frac{x}{\sqrt{x^2-a^2}}+\ln\left|x+\sqrt{x^2-a^2}\right|+C$

97. $\int \frac{1}{x\sqrt{x^2-a^2}}dx = \frac{1}{a}\arccos\frac{a}{|x|}+C$

98. $\int \frac{1}{x^2\sqrt{x^2-a^2}}dx = \frac{\sqrt{x^2-a^2}}{a^2 x}+C$

99. $\int \sqrt{x^2-a^2}dx = \frac{x}{2}\sqrt{x^2-a^2}-\frac{a^2}{2}\ln\left|x+\sqrt{x^2-a^2}\right|+C$

100. $\int \sqrt{(x^2-a^2)^3}dx = \frac{x}{8}(2x^2-5a^2)\sqrt{x^2-a^2}+\frac{3a^4}{8}\ln\left|x+\sqrt{x^2-a^2}\right|+C$

101. $\int x\sqrt{x^2-a^2}dx = \frac{1}{3}(x^2-a^2)^{\frac{3}{2}}+C$

102. $\int x^2\sqrt{x^2-a^2}dx = \frac{x}{8}(2x^2-a^2)\sqrt{x^2-a^2}-\frac{a^4}{8}\ln\left|x+\sqrt{x^2-a^2}\right|+C$

103. $\int \frac{\sqrt{x^2-a^2}}{x}dx = \sqrt{x^2-a^2}-a\arccos\frac{a}{|x|}+C$

104. $\int \frac{\sqrt{x^2-a^2}}{x^2}dx = -\frac{\sqrt{x^2-a^2}}{x} + \ln\left|x+\sqrt{x^2-a^2}\right| + C$

八、含有 $\sqrt{a^2-x^2}(a>0)$ 的函数

105. $\int \frac{1}{\sqrt{a^2-x^2}}dx = \arcsin\frac{x}{a} + C$

106. $\int \frac{1}{\sqrt{(a^2-x^2)^3}}dx = \frac{x}{a^2\sqrt{a^2-x^2}} + C$

107. $\int \frac{x}{\sqrt{a^2-x^2}}dx = -\sqrt{a^2-x^2} + C$

108. $\int \frac{x}{\sqrt{(a^2-x^2)^3}}dx = \frac{1}{\sqrt{a^2-x^2}} + C$

109. $\int \frac{x^2}{\sqrt{a^2-x^2}}dx = -\frac{x}{2}\sqrt{a^2-x^2} + \frac{a^2}{2}\arcsin\frac{x}{a} + C$

110. $\int \frac{1}{x\sqrt{a^2-x^2}}dx = \frac{1}{a}\ln\frac{a-\sqrt{a^2-x^2}}{|x|} + C$

111. $\int \frac{x^2}{\sqrt{(a^2-x^2)^3}}dx = \frac{x}{\sqrt{a^2-x^2}} - \arcsin\frac{x}{a} + C$

112. $\int \frac{1}{x^2\sqrt{a^2-x^2}}dx = -\frac{\sqrt{a^2-x^2}}{a^2x} + C$

113. $\int \sqrt{a^2-x^2}dx = \frac{x}{2}\sqrt{a^2-x^2} + \frac{a^2}{2}\arcsin\frac{x}{a} + C$

114. $\int \sqrt{(a^2-x^2)^3}dx = -\frac{x}{8}(2x^2-5a^2)\sqrt{a^2-x^2} + \frac{3a^4}{8}\arcsin\frac{x}{a} + C$

115. $\int x\sqrt{a^2-x^2}dx = -\frac{1}{3}(a^2-x^2)^{\frac{3}{2}} + C$

116. $\int x^2\sqrt{a^2-x^2}dx = \frac{x}{8}(2x^2-a^2)\sqrt{a^2-x^2} + \frac{a^4}{8}\arcsin\frac{x}{a} + C$

117. $\int \frac{\sqrt{a^2-x^2}}{x}dx = \sqrt{a^2-x^2} + a\ln\frac{a-\sqrt{a^2-x^2}}{|x|} + C$

118. $\int \frac{\sqrt{a^2-x^2}}{x^2}dx = -\frac{\sqrt{a^2-x^2}}{x} - \arcsin\frac{x}{a} + C$

九、含有 $\sqrt{\pm ax^2+bx+c}(a>0)$ 的函数

119. $\int \frac{1}{\sqrt{ax^2+bx+c}}dx = \frac{1}{\sqrt{a}}\ln\left|2ax+b+2\sqrt{a}\sqrt{ax^2+bx+c}\right| + C$

120. $\int \sqrt{ax^2+bx+c}\,dx$

$$= \frac{2ax+b}{4a}\sqrt{ax^2+bx+c} + \frac{4ac-b^2}{8\sqrt{a^3}}\ln\left|2ax+b+2\sqrt{a}\sqrt{ax^2+bx+c}\right| + C$$

121. $\int \frac{x}{\sqrt{ax^2+bx+c}}dx$

$$=\frac{1}{a}\sqrt{ax^2+bx+c}-\frac{b}{2\sqrt{a^3}}\ln\left|2ax+b+2\sqrt{a}\sqrt{ax^2+bx+c}\right|+C$$

122. $\int\frac{1}{\sqrt{-ax^2+bx+c}}\mathrm{d}x=\frac{1}{\sqrt{a}}\arcsin\frac{2ax-b}{\sqrt{b^2+4ac}}+C$

123. $\int\sqrt{-ax^2+bx+c}\,\mathrm{d}x$

$$=\frac{2ax-b}{4a}\sqrt{-ax^2+bx+c}+\frac{4ac+b^2}{8\sqrt{a^3}}\arcsin\frac{2ax-b}{\sqrt{b^2+4ac}}+C$$

124. $\int\frac{x}{\sqrt{-ax^2+bx+c}}\mathrm{d}x=-\frac{1}{a}\sqrt{-ax^2+bx+c}+\frac{b}{2\sqrt{a^3}}\arcsin\frac{2ax-b}{\sqrt{b^2+4ac}}+C$

附录B　几个常见的定积分

1. $\int_{-\pi}^{\pi} \sin mx \cos nx \, dx = 0$

2. $\int_{-\pi}^{\pi} \sin mx \sin nx \, dx = \begin{cases} \pi, & m = n \neq 0 \\ 0, & m \neq n \end{cases}$

3. $\int_{-\pi}^{\pi} \cos mx \cos nx \, dx = \begin{cases} \pi, & m = n \\ 0, & m \neq n \end{cases}$

4. $\int_{0}^{\pi} \sin mx \sin nx \, dx = \begin{cases} \frac{\pi}{2}, & m = n \neq 0 \\ 0, & m \neq n \end{cases}$

5. $\int_{0}^{\pi} \cos mx \cos nx \, dx = \begin{cases} \frac{\pi}{2}, m = n \\ 0, m \neq n \end{cases}$

6. $\int_{0}^{\frac{\pi}{2}} \cos^n x \, dx = \int_{0}^{\frac{\pi}{2}} \sin^n x \, dx = \begin{cases} \frac{(2k)!}{2^{2k} k!} \frac{\pi}{2}, & n = 2k, k \in \mathbf{N} \\ \frac{2^{2k} k!}{(2k+1)!}, & n = 2k+1, k \in \mathbf{N} \end{cases}$

7. $\int_{0}^{\infty} x^{n-1} e^{-x} \, dx = \Gamma(n) = (n-1)!, n \in \mathbf{N}$

8. $\int_{0}^{\infty} e^{-ax^2} \, dx = \frac{1}{2} \sqrt{\frac{\pi}{a}}, a > 0$

附录C 常用函数的拉氏变换表

（以下 n 为自然数，$L[f(t)] = \int_0^{+\infty} f(t)\mathrm{e}^{-pt}\mathrm{d}t, \Gamma(n) = n!$）

序号	$f(t) = L^{-1}[F(p)]$	$F(p) = L[f(t)]$
1	$\delta(t)$	1
2	1	$\frac{1}{p}$
3	t^n	$\frac{n!}{p^{n+1}}$
4	e^{at}	$\frac{1}{p-a}$
5	$t^n\mathrm{e}^{at}$	$\frac{n!}{(p-a)^{n+1}}$
6	$\sin at$	$\frac{a}{p^2+a^2}$
7	$\cos at$	$\frac{p}{p^2+a^2}$
8	$\sin(at+b)$	$\frac{p\sin b + a\cos b}{p^2+a^2}$
9	$\cos(at+b)$	$\frac{p\cos b - a\sin b}{p^2+a^2}$
10	$\sin^2 t$	$\frac{1}{2}\left(\frac{1}{p}-\frac{p}{p^2+4^2}\right)$
11	$\cos^2 t$	$\frac{1}{2}\left(\frac{1}{p}+\frac{p}{p^2+4^2}\right)$
12	$\sin at\cos bt$	$\frac{2abp}{[p^2+(a+b)^2][p^2+(a-b)^2]}$
13	$t\sin at$	$\frac{2ap}{(p^2+a^2)^2}$
14	$t\cos at$	$\frac{p^2-a^2}{(p^2+a^2)^2}$
15	$\mathrm{e}^{at}\sin bt$	$\frac{b}{(p-a)^2+b^2}$

续表

序号	$f(t)=L^{-1}[F(p)]$	$F(p)=L[f(t)]$
16	$e^{at}\cos bt$	$\frac{p-a}{(p-a)^2+b^2}$
17	$e^{at}\sin(bt+c)$	$\frac{(p-a)\sin c+b\cos c}{(p-a)^2+b^2}$
18	$t^n\cos at(n>-1)$	$\frac{\Gamma(n+1)}{2(p^2+a^2)^{n+1}}[(p+ia)^{n+1}+(p-ia)^{n+1}]$
19	$\sqrt{t}$	$\frac{\sqrt{\pi}}{2p\sqrt{p}}$
20	$\frac{1}{\sqrt{t}}$	$\sqrt{\frac{\pi}{p}}$
21	$\frac{1}{\sqrt{t}}e^{at}(1+2at)$	$\frac{\sqrt{\pi}p}{(p-a)\sqrt{p-a}}$
22	$\frac{1}{\sqrt{t^3}}(e^{bt}-e^{at})$	$\sqrt{2\pi}(\sqrt{p-a}-\sqrt{p-b})$
23	$\frac{1}{\sqrt{t}}(e^{2\sqrt{at}}+e^{-2\sqrt{at}})$	$\frac{2\sqrt{\pi}}{\sqrt{p}}e^{\frac{a}{p}}$
24	$\frac{1}{\sqrt{t}}\cos 2\sqrt{at}$	$\frac{\sqrt{\pi}}{\sqrt{p}}e^{-\frac{a}{p}}$
25	$\frac{1}{\sqrt{t}}\sin 2\sqrt{at}$	$\frac{\sqrt{\pi}}{p\sqrt{p}}e^{-\frac{a}{p}}$
26	$\frac{1}{\sqrt{t}}(e^{2\sqrt{at}}-e^{-2\sqrt{at}})$	$\frac{2\sqrt{\pi}}{p\sqrt{p}}e^{\frac{a}{p}}$
27	$\frac{1}{t}(e^{bt}-e^{at})$	$\ln\frac{p-a}{p-b}$
28	$\frac{2}{t}(1-\cos at)$	$\ln\frac{p^2+a^2}{p^2}$
29	$\frac{1}{t}(2-e^{at}-e^{-at})$	$\ln\frac{p^2-a^2}{p^2}$
30	$\frac{1}{t}\sin at$	$\arctan\frac{a}{p}$

附录D 常用函数的拉氏逆变换表

（以下 n 为自然数，$L[f(t)]=\int_0^{+\infty} f(t)e^{-pt}dt$）

附表 D. 1

序号	$F(p)=L[f(t)]$	$f(t)=L^{-1}[F(p)]$
1	1	$\delta(t)$
2	$\frac{1}{p}$	1
3	$\frac{1}{p^n}$	$\frac{1}{(n-1)!}t^{n-1}$
4	$\frac{1}{p+a}$	e^{-at}
5	$\frac{1}{(p+a)^n}$	$\frac{1}{(n-1)!}t^{n-1}e^{-at}$
6	$\frac{p}{(p+a)^n}$	$\frac{n-1-at}{(n-1)!}t^{n-2}e^{-at}$
7	$\frac{1}{p(p+a)}$	$\frac{1}{a}(1-e^{-at})$
8	$\frac{1}{p^2(p+a)}$	$\frac{1}{a^2}(at-1+e^{-at})$
9	$\frac{1}{p^n(p+a)}$	$(-1)^n\frac{e^{-at}}{a^n}+\sum_{k=0}^{n-1}(-1)^{n-k-1}\frac{t^k}{a^{n-k}k!}$
10	$\frac{1}{(p+a)(p+b)}$	$\frac{1}{b-a}(e^{-at}-e^{-bt})$
11	$\frac{1}{(p+a)(p+b)^2}$	$\frac{1}{(a-b)^2}[e^{-at}-e^{-bt}+(a-b)te^{-bt}]$
12	$\frac{1}{(p+a)(p+b)^n}$	$\frac{e^{-at}}{(b-a)^n}-\sum_{k=1}^{n}\frac{t^{n-k}e^{-bt}}{(b-a)^k(n-k)!}$
13	$\frac{p}{(p+a)(p+b)}$	$\frac{1}{a-b}(ae^{-at}-be^{-bt})$
14	$\frac{p}{(p+a)(p+b)^n}$	$\frac{t^{n-1}e^{-bt}}{(n-1)!}-\frac{ae^{-at}}{b-a}+a\sum_{k=1}^{n}\frac{t^{n-k}e^{-bt}}{(b-a)^k(n-k)!}$

续表

序号	$F(p)=L[f(t)]$	$f(t)=L^{-1}[F(p)]$
15	$\dfrac{1}{p(p+a)(p+b)}$	$\dfrac{1}{ab}+\dfrac{1}{b-a}\left(\dfrac{1}{b}\mathrm{e}^{-bt}-\dfrac{1}{a}\mathrm{e}^{-at}\right)$
16	$\dfrac{1}{(p+a)(p+b)(p+c)}$	$\dfrac{\mathrm{e}^{-at}}{(b-a)(c-a)}+\dfrac{\mathrm{e}^{-bt}}{(c-b)(a-b)}+\dfrac{\mathrm{e}^{-ct}}{(a-c)(b-c)}$
17	$\dfrac{p}{(p+a)(p+b)(p+c)}$	$\dfrac{a\mathrm{e}^{-at}}{(a-b)(c-a)}+\dfrac{b\mathrm{e}^{-bt}}{(b-c)(a-b)}+\dfrac{c\mathrm{e}^{-ct}}{(c-a)(b-c)}$
18	$\dfrac{1}{p^2+a^2}$	$\dfrac{1}{a}\sin at$
19	$\dfrac{p}{p^2+a^2}$	$\cos at$
20	$\dfrac{1}{(p+a)(p^2+b^2)}$	$\dfrac{b\mathrm{e}^{-at}-b\cos bt+\sin bt}{b(a^2+b^2)}$
21	$\dfrac{1}{p(p^2+a^2)}$	$\dfrac{1}{a^2}(1-\cos at)$
22	$\dfrac{1}{p^2(p^2+a^2)}$	$\dfrac{1}{a^2}(t-a\sin at)$
23	$\dfrac{1}{p^{2n}(p^2+a^2)}$	$\dfrac{(-1)^n}{a^{2n+1}}\left(\sin at+\sum\limits_{k=1}^{n}\dfrac{(-1)^k}{(2k-1)!}a^{2k-1}t^{2k-1}\right)$
24	$\dfrac{1}{p^{2n+1}(p^2+a^2)}$	$\dfrac{(-1)^n}{a^{2n+2}}\left(-\cos at+\sum\limits_{k=0}^{n}\dfrac{(-1)^k}{(2k)!}a^{2k}t^{2k}\right)$
25	$\dfrac{1}{(p^2+a^2)(p^2+b^2)}$	$\dfrac{1}{b^2-a^2}\left(\dfrac{1}{a}\sin at-\dfrac{1}{b}\sin bt\right)$
26	$\dfrac{p}{(p^2+a^2)(p^2+b^2)}$	$\dfrac{1}{b^2-a^2}(\cos at-\cos bt)$
27	$\dfrac{1}{(p^2+a^2)^2}$	$\dfrac{1}{2a^3}\sin at-\dfrac{1}{2a^2}t\cos at$
28	$\dfrac{p}{(p^2+a^2)^2}$	$\dfrac{1}{2a}t\sin at$
29	$\dfrac{(p+ia)^n+(p-ia)^n}{(p^2+a^2)^n}$	$\dfrac{2}{(n-1)!}t^{n-1}\cos at$
30	$\dfrac{1}{(p+a)^2+b^2}$	$\dfrac{1}{b}\mathrm{e}^{-at}\sin bt$
31	$\dfrac{1}{[(p+a)^2+b^2]^2}$	$\dfrac{\sin bt-t\cos bt}{2b^2}\mathrm{e}^{-at}$

续表

序号	$F(p)=L[f(t)]$	$f(t)=L^{-1}[F(p)]$
32	$\dfrac{1}{[(p+a)^2+b^2]^3}$	$\dfrac{3(\sin bt-t\cos bt-t^2\sin bt)}{8b^2}e^{-at}$
33	$\dfrac{1}{[(p+a)^2+b^2]^4}$	$\dfrac{e^{-at}}{8b^6}[(b^3t^3\cos bt-b^2t^2\sin bt)+3(1-b^2)t\cos bt+3(b^2-1)\sin bt)]$
34	$\dfrac{1}{p[(p+a)^2+b^2]}$	$\dfrac{1-e^{-at}(\cos bt+a\sin bt)}{a^2+b^2}$
35	$\dfrac{1}{p^2[(p+a)^2+b^2]}$	$\dfrac{e^{-at}}{b(a^2+b^2)^2}[b(a^2+b^2)t-2ab+2ab\cos bt+(a^2-b^2)\sin bt]$
36	$\dfrac{p+a}{(p+a)^2+b^2}$	$e^{-at}\cos bt$
37	$\dfrac{p+a}{[(p+a)^2+b^2]^2}$	$\dfrac{1}{2b}e^{-at}t\sin bt$
38	$\dfrac{p+a}{[(p+a)^2+b^2]^3}$	$\dfrac{3}{8b}e^{-at}(\sin bt-t\cos bt-t^2\sin bt)$
39	$\dfrac{p+a}{[(p+a)^2+b^2]^4}$	$\dfrac{3}{8b^6}e^{-at}(b^3t^3\cos bt-b^2t^2\sin bt+3(1-b^2)t\cos bt+3(b^2-1)\sin bt)$
40	$\dfrac{1}{p^4+4a^4}$	$\dfrac{1}{2a^3}[\sin at(e^{at}+e^{-at})-\cos at(e^{at}-e^{-at})]$
41	$\dfrac{p}{p^4+4a^4}$	$\dfrac{1}{4a^2}(e^{at}-e^{-at})\sin at$
42	$\sqrt{p-a}-\sqrt{p-b}$	$\dfrac{1}{2\sqrt{\pi t^3}}(e^{bt}-e^{at})$
43	$\dfrac{1}{\sqrt{p}}$	$\dfrac{1}{\sqrt{\pi t}}$
44	$\dfrac{1}{p\sqrt{p}}$	$2\sqrt{\dfrac{t}{\pi}}$
45	$\dfrac{p}{(p-a)\sqrt{p-a}}$	$\dfrac{1}{\sqrt{\pi t}}e^{at}(1+2at)$
46	$\dfrac{1}{\sqrt{p}}e^{\frac{a}{p}}$	$\dfrac{1}{2\sqrt{\pi t}}(e^{2\sqrt{at}}+e^{-2\sqrt{at}})$
47	$\dfrac{1}{\sqrt{p}}e^{-\frac{a}{p}}$	$\dfrac{1}{\sqrt{\pi t}}\cos 2\sqrt{at}$
48	$\dfrac{1}{p\sqrt{p}}e^{\frac{a}{p}}$	$\dfrac{1}{2\sqrt{\pi t}}(e^{2\sqrt{at}}-e^{-2\sqrt{at}})$
49	$\dfrac{1}{p\sqrt{p}}e^{-\frac{a}{p}}$	$\dfrac{1}{\sqrt{\pi t}}\sin 2\sqrt{at}$
50	$\ln\dfrac{p-a}{p-b}$	$\dfrac{1}{t}(e^{bt}-e^{at})$
51	$\ln\dfrac{p^2+a^2}{p^2}$	$\dfrac{2}{t}(1-\cos at)$
52	$\ln\dfrac{p^2-a^2}{p^2}$	$\dfrac{1}{t}(2-e^{at}-e^{-at})$
53	$\arctan\dfrac{a}{p}$	$\dfrac{1}{t}\sin at$

附录E　部分习题参考答案

习　题　2-1

1. 1,0,不存在.

2. (1) 存在,1； (2) 不存在;(3) 存在,2;(4) 存在,0； (5) 存在,0;(6) 存在,0;(7) 存在,0； (8) 存在,0.

3. 0,不存在,$-\frac{5}{4}$.

习　题　2-2

1. (1) 16；(2) 4；(3) $\frac{2\sqrt{2}-1}{4\sqrt{2}}$；(4) 2；(5) 4；(6) 0；(7) $\frac{1}{2}$；(8) $\frac{4\sqrt{2}-3}{\sqrt{2}-4}$；(9) 0；(10) $\frac{3\sqrt{2}-2}{7}$.

2. 10,5,4.

3. 9,6,2.

习　题　2-3

1. (1) 无穷小量;(2) 无穷大量;(3) 非无穷小(大) 量;(4) 无穷小量;(5) 无穷小量;(6) 非无穷小(大) 量.

2. (1) 无穷大量($x\to+\infty$ 或 $x\to 0^+$),无穷小量($x\to 1$)；

(2) 无穷小量($x\to+\infty$),无穷大量($x\to 0$)；

(3) 无穷小量($x\to-3$),无穷大量($x\to 2$)；

(4) 无穷小量($x\to 0^-$),无穷大量($x\to 0^+$).

3. (1) 0； (2) 0； (3) 0； (4) 不存在.

习　题　3-1

1. (1) $10^x\ln 10$； (2) $\frac{1}{x\ln 4}$； (3) $-\frac{2}{x^3}$ ； (4) $\frac{7}{6}\sqrt[6]{x}$.

2. (1) $\frac{1}{4}x^4$； (2) $\ln x$； (3) $\frac{3^x}{\ln 3}$； (4) $-\cos x$.

3. (1) $y=x+1$； (2) $y=x-1$； (3) $y-\frac{1}{2}=\frac{\sqrt{3}}{2}\left(x-\frac{\pi}{6}\right)$；

(4) $y-1=2\left(x-\frac{\pi}{4}\right)$.

4. $(\pm 2,\pm 8)$.

5. $R(100)=19900,\overline{R}(100)=199,R'(100)=198$.

习　题　3-2

1. (1) $12x^3-2$；(2) $3e^x+\frac{3}{x}$；(3) $2x-6$；(4) $\frac{2}{\sqrt{x}}+\frac{1}{x^2}$；

(5) $\frac{3}{2}\sqrt{x}-\frac{1}{x\sqrt{x}}$；(6) $6x\ln x+3x++\frac{2}{x}$；(7) $(1+2x)\cos x-x^2\sin x$；

(8) $\tan x+\frac{x}{\cos^2 x}-\frac{1}{\sin^2 x}$；(9) $\frac{x\cos x-\sin x}{x^2}$；

(10) $\frac{(x-1)\cos x-(x+1)\sin x}{x^2}$；(11) $\frac{-\ln x}{x^2}$；(12) $\frac{2^x\ln 4}{(2^x+1)^2}$；

(13) $x(3x+5)e^x$；(14) $(1+\ln x)\sin x+x\cos x\ln x$.

2. (1) $36(3x+2)^{11}$；(2) $\frac{6}{2x-5}$；(3) $-2xe^{-x^2}$；(4) $\frac{2\arcsin x}{\sqrt{1-x^2}}$；

(5) $\frac{1}{\sqrt{1-e^{-2x}}}e^{-x}$；(6) $\frac{6x}{3x^2+2}$；

(7) $\sqrt{2}(\sin x+\cos x)^{\sqrt{2}-1}(\cos x-\sin x)$；(8) $\frac{-2}{(2x+1)^2}\left(1+\tan^2\frac{1}{2x+1}\right)$；

(9) $\frac{-2x}{3\sqrt[3]{(1-x^2)^2}}$；(10) $-\frac{3}{2}x^2(x^3+1)^{-\frac{3}{2}}$；(11) $\frac{1}{\sqrt{1+x^2}}$；

(12) $3\cos x\sin^2 x$；(13) $-\frac{1}{\sqrt{4-x^2}}$；(14) $\frac{3}{1+(3x+1)^2}$.

3. (1) 1，−4；(2) $-\frac{4}{7}$，0；(3) $-\frac{1}{\sqrt{e^2-1}}$；(4) 2.

4. (1) $110(1+x)^9$；(2) $-\frac{4}{(2x+1)^2}$；(3) $-4\sin 2x$；(4) $2\tan x(1+\tan^2 x)$.

5. $v=e^t-\sin t, a=e^t-\cos t$.

6. $\frac{3}{2},\frac{3}{2}\sqrt{2},\frac{3}{2}\sqrt{3},3$.

7. $400\pi\times 10^{-12}$.

习　题　3-3

(1) $6x^2dx$；(2) $\frac{-x}{\sqrt{1-x^2}}dx$；(3) $2\cos 2x dx$；(4) $\frac{1}{2}\left(1+\tan^2\frac{x}{2}\right)dx$；

(5) $(1+x)e^x dx$；(6) $2(\cot 2x+\tan 2x)dx$；(7) $-\ln 2\cdot(1+\cot^2 x)2^{\cot x}dx$；

(8) $\frac{2x}{\sqrt{1-x^4}}dx$；(9) $\cos x dx$；(10) $\frac{x+y}{x-y}dx$.

习　题　3-4

1. (1) $\frac{4}{7}x^{\frac{7}{2}}+C$；(2) $\frac{3}{2}x^2-4\ln|x|+C$；

(3) $-5\cos x+\sin x+C$；(4) $-\cot x-x+C$；

(5) $\frac{2}{5}x^{\frac{5}{2}}-\frac{1}{2}x^2+C$；(6) e^x-x+C；

(7) $\frac{1}{2}x+\frac{1}{2}\sin x+C$； (8) $e^{x-3}+C$.

2. (1) $\frac{1}{3}\sin(3x-4)+C$； (2) $\frac{1}{2}e^{2x-3}+C$；

(3) $-\frac{2}{5}\sqrt{2-5x}+C$； (4) $\frac{1}{22}(100+2x)^{11}+C$；

(5) $\ln|1+x^3|+C$； (6) $-\frac{1}{2}e^{-x^2}+C$；

(7) $\frac{1}{3}\ln|\ln x|+C$； (8) $\frac{1}{\ln 4}4^{\ln x}+C$；

(9) $\frac{1}{10}(x^3+1)^{20}+C$； (10) $e^{\arcsin x}+C$；

(11) $-2\cos x+2\ln|1+\cos x|+C$； (12) $\frac{1}{\sqrt{3}}\arctan\frac{x+3}{\sqrt{3}}+C$；

(13) $\frac{1}{2}\ln(3+x^2)-\frac{1}{\sqrt{3}}\arctan\frac{x}{\sqrt{3}}+C$； (14) $\frac{1}{2}(\arctan x)^2+C$；

(15) $\ln|\sin x+\cos x|+C$； (16) $\arctan e^x+C$；

(17) $\ln(e^x-1)+C$； (18) $\arcsin e^x+C$；

(19) $\frac{3}{2}(\sqrt[3]{x^2}+2\sqrt[3]{x}+2\ln|\sqrt[3]{x}-1|)+C$； (20) $\ln\left|\cos\frac{1}{x}\right|+C$.

习 题 3-5

1. (1) $>$； (2) $>$； (3) $>$； (4) $<$.

2. (1) $\frac{17}{6}$； (2) 2； (3) $2\sqrt{2}-2$； (4) $-\frac{15}{4}$； (5) $\frac{1}{3}+\frac{1}{\ln 2}$； (6) $2(e-1)$；

(7) $\frac{1}{2}\ln 5$；(8) $\frac{\pi}{2}$；(9) $\frac{5}{2}$；(10) $\frac{4}{3}$.

习 题 3-6

(1) $\frac{1}{3}$. (2) 发散. (3) $\frac{\pi}{2}$.

(4) $\frac{8}{3}$. (5) $\frac{\pi^2}{8}$. (6) 发散.

习 题 3-7

1. (1) 在$[0,2]$上连续；(2) $x=-1$为间断点.

2. (1) $x=2$为间断点，为第二类间断点；

(2) $x=0$为可去间断点，为第一类间断点. 补充定义$x=0$的函数值为$y=-1$时，函数y在$(-\infty,+\infty)$内连续；

(3) $x=0$为间断点，为第二类间断点.

3. $a=0$.

4. (1) $\frac{-1}{4-2\sqrt{2}}$； (2) $\ln\frac{\pi}{6}$； (3) e^{-2}； (4) $\frac{1}{4}$.

习 题 3-8

2. (1) $\Phi'(1)=\cos^2 1$, $\Phi'\left(\frac{\pi}{2}\right)=0$, $\Phi'(\pi)=\pi$； (2) $\Phi'(x)=xe^{-x^2}$；

(3) $\Phi'(x)=-\sqrt[3]{x}\ln(1+x^2)$； (4) $\Phi'(x)=\frac{1}{\sqrt{2\pi}}e^{-\frac{x^2}{2}}$.

习 题 4-1

3. (1) $\frac{1}{2}$；(2) 0；(3) $\frac{10}{3}$；(4) 0；(5) 2；(6) $\ln\frac{3}{2}$；(7) ∞；(8) 2；

(9) 0；(10) $\frac{1}{2}$；(11) $\frac{1}{2}$；(12) $-\frac{1}{3}$；(13) -1；(14) 0；(15) e；(16) 2；

(17) 1；(18) $\frac{1}{2}$.

习 题 4-2

5. (1) $(-\infty,3)$ 为单调下降区间；$(3,+\infty)$ 为单调上升区间；
(2) $(-1,0)$ 为单调下降区间；$(0,+\infty)$ 为单调上升区间；
(3) $(-\infty,0)$ 为单调上升区间；$(0,+\infty)$ 为单调下降区间；
(4) $(-\infty,-\sqrt{2})$ 和 $(\sqrt{2},+\infty)$ 为单调上升区间；$(-\sqrt{2},\sqrt{2})$ 为单调下降区间.

6. (1) $(-\infty,2)$、$(4,+\infty)$ 为凹区间，$(2,4)$ 为凸区间；
(2) $(-\infty,+\infty)$ 为凹区间；
(3) $(-\infty,-1)$、$(1,+\infty)$ 为凸区间；$(-1,1)$ 为凹区间；
(4) $\left(-\infty,-\frac{\sqrt{2}}{2}\right)$、$\left(-\frac{\sqrt{2}}{2},+\infty\right)$为凹区间；$\left(-\frac{\sqrt{2}}{2},\frac{\sqrt{2}}{2}\right)$为凸区间.

习 题 4-3

1. (1) $y_{\max}=f(2.5)=3/8$，$y_{\min}=f(0)=-4$；

(2) $y_{\max}=f\left(\frac{1}{2}\right)=\frac{1}{4}$，　$y_{\min}=f(0)=f(1)=0$；

(3) $y_{\max}=f(4)=\frac{3}{5}$，$y_{\min}=f(0)-1$；

(4) $y_{\max}=f(1)=0$，$y_{\min}=f\left(\frac{1}{4}\right)=-\ln 2$；

(5) $y_{\max}=f(-4)=16e^{x}$，$y_{\min}=f(0)=-0$；

(6) $y_{\max}=f(1)=\frac{1}{2}$，$y_{\min}=f(-1)=-\frac{1}{2}$.

2. $r=5$.　　**3.** 长 5m，宽 10m.

4. $\theta=\frac{\pi}{3}$.　　**5.** $x=\frac{30}{4+\pi}$.

6. $r=\sqrt[3]{\frac{v}{2\pi}}$.　　**7.** 离 B 点$\frac{250}{3}$m，费用约为 5400 元.

8. $p=15$.　　**9.** $x=\sqrt[3]{9}\approx 2.08$.

10. 每隔17天运送外来木材 $5\times 17=85$ 单位材料.

习　题　4-4

1. 1112.5, 89/72, 2.25.　　**2.** $60-0.2x, 30, -20$.

3. 1.74.　　**4.** 89.　　**5.** 11.

6. (1) $\varepsilon_p=\dfrac{20}{p-20}$；(2) 高弹性；(3) 降价.

7. (1) $\varepsilon_p=-\dfrac{p}{2(1500-p)}$；(2) (1000,1500).

8. $\varepsilon_p=-\dfrac{375}{325}$

9. (1) $\dfrac{16}{9}<p<4$ 时为高弹性, $0<p<\dfrac{16}{9}$ 时为低弹性；

(2) $\sqrt{\dfrac{a}{3}}<p<\sqrt{a}$ 时为高弹性, $0<p<\sqrt{\dfrac{a}{3}}$ 时为低弹性.

10. $|\varepsilon_p|=13.18>1$ 为高弹性；需求量将减少13.18%.

习　题　5-1

1. (a) $\dfrac{1}{6}$；(b) 1；(c) $\dfrac{32}{3}$；(d) $\dfrac{9\pi^2}{8}+1$.

2. (1) $\dfrac{2}{3}(2-\sqrt{2})$；(2) 1；(3) $2\pi^2$；(4) $\dfrac{3}{2}-\ln 2$.

3. πab.

习　题　5-2

1. (1) $\dfrac{31\pi}{5}$；(2) $\dfrac{\pi}{6}$；(3) 8π；(4) $\dfrac{4}{3}\pi ab^2$；(5) $\dfrac{8\pi}{5}$.

2. $\dfrac{16\pi}{5}, 2\pi$.　　**3.** $\dfrac{112\pi}{3}$.

4. $\dfrac{4\sqrt{3}}{3}R^3$.　　**5.** $\dfrac{4000}{3}$.

习　题　5-3

1. $18k$, (k 为比例常数).　　**2.** 0.5.

3. 30g.　　**4.** $\dfrac{k}{2L}(a-L)^2$.

5. $150\rho g$.　　**6.** $\dfrac{1}{2}\pi g r^2 h^2$.

7. $108\pi\rho g$.　　**8*.** $\dfrac{4}{3}g\pi R^4$.

习　题　5-4

1. $21\rho g$.　　**2.** $0.000168\rho g$.

3. 1.73×10^4.　　**4.** $\dfrac{3625}{3}\rho g$.

5. $94.27\rho g$.　　**6.** $\dfrac{\sqrt{2}\rho Gm}{a\sqrt{a^2+L^2}}\sqrt{L^2-aL+a^2}$.

7. (1) $F_x=0, F_y=\dfrac{2kQ(\sqrt{a^2+R^2}-a)}{R(a^2+R^2)}$;

(2) $\dfrac{2kQ}{R^2}(b-a+\sqrt{a^2+R^2}-\sqrt{b^2+R^2})$.

习　题　5-5

1. (1) $C(x)=1+3x+\dfrac{1}{6}x^2, R(x)=7x-\dfrac{1}{2}x^2, L(x)=-1+4x-\dfrac{2}{3}x^2$.

(2) 16 万元；16 万元. (3) 300 台；5 万元.

2. 318 元.　　**3.** 19900 元.　　**4.** 50,100.　　**5.** 8000 元.

习　题　5-6

1. $\dfrac{1}{6}\omega^2Mb^2, \dfrac{1}{3}Mb^2$.　　**2.** $\dfrac{1}{108}\omega^2l^2M, \dfrac{1}{54}l^2M$.

3. $\left(\dfrac{3}{5}a, \dfrac{3}{8}b\right), \left(\dfrac{3}{10}a, \dfrac{3}{4}b\right)$.　**4.** 在对称轴上且距圆心$\dfrac{64}{45\pi}$.

5. (1) $8\pi\sigma, 10\pi\sigma$; (2) $4\pi\sigma\omega^2, 5\pi\sigma\omega^2$.

6. $2\pi\rho ab\omega^2(a^2+b^2), 4\pi\rho ab\omega^2(a^2+b^2)$.

习　题　6-1

1. (1) $x\neq y$; (2) $x>0, y>0, z>0$; (3) $xy>0$; (4) $\dfrac{x^2}{a^2}+\dfrac{y^2}{b^2}\leqslant1$;

(5) $r^2+x^2+y^2+z^2\leqslant R^2$.

2. (1) $z=0$; (2) $xy\geqslant0$.

3. (1) $(0,0)$; (2) $y^2=2x$.

习　题　6-2

1. (1) $\dfrac{\partial z}{\partial x}=2x\ln(x^2+y^2)+\dfrac{2x^3}{x^2+y^2}, \dfrac{\partial z}{\partial y}=\dfrac{2x^2y}{x^2+y^2}$; (2) $\dfrac{\partial z}{\partial x}=ye^{xy}, \dfrac{\partial z}{\partial y}=xe^{xy}$;

(3) $\dfrac{\partial z}{\partial x}=y+\dfrac{1}{y}, \dfrac{\partial z}{\partial y}=x-\dfrac{x}{y^2}$; (4) $\dfrac{\partial z}{\partial x}=\dfrac{y(y^2-x^2)}{(x^2+y^2)^2}, \dfrac{\partial z}{\partial y}=\dfrac{x(x^2-y^2)}{(x^2+y^2)^2}$;

(5) $\dfrac{\partial z}{\partial x}=3x^2\cos^2y\sin y-y^3\sin x(2\cos2x-\sin^2x)$,

$\dfrac{\partial z}{\partial y}=x^3\cos y(3\cos^2y-2)-3y^2\cos x\sin^2x$;

(6) $\dfrac{\partial z}{\partial x}=\dfrac{2e^{2(x+y)}+y\cos x}{e^{2(x+y)}+y\sin x}, \dfrac{\partial z}{\partial y}=\dfrac{2e^{2(x+y)}+\sin x}{e^{2(x+y)}+y\sin x}$.

2. (1) $\dfrac{\partial^2u}{\partial x^2}=\dfrac{y^2-x^2}{(x^2+y^2)^2}, \dfrac{\partial^2u}{\partial x\partial y}=\dfrac{\partial^2u}{\partial y\partial x}=-\dfrac{2xy}{(x^2+y^2)^2}, \dfrac{\partial^2u}{\partial y^2}=\dfrac{x^2-y^2}{(x^2+y^2)^2}$;

(2) $f''_{xx}=(2-y)\cos(x+y)-x\sin(x+y)$,

$f''_{yy}=-y\cos(x+y)-(x+2)\sin(x+y)$,

$f''_{xy}=f''_{yx}=(1-y)\cos(x+y)-(x+1)\sin(x+y)$;

(3) $\dfrac{\partial^2 z}{\partial x^2}=2a^2\cos2(ax+by)$, $\dfrac{\partial^2 z}{\partial x\partial y}=\dfrac{\partial^2 z}{\partial y\partial x}=2ab\cos2(ax+by)$,

$\dfrac{\partial^2 z}{\partial y^2}=2b^2\cos2(ax+by)$;

(4) $\dfrac{\partial^2 z}{\partial x^2}=\dfrac{2xy}{(x^2+y^2)^2}$, $\dfrac{\partial^2 z}{\partial x\partial y}=\dfrac{\partial^2 z}{\partial y\partial x}=\dfrac{y^2-x^2}{(x^2+y^2)^2}$, $\dfrac{\partial^2 z}{\partial y^2}=-\dfrac{2xy}{(x^2+y^2)^2}$.

3. (1) $\mathrm{d}z=\dfrac{y^2\mathrm{d}x-xy\mathrm{d}y}{(x^2+y^2)^{3/2}}$; (2) $\mathrm{d}z=\mathrm{e}^{\sqrt{x^2+y^2}}\left[\dfrac{y\mathrm{d}x-x\mathrm{d}y}{|y|\sqrt{y^2-x^2}}+\dfrac{x\mathrm{d}x+y\mathrm{d}y}{\sqrt{y^2+x^2}}\arcsin\dfrac{x}{y}\right]$.

习　题　6-3

1. (1) (0,0)，极小值点；(2) 驻点在直线 $y=x+1$ 上，无极值；

(3) 驻点(0,0),(0,2),(2,0),(2,2)，极大值点为(0,0)，极小值点(2,2).

2. (1) 极大值 $f(2,-2)=8$；(2) 极小值 $f(0.5,-1)=-0.5\mathrm{e}$；

(3) 极小值 $f(3,3)=0$.

3. 极大值 $f(0.5,0.5)=0.25$.

4. $x=y=z=a/3$.

5. $M_0(0.75,2,-0.75)$.

6. $\sqrt[3]{2V}$, $\sqrt[3]{2V}$, $0.5\sqrt[3]{2V}$.

习　题　6-4

1. $\iint\limits_D f(x,y)\mathrm{d}\sigma$.

2. $\dfrac{1}{\pi}$，曲线 $y=\dfrac{1}{\pi\sin x}(0\leqslant y\leqslant 1, 0\leqslant x\leqslant\pi)$ 上的点都取得平均值.

习　题　6-5

1. (1) 1/8; (2) 0; (3) $\dfrac{2}{3}\pi a^3$; (4) $\pi(1-\mathrm{e}^{-a^2})$; (5) πa^3;

(6) $2\pi(9\ln3-4)$.

2. (1) 4.5; (2) $\dfrac{3}{2}\pi a^2$; (3) a^2.

3. (1) $\dfrac{16}{3}R^3$; (2) $\left(\dfrac{\pi}{3}-\dfrac{4}{9}\right)a^3$; (3) $\dfrac{1}{3}\pi$; (4) $\pi h^2\left(R-\dfrac{1}{3}h\right)$.

4. $\left(\dfrac{4}{5},\dfrac{9}{20}\right)$.

5. $\left(0,\dfrac{4R}{3\pi}\right)$.

6. 1.

习　题　7-1

1. (1) 2；(2) 2；(3) 1；(4) 5.

2. (1) 是；(2) 是；(3) 是；(4) 是.

3. (1) $y=C\sin x-3$；　(2) $y=\frac{1}{2}e^x+Ce^{-x}$；　(3) $y=C\cos x-2\cos^2 x$；

(4) $y=3x^2+Cx+1$；(5) $y=2x-1+Ce^{-2x}$；(6) $y=x+\sqrt{1-x^2}$；

(7) $y=\sin x+C\cos x$；(8) $y=x^4+Cx^2$；　(9) $y=4(x-1)e^{2x}+5e^x$；

(10) $y=\frac{1}{x^2}(\sin x-x\cos x)$.

4. $y'=2\frac{y}{x}$ 且 $y(1)=2$.

5. $y'=2x+y$ 且 $y(0)=0$.

6. (1) $y'=x^2$；(2) $y'=-\frac{x}{y}$；(3) $y'=\frac{2y}{x}$.

7. $y=\ln|x|+1$.

8. (1) 27m；(2) $\sqrt[3]{300}$s.

9. $x=\frac{52}{15}t^{\frac{5}{2}}+25t+100$.

10. $2\frac{1}{24}$.

11. $Q(p)=1000[1-\frac{\ln 3}{2}p(2-p)]$.

习　题　7-2

(1) $y=\cos x$；(2) $y=4e^x+2e^{3x}$；(3) $y=(2+x)e^{-\frac{1}{2}x}$；

(4) $y=e^{2x}\sin 3x$；(5) $y=e^x\sin x$；(6) $y=e^t+t^2-1$；

(7) $y=\frac{1}{2}(e^{-t}+\sin t-\cos t)$；(8) $y=\frac{1}{2}(1+e^{-2t})-e^{-t}$；

(9) $y=\frac{1}{3}\sin t(1-\cos t)$；(10) $y=(1-x+x^2)e^x-e^{-x}$；

(11) $y=(1+x)e^{-\frac{3x}{2}}+2e^{-\frac{5x}{2}}$；

(12) $y=\frac{24}{13}e^{-\frac{x}{3}}+\frac{1}{13}(2\cos x-3\sin x-13)e^{-x}$；

(13) $y=\left(\frac{3}{2}-\frac{2}{5}\right)e^{\pi-x}+\frac{1}{10}\cos 2x+\frac{1}{5}\sin 2x$；

(14) $y=\left(\frac{1}{3}+\frac{x}{2}\right)e^{-x}+\frac{1}{6}x^3e^{-x}$.

习　题　7-3

1. $m=m_0e^{-\frac{\ln 2}{1600}t}=m_0e^{0.000433t}$（$t$ 以年为单位）.

2. 2095 年

3. $i=\sqrt{2}\sin\left(5t-\frac{\pi}{4}\right)+e^{-5t}$.

4. $i=0.04e^{-5000t}\sin(5000t)(A)$

5. $v=\frac{F}{k}(1-e^{-\frac{k}{m}t})$

6. 13.45 亿.

7. 凌晨 4 点 54 分.

8. $-\frac{\pi}{5}\sqrt{\frac{2}{g}}(h^{\frac{5}{2}}-10^{\frac{5}{2}})=0.9t$;100s.

9. $v=\frac{P}{k}(1-e^{-\frac{k}{m}t})$.

10. $\frac{1}{v}-\frac{1}{v_0}=kt$;654.55m/s.

11. $T=20+80e^{-kt},k=\frac{1}{24}\ln(8/3)$;1.58h.

12. 188,385.

13. 14min.

14. $I=\frac{E}{R}(1-e^{-\frac{R}{L}t})$.

15. (1)$s=\cos2t-\cos3t$;(2)$s=\cos2t-\cos3t+2\sin3t$.

16. $s=\frac{mg}{k^2}(me^{-\frac{k}{m}t}-m+kt)$.

17. $px^k=c$.

18. $\theta=10e^{-\frac{t}{50}}$

19. $\theta=20(3-e^{-\frac{t}{10}})$.

20. $x=\frac{k}{v}\left(\frac{1}{2}ay^2-\frac{1}{3}y^3\right)$,船到达对岸地点 $A\left(\frac{k}{6v}a^3,a\right)$.

习　题　8-1

1. (1)2/3;(2)0.5;(3)∞.

2. (1) 发散;(2) 发散;(3) 发散;(4) 收敛;(5) 发散;(6) 收敛;(7) 收敛;(8) 收敛;(9) 发散.

习　题　8-2

1. (1) 绝对收敛;(2) 条件收敛;(3) 绝对收敛;(4) 绝对收敛;(5) 条件收敛;(6) 条件收敛.

2. (1) $(-\infty,+\infty)$;(2) $(-\infty,+\infty)$;(3) 0;(4) $(-\sqrt{2},\sqrt{2})$;(5) $[-1,1]$;(6) $(-0.5,0.5)$.

习　题　8-3

1. (1) $\frac{1}{3}\pi^2+4\sum_{n=1}^{\infty}\frac{(-1)^n}{n^2}\cos nt,(-\infty,+\infty)$;

(2) $\frac{e^{2\pi}-e^{-2\pi}}{\pi}\left[\frac{1}{4}+\sum_{n=1}^{\infty}\frac{(-1)^n}{n^2+4}(2\cos nt-n\sin nt)\right],t\in(k\pi,k\pi+\pi),k\in Z$;

(3) $\frac{2}{\pi}+\frac{4}{\pi}\sum_{n=1}^{\infty}\frac{(-1)^{n-1}}{4n^2-1}\cos nt,(-\infty,+\infty)$;

(4) $2+\sum_{n=1}^{\infty}\left[\frac{2(-1)^n}{\pi n^2}(\cos nt-n\pi\sin nt)\right],t\in(k\pi,k\pi+\pi),k\in Z$.

2. (1) $0.5-\frac{2}{\pi}\sum_{k=1}^{\infty}\frac{\sin n\pi t}{2k+1},t\in(k,k+1),k\in Z$;

(2) $\frac{4}{\pi}-\frac{8}{\pi}\sum_{k=1}^{\infty}(-1)^k\frac{\cos k\pi t}{4k^2-1}$;

(3) $-0.25+\frac{2}{\pi^2}\sum_{n=1}^{\infty}\frac{\cos(2k+1)\pi t}{(2n+1)^2}-\frac{5}{\pi}\sum_{n=1}^{\infty}(-1)^n\frac{\sin n\pi t}{n},t\in(k,k+1),k\in Z$;

(4) $\frac{5}{6}-\frac{1}{2e}+\sum_{n=1}^{\infty}\left[\frac{e-(-1)^n}{e(1+n^2\pi^2)}+(-1)^n\frac{2}{n^2\pi^2}\right]\cos n\pi t$

$+\sum_{n=1}^{\infty}\left[\frac{n\pi[(-1)^n-e]}{e(1+n^2\pi^2)}+\frac{1-2(-1)^n}{n^2\pi^2}+\frac{2[(-1)^n-1]}{n^3\pi^3}\right]\sin n\pi t,t\in(k,k+1)$,
$k\in Z$.

3. (1) $e-1+2e^{-1}\sum_{n=1}^{\infty}\frac{e-(-1)^n}{1+\pi^2n^2}\cos n\pi t,2\pi\sum_{n=1}^{\infty}\frac{n[1-e(-1)^n]}{1+\pi^2n^2}\sin n\pi t$;

(2) $2-\frac{8}{\pi^2}\sum_{k=1}^{\infty}\frac{\cos n\pi t}{(2k+1)^2\pi^2},\frac{2}{\pi}\sum_{n=1}^{\infty}\frac{1-3(-1)^n}{n}\sin n\pi t$.

附录 F　考试用公式

1. $\int (ax+b)^{\alpha}\mathrm{d}x = \begin{cases} \frac{1}{a}\ln|ax+b| + C & (\alpha = -1) \\ \frac{(ax+b)^{\alpha+1}}{a(\alpha+1)} + C & (\alpha \neq -1) \end{cases}$

2. $\int \frac{1}{x^2+a^2}\mathrm{d}x = \frac{1}{a}\arctan\frac{x}{a} + C$

   $\int \frac{1}{x^2-a^2}\mathrm{d}x = \frac{1}{2a}\ln\left|\frac{x-a}{x+a}\right| + C$

3. $\int \frac{1}{ax^2+bx+c}\mathrm{d}x = \begin{cases} \frac{2}{\sqrt{4ac-b^2}}\arctan\frac{2ax+b}{\sqrt{4ac-b^2}} + C & (b^2-4ac<0) \\ \frac{1}{\sqrt{b^2-4ac}}\ln\left|\frac{2ax+b-\sqrt{b^2-4ac}}{2ax+b+\sqrt{b^2-4ac}}\right| + C & (b^2-4ac>0) \end{cases}$

4. $\int \sin\alpha x\,\mathrm{d}x = -\frac{1}{\alpha}\cos\alpha x + C$

5. $\int \cos\alpha x\,\mathrm{d}x = \frac{1}{\alpha}\sin\alpha x + C$

6. $\int \tan\alpha x\,\mathrm{d}x = -\frac{1}{\alpha}\ln|\cos\alpha x| + C$

7. $\int \sin^2\alpha x\,\mathrm{d}x = \frac{x}{2} - \frac{1}{4\alpha}\sin 2\alpha x + C$

8. $\int \cos^2\alpha x\,\mathrm{d}x = \frac{x}{2} + \frac{1}{4\alpha}\sin 2\alpha x + C$

9. $\int x\sin ax\,\mathrm{d}x = \frac{1}{a^2}\sin ax - \frac{x}{a}\cos ax + C$

10. $\int x\cos ax\,\mathrm{d}x = \frac{1}{a^2}\cos ax + \frac{x}{a}\sin ax + C$

11. $\int x^n e^{ax}\,\mathrm{d}x = \frac{1}{a}x^n e^{ax} - \frac{n}{a}\int x^{n-1}e^{ax}\,\mathrm{d}x + C$

12. $\int \ln^n x\,\mathrm{d}x = x\ln^n x - n\int \ln^{n-1}x\,\mathrm{d}x + C$

13. $\int e^{ax}\sin bx\,\mathrm{d}x = \frac{e^{ax}}{a^2+b^2}(a\sin bx - b\cos bx) + C$

14. $\int e^{ax}\cos bx\,\mathrm{d}x = \frac{e^{ax}}{a^2+b^2}(a\cos bx + b\sin bx) + C$

15. $\int \sqrt{x^2 \pm a^2}\,\mathrm{d}x = \frac{x}{2}\sqrt{x^2 \pm a^2} \pm \frac{a^2}{2}\ln(x + \sqrt{x^2 \pm a^2}) + C$

16. $\int \frac{1}{\sqrt{a^2-x^2}}\mathrm{d}x = \arcsin\frac{x}{a} + C$

17. $\int \sqrt{a^2-x^2}\,\mathrm{d}x = \frac{x}{2}\sqrt{a^2-x^2} + \frac{a^2}{2}\arcsin\frac{x}{a} + C$

18. $\int \arcsin \frac{x}{a} \mathrm{d}x = x\arcsin \frac{x}{a} + \sqrt{a^2 - x^2} + C$

19. $\int x\arcsin \frac{x}{a} \mathrm{d}x = \left(\frac{x^2}{2} - \frac{a^2}{4}\right)\arcsin \frac{x}{a} + \frac{x}{4}\sqrt{a^2 - x^2} + C$

序号	$f(t)$	$F(p) = L[f(t)]$	序号	$F(p)$	$f(t) = L^{-1}[F(p)]$
1	1	$\frac{1}{p}$	1	$\frac{1}{(p+a)^n}$	$\frac{1}{(n-1)!}t^{n-1}\mathrm{e}^{-at}$
2	t^n	$\frac{n!}{p^{n+1}}$	2	$\frac{p}{(p+a)^n}$	$\frac{n-1-at}{(n-1)!}t^{n-2}\mathrm{e}^{-at}$
3	$t^n\mathrm{e}^{at}$	$\frac{n!}{(p-a)^{n+1}}$	3	$\frac{1}{p(p+a)}$	$\frac{1}{a}(1-\mathrm{e}^{-at})$
4	$\sin^2 t$	$\frac{1}{2}\left(\frac{1}{p} - \frac{p}{p^2+4^2}\right)$	4	$\frac{1}{p^2(p+a)}$	$\frac{1}{a^2}(at-1+\mathrm{e}^{-at})$
5	$\cos^2 t$	$\frac{1}{2}\left(\frac{1}{p} + \frac{p}{p^2+4^2}\right)$	5	$\frac{1}{(p+a)(p+b)}$	$\frac{1}{b-a}(\mathrm{e}^{-at}-\mathrm{e}^{-bt})$
6	$t\sin at$	$\frac{2ap}{(p^2+a^2)^2}$	6	$\frac{p}{(p+a)(p+b)}$	$\frac{1}{a-b}(a\mathrm{e}^{-at}-b\mathrm{e}^{-bt})$
7	$t\cos at$	$\frac{p^2-a^2}{(p^2+a^2)^2}$	7	$\frac{1}{(p+a)^2+b^2}$	$\frac{1}{b}\mathrm{e}^{-at}\sin bt$
8	$\mathrm{e}^{at}\sin(bt+c)$	$\frac{(p-a)\sin c+b\cos c}{(p-a)^2+b^2}$	8	$\frac{p+a}{(p+a)^2+b^2}$	$\mathrm{e}^{-at}\cos bt$
9	$\mathrm{e}^{at}\cos(bt+c)$	$\frac{(p-a)\cos c-b\sin c}{(p-a)^2+b^2}$	9	$\frac{1}{(p+a)(p^2+b^2)}$	$\frac{b\mathrm{e}^{-at}-b\cos bt+\sin bt}{b(a^2+b^2)}$
			10	$\frac{1}{p^2(p^2+a^2)}$	$\frac{1}{a^2}(t-a\sin at)$
10	$\sin at\cos bt$	$\frac{2abp}{[p^2+(a+b)^2][p^2+(a-b)^2]}$	11	$\frac{1}{(p+a)(p+b)(p+c)}$	$\frac{\mathrm{e}^{-at}}{(b-a)(c-a)}+\frac{\mathrm{e}^{-bt}}{(c-b)(a-b)}+\frac{\mathrm{e}^{-ct}}{(a-c)(b-c)}$

参考文献

[1] 张建文. 高等数学. 北京:北京理工大学出版社,2004.
[2] 吴赣昌. 高等数学. 北京:中国人民大学出版社,2009.